四川省重点出版项目

高分子材料研究与应用丛书

药用高分子材料学

YAOYONG GAOFENZI CAILIAOXUE

张　倩／主编

四川大学出版社

SICHUAN UNIVERSITY PRESS

项目策划：毕　潜
责任编辑：胡晓燕　毕　潜
责任校对：龚娇梅
封面设计：墨创文化
责任印制：王　炜

图书在版编目（CIP）数据

药用高分子材料学 / 张倩主编．— 成都：四川大
学出版社，2021.11
（高分子材料研究与应用丛书）
ISBN 978-7-5690-3894-1

Ⅰ．①药…　Ⅱ．①张…　Ⅲ．①高分子材料－药剂－辅
助材料　Ⅳ．① TQ460.4

中国版本图书馆 CIP 数据核字（2020）第 189986 号

书名　药用高分子材料学

主　　编	张　倩
出　　版	四川大学出版社
地　　址	成都市一环路南一段 24 号（610065）
发　　行	四川大学出版社
书　　号	ISBN 978-7-5690-3894-1
印前制作	四川胜翔数码印务设计有限公司
印　　刷	郫县犀浦印刷厂
成品尺寸	185mm×260mm
印　　张	17
字　　数	434 千字
版　　次	2021 年 11 月第 1 版
印　　次	2021 年 11 月第 1 次印刷
定　　价	68.00 元

◆ 读者邮购本书，请与本社发行科联系。
　　电话：(028)85408408/(028)85401670/
　　(028)86408023　邮政编码：610065
◆ 本社图书如有印装质量问题，请寄回出版社调换。
◆ 网址：http://press.scu.edu.cn

四川大学出版社
微信公众号

前　言

聚维酮于20世纪30年代合成成功，1939年获得专利并在临床中作为血浆代用品，高分子材料以其特有的性质和优点进入药剂学领域，并以不同的方式组装到制剂中，以不同的机理起到了控制药物释放速率、释放时间和释放部位的作用。在药物制剂中应用高分子材料，对创造新剂型、提高药品质量和开发新型药物传输系统具有重要意义。药用高分子材料是高分子科学的分支学科，是高分子材料与工程、生物医学工程和化学工程等相关专业进一步拓展高分子材料学科知识的有力途径。高分子材料科学对于药剂学和药物研发有着重要的推动作用，没有新型的药用高分子材料的应用，就没有现代的药物制剂。

本书遵循21世纪教育改革目标，为适应高分子材料与工程专业的发展和复合型人才培养的需要而编写，涉及天然药用高分子材料、合成药用高分子材料、高分子溶液及力学性能、药物高分子辅料的结构鉴定、药物的缓释与控释制剂、高分子纳米药物和药用高分子材料的应用等内容。通过药用高分子材料及药剂学的相关基本理论的介绍，并融入近年来国内外药物制剂与药用高分子领域中的新成果、新技术及药用高分子辅料结构鉴定实例与应用，使本书更具新颖性、逻辑性和实用性，为培养现代药物制剂设计和研发的工程技术人员奠定理论基础。

本书可作为生物医用高分子、药学、化工、化学等专业本科生的选修课教材，也可作为高分子材料与工程、生物医用高分子等专业硕士研究生的教材，同时可供从事制药工业研究的相关工程技术人员参考。

本书为四川大学本科及研究生精品立项教材，感谢四川省重点出版项目专项补助资金的支持和四川大学出版社的大力协助，感谢陈锡如教授和作者课题组师生们的支持和帮助。

由于水平有限，书中难免存在不足之处，敬请读者批评指正。

编　者

2021年3月于四川大学

目　录

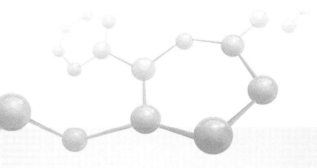

/ 第1章 /

绪　论

聚维酮（PVP）于 20 世纪 30 年代合成成功，1939 年获得专利并在临床中作为血浆代用品，高分子材料以其特有的性质，在生物药用材料中占有很大比重。自 20 世纪 60 年代开始，大量高分子材料进入药剂学领域，这些高分子材料以多种方式组装到制剂中，利用不同的机理起到了控制药物释放速率、释放时间和释放部位的作用。

在药物制剂中应用高分子材料，对创造新剂型和提高制剂质量具有极其重要的作用，对提高药品质量和发展新型药物传输系统具有重要意义。

1.1　药用高分子材料的发展概况

药用高分子材料的研究大致可以分为三个阶段。

远古时代至 20 世纪 20 年代为第一个阶段。古代人们广泛地利用天然的动植物来源的高分子材料，如淀粉、多糖、蛋白质、胶原等作为传统药物制剂的黏合剂、赋形剂、助悬剂、乳化剂。早在东汉时期，我国医学家张仲景的《伤寒论》《金匮要略》中就把动物的胶汁和淀粉作为中药制剂的赋形剂，但从原料的来源、品种的多样性以及药物本身的物理化学性质和药理作用等方面来看，都存在一定的局限性。

20 世纪 20 年代至 60 年代为第二个阶段。20 世纪 20 年代，德国化学家史道丁格提出了"高分子""长链大分子"的概念，他预言了一些含有某些官能团的有机物可以通过官能团间的反应而聚合，后来均得到证实。随着高分子工业化步伐的加快，大量高分子材料如聚乙烯、聚丙烯、聚氯乙烯等在制药工业得到应用。史道丁格是高分子科学的奠基人，为了表彰他的杰出贡献，瑞典皇家科学院于 1953 年授予了他诺贝尔化学奖。随着对高分子材料的认识，许多研究者投入高分子聚合物的研发中，20 世纪 30 年代聚维酮合成成功，40 年代醋酸纤维素产生并应用于片剂的包衣材料，50 年代亲水性水凝胶用于缓控释制剂，60 年代以药用高分子材料为原料的微囊诞生，此后，大批的合成及天然改性高分子材料的出现，为药物制剂的发展带来了新的机遇。

20 世纪 60 年代至今为第三个阶段。这个阶段是高分子材料与药物制剂有机融合、相互促进、迅速发展的时代。20 世纪 60 年代末至 70 年代初，国际上提出了功能高分子的概念，出现了研究分子结构和功能的相关理论，通过设计和合成新型分子链结构来获得新功能高分子材料，将高分子引入医学、生物和药学领域。随着高分子材料在缓释、控释制剂和靶向制剂中的广泛应用，药用高分子材料的许多特性逐渐显现。药用高分子材料的研究让缓释、控释制剂进入定时、定速、定位、定量、高效、长效的准确化和精密化的给药阶段，出现了口服渗透泵控释制剂、脉冲式释药系统、环境敏感型定位释药系统、结肠定位给药系统等新型缓释、控释制剂；改性的天然高分子材料或合成高分子材料在药物制剂中作为辅料可以改善药物的稳定性、成型性和智能响应性，提高药物的渗透性、吸附性、成膜性、增黏性、润湿性、溶解性、降解性和生物相容性等，合成高分子材料如聚乳酸的共聚改性材料 PLGA、PLLA 等，在缓释、控释制剂和靶向制剂中的广泛应用，大大弥补了天然材料的不足，推动了药物制剂的发展。

近二十年来，药物制剂从常规制剂发展到新型控释制剂，药用高分子材料发挥了巨大作用，从普通的水凝胶到智能化给药、蛋白质转运、纳米制剂和基因药物上的应用，再次证明了药用高分子材料存在的价值和不可替代性，世界上发达国家，尤其是美国、日本和欧洲，每年都有新的药用高分子材料问世，文献上登载的新材料、正在研发的新产品以及取得的专利更是不计其数。专家认为，21世纪新型高分子材料的开发与研究将对新药物制剂和新型药物传递系统起到非常重要的作用。

1.2　药用高分子材料与现代药剂学

在现代制药工业中，药用高分子材料具有无法替代的作用，在药用辅料中占有很大的比重。在现代制剂工业，从药物的装载到药物的传递系统以及药物的包装都离不开高分子材料，药用高分子材料的规格、品种和应用的多样性、广泛性都体现出其重要性。药用辅料是指生产药品或调配处方时所用的赋形剂和附加剂，药用辅料在药品生产过程中有非常重要的作用。自第一版《中国药典》于1953年颁布以来，至今国家已经颁布了11版药典。2015年版《中国药典》在辅料标准收载数目上相比2010年版《中国药典》有了大幅度的增加，2010年版《中国药典》收录了132个药用辅料品种，2015年版《中国药典》收录了270个药用辅料品种。2015年版《中国药典》还删去了毒副作用较大的硫柳汞、邻苯二甲酸二乙酯两个辅料品种。2020年版《中国药典》共收载品种5911种，其中新增319种，修订3177种，不再收载10种，品种调整合并4种。一部中药收载2711种，二部化学药收载2712种，三部生物制品收载153种，四部通用技术收载361个，其中药用辅料收载335种，新增65种，修订212种。我国常用的药用辅料品种的新增和修订大大促进了现代制药工业的发展，过去由于没有法定标准，许多药用辅料企业无标准可循，药品生产企业也无从判定药用辅料质量的优劣，2020年版《中国药典》的问世极大缓解了这个困境。我国药用辅料的发展种类呈逐年上升之势，而药用高分子材料在药用辅料中因占比较大，因此很有必要专门进行系统了解和深入研究。

1.2.1　药用高分子材料的分类

药用高分子材料有不同的分类方法，按照来源可以分为以下三类：

（1）天然高分子。动物类包括甲壳素、壳聚糖、明胶、虫胶、白蛋白、血红蛋白、酪蛋白等；植物类包括淀粉、预胶化淀粉、微晶纤维素、粉状纤维素、西黄薯胶、阿拉伯胶、果胶、黄原胶、瓜耳胶、海藻酸钠、琼胶、玉米朊等。

（2）天然高分子衍生物。淀粉衍生物包括羧甲基淀粉钠、蔗糖糊精共聚物、麦芽糖糊精、接枝淀粉等；纤维素衍生物包括甲基纤维素、乙基纤维素、羟乙基纤维素、羟丙基纤维素、羟丙甲纤维素、羧甲基纤维素钠、交联羧甲基纤维素钠、羟丙甲纤维素酞酸酯、羟丙甲纤维素琥珀酸酯、醋酸纤维素、醋酸纤维酞酸酯、醋酸纤维素苯三酸酯等。

（3）合成高分子。聚烯烃类包括聚乙烯醇、聚维酮、乙烯－醋酸乙烯共聚物、聚异丁烯压敏胶等；聚丙烯酸类包括丙烯酸树脂、羧基乙烯－蔗糖或季戊四醇共聚物、聚丙烯酸酯压敏胶等；聚氧乙烯类包括聚乙二醇、聚氧化乙烯、聚氧乙烯－丙烯共聚物、聚氧乙烯脂肪酸酯等；有机硅类包括二甲基硅氧烷、硅橡胶、硅橡胶压敏胶等；聚酯类包括聚乳酸、聚乙交酯－丙交酯、聚氰基烷基氨基酯、聚癸二酸二壬酯、聚醚聚氨酯、聚磷腈等。

药用高分子材料按照用途可以分为以下四类：

（1）片剂和一般固体制剂的辅料。口服固体制剂（胶囊剂、片剂）在医疗实践中应用最为广泛，最常用的高分子材料有淀粉、预胶化淀粉、聚维酮、甲基纤维素、琼脂、海藻酸、卡波姆、羧甲基纤维素钠、微晶纤维素糊精、乙基纤维素、瓜尔胶、羟丙甲纤维素、聚乙烯醇等；肠溶衣材料有醋酸纤维素碳酸酯、醋酸纤维素三苯六甲酸酯、羟丙甲纤维素酞酸酯、甲基丙烯酸共聚物和醋酸羟丙甲纤维素琥珀酸酯等。

（2）缓释、控释制剂的辅料。一般分为四类：①用于扩散控释的材料。常用的有纤维素衍生物、壳聚糖、胶原、聚酰胺、聚烷基氰基丙烯酸酯、聚乙烯、乙烯－醋酸乙烯共聚物、聚羟乙基甲基丙烯酸酯、聚羟丙基甲基丙烯酸酯、聚乙烯醇、甲基丙烯酸酯类共聚物、聚氯乙烯、聚脲、硅橡胶等。②溶解、溶蚀或生物降解的材料。常用的有交联羧甲基纤维素钠、微晶纤维素、甲壳素、明胶、羟丙甲纤维素、聚乙二醇、聚乙烯醇、聚乙醇酸、聚乳酸、乙酸－乳酸共聚物、聚己内脂、交联聚维酮和黄原胶等。③具有渗透作用的高分子渗透膜。常用的有聚乙烯醇、聚氨酯、乙基纤维素、醋酸纤维素、醋酸纤维素丁酸脂、聚氯乙烯、聚碳酸酯、乙烯－醋酸共聚物，聚乙烯涂层的赛璐玢、聚氯乙烯、聚偏二氯乙烯、乙烯－丙烯共聚物，聚丙烯和硬质聚氯乙烯。④离子交换树脂。此类载体用于离子型药物的控释释放，离子交换树脂是由聚电解质交联而成的，带有大量离子基团的高分子组成，具有遇水不溶性，如二乙烯基苯－甲基丙烯酸甲酯共聚物等。

（3）液体制剂和半固体制剂的辅料。这类高分子材料有纤维素酯及醚类、卡波姆、泊洛沙姆、聚乙二醇和聚维酮等。

（4）药品的包装材料辅料。这类高分子材料有高密度聚乙烯、聚苯乙烯、聚氯乙烯、聚碳酸酯和氯乙烯－偏氯乙烯共聚物。

1.2.2　药用高分子材料与药物的相互作用

药物制剂中使用的药用高分子材料除赋予各种剂型特有的形态，保证其质量和物理稳定性外，还可能与药物发生相互作用，使产品的颜色、气味、稳定性、体外溶出和吸收等发生变化，甚至使产品失效或产生毒性。目前，药用高分子材料的选择大多凭借制剂人员的经验，药物与药用高分子材料的相互作用常被忽略，从而影响产品的质量与疗效的发挥，最终导致药品开发时间的延长和费用的增加。因此，在药物剂型设计开发的过程中，必须观察药物与药用高分子材料之间的相互作用，以便尽早发现问题并及时解决。药物与药用高分子材料之间相互作用的现象与机理是极其复杂的，通常包括物理变化和化学变化。

1.2.2.1 物理变化

（1）固体制剂的吸潮或软化。固体制剂中若含有吸湿性强的药用高分子材料，会导致药物的临界相对湿度（Critical Relative Humidity，CRH）下降，如葡萄糖和抗坏血酸钠的 CRH 分别为 80% 和 70%，而两者混合物的 CRH 则下降为 58.3%，使该制剂更容易吸潮。某些药物与药用高分子材料混合后会产生低共溶现象，如薄荷脑与樟脑混合后可使含有可可豆脂的栓剂发生基质软化。

（2）固体制剂的溶出度下降。作用机理为药用高分子材料通过物理吸附使得药物无法及时或完全释放。如 PVP 可使土霉素的溶出度下降，乳糖可使戊巴比妥、异烟肼、螺内酯的溶出度下降，甲基纤维素、阿拉伯胶可使水杨酸的溶出度下降。

（3）溶解度的改变。药用高分子材料与药物发生相互作用可能改变微环境的 pH，使药物的溶解度下降，从而影响药物吸收及疗效的发挥。对于某些由弱酸或弱碱成盐的药物，如果溶解度较小，那么应当注意药用高分子材料形成的微环境的 pH 是否对该药物的溶解度产生影响。例如，四环素和 $CaSO_4$ 可以形成溶解度较低的四环素钙而影响四环素的体内吸收。

1.2.2.2 化学变化

（1）药用高分子材料 pH 导致药物的水解氧化。一些具有酸碱性的药用高分子材料能够加速药物的水解或氧化反应。硬脂酸镁的碱性能加速阿司匹林水解是比较经典的例子，硬脂酸镁对维生素 C 同样具有加速氧化的作用。

（2）药用高分子材料与药物直接发生反应。具有伯氨基的药物有可能与乳糖产生作用，聚乙二醇两端的羟基既能醚化又能酯化，与含碘、铋、汞、银等的药物及阿司匹林、茶碱、青霉素、苯巴比妥等均有配伍变化。

（3）药物可改变药用高分子材料的作用。酸碱性强的药物能够影响片剂的崩解，增加制剂的吸湿性。聚乙二醇（PEG）作为栓剂基质时，酚类、鞣酸、水杨酸均可使其软化或液化。酸性强的药物也能使一价皂转变为脂肪酸而失去其表面活性。

（4）药用高分子材料之间的相互作用。吐温、PEG、PVP、甲基纤维素（MC）、羧甲基纤维素（CMC）、羧甲基纤维素钠（CMC－Na）均能与酚类、尼泊金等防腐剂形成络合物而降低其抑菌效果；阳离子型、阴离子型表面活性剂配伍可使两者的作用均受影响，致使乳剂破坏、抑菌作用减弱或消失。

1.3 药用辅料现状及国内外监管对比

长期以来，我国药用辅料产业的落后导致药物制剂研发能力与发达国家产生了较大差距，药用高分子材料的发展速度落后于我国的制药工业。近年来，"齐二药""毒胶囊""塑化剂""三聚氰胺"等事件陆续曝光，反映出药用辅料的监管力度不够、辅料标准不统一、辅料质量参差不齐等问题。药用高分子材料是药用辅料的重要组成部分，政府部门对药用辅料的质量、规格的监管非常重要。据统计，我国目前 500 多家药品生产企业所使用的几百个辅料品种中，有药用标准的占 26.9%，获得药品批准文号的有 187 种，占具有辅料药用标准总数的 32%；具有药品生产许可证的制药企业生产的辅料品种占 19%，化工厂生产的占 45%，食品企业生产的占 22%，其他企业生产的占 14%。

我国的药用辅料在 2020 年版《中国药典》中收载了 335 种。目前在用的药用辅料达 543 种，所收载的品种占到总数的 61.7%。美国大约有 1500 种辅料在使用，其中大约有 50% 收载于《美国药典》；欧洲使用的药用辅料约有 3000 种，其中被各种药典收载的已经达到 50%。药用辅料品种我国与欧美国家存在较大差距。

此外，我国辅料收载品种单一，缺乏系列化标准，与近年来辅料向系列化、精细化方向发展的大趋势不相适应。例如，我国现有辅料标准中，除聚丙烯酸树脂有 Ⅱ、Ⅲ、Ⅳ 系列，聚甲丙烯酸酯有 Ⅰ、Ⅱ 系列，聚乙二醇有 PEG400、600、1000、1500、4000、6000 系列外，其他辅料基本上都是一种规格，难以适应药品生产的需求。而美国仅乙醇就有近百种规格，我国药典只收载了一种规格。又如卡波姆，《中国药典》只收载了 A、B、C 三个品种，而《美国药典》收载了六个系列品种，其他品种如羟丙甲纤维素、聚维酮等规格也不多，需根据相应的参数制定系列品种的质量标准。

我国对药用辅料的定义是生产药品和调配处方中除主药以外的处方中的非活性成分或者除药材外药物制剂中人为添加的非活性成分。美国对药用辅料的定义是除活性成分外，在安全性方面已进行了适当评估，并且包含在药物释放系统中的物质，其能在药物释放的生产过程中有助于药物生产释放系统的加工处理，保护、支持、加强药品的稳定性、生物利用度或病人的顺应性，有助于药品的识别，在储存或使用期间增强药品的总体安全性和有效性等。欧盟对药用辅料的定义是经适当的评价，证实为安全的物料，用于药品生产，不包括包装材料和原料药（活性成分）。从定义上看，美国对药用辅料的定义更全面和规范。中国、美国和欧盟法规对药用辅料的要求见表 1-1。

表 1-1 中国、美国和欧盟法规对药用辅料的要求

国家或地区	要 求	来 源
中国	生产药品所需的原料、辅料，应当符合药用要求、药品生产质量管理规范的有关要求	《中华人民共和国药品管理法》第四章第四十五条
美国	药品的通用名申请（ANDA）应当证明非活性成分是安全的，药品生产企业必须证明非活性成分不影响药品的安全性或有效性	21CFR314.94（a）（9）（ii）
欧盟	药品申报时在产品特性说明中必须给出活性成分以及辅料的定性和定量组成，包括通用名或化学组成	2001/83/EC 指令 3 章 1 节 11 款 2 条

中国、美国和欧盟的药用辅料监管相关法规见表 1-2，可以看出各国药用辅料的监管及行业实践等方面存在一定的差异，如法律体系、监管机构职能等，但药用辅料的监管都涵盖了辅料的物料来源、生产、上市许可、流通等各个环节。中国、美国和欧盟

对于辅料上市许可的比较见表 1－3。

表 1－2　中国、美国和欧盟的药用辅料监管相关法规

国家或地区	法规名称
中国	《国务院关于加强食品等产品安全监督管理的特别规定》 《中华人民共和国药品管理法》 《中华人民共和国药品管理法实施条例》 《药品注册管理办法》 《加强药用辅料监督管理的有关规定》 《药用辅料注册申报资料要求》 《药用辅料生产质量管理规范》
美国	FD&CA 《FDA 安全与创新法案》 21CFR314，310
欧盟	2001/83/EC 法令及 2003/63/EC 修正 2011/62/EU 修正 72/25/EEC 法令 94/36/EC 法令 94/45/EC 法令

表 1－3　中国、美国和欧盟对于辅料上市许可的比较

项目	中国	美国	欧盟
申报分类	新进口辅料注册申请 已有标准辅料注册申请 补充申请 再注册申请 药品注册申请	DMF 备案 药品注册申请	CEP 申请 药品注册申请
审批方式	参照药品审批方式： ①新进口辅料（国家药监局）； ②已有标准辅料（省药监局）	①新辅料与药品审批关联； ②已使用或符合《美国药典》，通常不再审评	①新辅料与药品审批关联； ②CEP 审评
国家认可标准	《中国药典》 部颁标准、地方标准 部分食品标准（国标）等	《美国药典》	《欧洲药典》，各成员国药典

注：CEP，欧洲药典适用性证书；DMF，药物主文件。

国家市场监督管理总局对药用辅料实施许可管理，生产药用辅料的企业应取得药品生产许可证，所生产的药用辅料必须符合相应的质量标准，经审批核发批准文号后方可进行生产。针对药用明胶生产企业，还发布了《关于加强胶囊剂药品及相关产品质量管理工作的通知》，禁止购买非药用明胶用于生产，生产企业必须获得药品生产许可证，产品必须获得批准文号，不符合上述要求违法生产销售使用的，均依法予以查处。

《美国药典》已经将《辅料生产质量管理规范》列入附录，但是美国食品药品监督

管理局（FDA）并不强制性地要求辅料生产企业实行 GMP（Good Manufacturing Practice），大部分企业按照 ISO9002 标准或国际辅料协会颁布的 GMP 进行生产。《美国药典》UPS 收载的 GMP 是以 ISO9002 标准为模板，同时兼顾药品的特殊性来规定的。美国制药行业已经形成一种规则，即新辅料若要申请被 NF（国家处方集）收载，则必须按照 GMP 进行生产。

在欧洲，辅料生产授权的申请人必须符合以下条件：①详细描述将要生产或进口的医用及药用产品，并说明其生产处理地点；②具备符合所在成员国法律要求的合适的厂房、技术设备及控制设施。以上规定适用于药物产品，同时适用于 2001/83/EC 法令 44 章中提到的特定辅料。

药用辅料的重要性从"齐二药"事件中得以警示，假辅料让"良药"变"毒药"，引起了有关部门的高度关注，应建立药用辅料管理的法律体系。国家药品监管部门也加大了法规建设力度，先后颁布了《药用辅料注册管理办法》《药用辅料生产质量管理规范》《药用辅料质量标准》等系列法规。应探索和完善药用辅料监管体系，使我国的药用辅料在质量上有所突破。进一步完善药用辅料管理的人员配备，明确管理职责；逐步实施 GMP 认证管理，大力扶持国内药用辅料生产企业，提升其竞争力。

1.4　药用高分子材料的研究展望

药用高分子材料的产生和发展与现代药剂学息息相关。20 世纪 80 年代，我国的改革开放政策促进了国内外学术交流，引进、吸收了国外许多现代药物剂型与制剂的先进技术，这在一定程度上推动了我国医药工业的迅猛发展，同时也带动了高校、研究所等相关研究机构开发新的药用高分子材料。近年来，现代药物剂型和制剂正向着多样化、复杂化、专一化的方向发展，药用高分子材料的研究重点体现在以下几个方面。

1.4.1　品种、规格的多样性研究

由于药物剂型和制剂的多样性，药用辅料也必须多样化才能满足制剂的要求，传统的一种制剂对应一种规格辅料已经无法满足现代药物剂型的要求，一种品种多种规格才能满足多种剂型的要求。例如，现代埋制剂要求载体在体内有一年的控缓释期，要求药用高分子材料聚己内酯（PCL）的分子结构和聚合度必须满足一定的要求。发达国家药用辅料的发展趋势是生产专业化、品种系列化、应用科学化。生产厂家应接受政府卫生行政部门的监督检查，实施 GMP 管理，生产环境、生产设备优良，检测手段先进，测试仪器齐备，质量标准完善，产品质量高。应特别注重新辅料的应用研究，紧密结合生产实际为研制新剂型和新品种服务。针对辅料规格不齐和型号不全的情况，开发多种型号的产品，如乙基纤维素中型号、标准型号，羟丙甲纤维素、微晶纤维素、卡波姆和泊洛沙姆等。

1.4.2　围绕新制剂和新剂型的研究

　　研究和开发微囊、毫微囊、微球、脂质体、透皮给药系统等新剂型和新系统。新制剂可采用优良的新辅料，例如，胃溶、肠溶、阻滞等包衣材料；优良的缓释与控释材料、快速崩解材料和速释材料等；可压性、流动性和抗乳性优良的材料，像填充剂、助流剂、抗黏剂、乳合性和崩解性黏合剂；优良的透皮促进剂、压敏黏合剂，以及一些具有优异性能的复合载体材料和生物降解高分子等辅料。同时，需利用天然资源的化学修饰法，寻找新的可供药用的高分子材料，特别是能改善药物释放及传递性能，提高溶出度、释放度、生物黏着性和生物利用度，降低药物毒副作用、刺激性和免疫抗原性的高分子辅料。

1.4.3　健全国家药用辅料安全体系

　　2017 年 2 月，国务院印发《"十三五"国家药品安全规划》，明确了我国"十三五"时期药品安全工作的指导思想、基本原则、发展目标和主要任务。该规划提出要加快推进仿制药质量和疗效一致性评价；健全药品法规标准体系，使化学药品标准达到国际先进水平，生物制品标准接近国际先进水平；保障药品安全是建设健康中国、增进人民福祉的重要内容，是以人民为中心的发展思想的具体体现；加强全过程监管，全面实施药品生产质量管理规范，为药用辅料向高端发展和制药工业应用提供可靠保障。

　　目前，制剂辅料的发展极为迅速，新辅料不断问世，如丙烯酸树脂、卡波姆和聚乙二醇不同规格、型号的产品，可充分适应不同剂型和制剂的需要。我国应借鉴国外先进经验，使辅料的开发、生产走持续发展的道路，充分发挥专业人员的特长，集研究、开发、生产于一体，大力发展我国辅料工业，使之与新药开发并举，让我国的制剂水平尽快赶上国际先进水平。

参考文献

[1] 孙会敏，杨锐，张朝阳，等. 2015 年版《中国药典》提升药用辅料科学标准体系强化我国药品质量 [J]. 中国药学杂志，2015，50（15）：1353−1358.

[2] 张建锋，刘文，吴增光，等. 药用高分子材料在缓控释制剂的研究进展 [J]. 贵阳中医学院学报，2015，37（5）：98−101.

[3] 国家药典委员会. 中国药典（2010 年版）[M]. 北京：中国医药科技出版社，2010.

[4] 国家药典委员会. 中国药典（2015 年版）[M]. 北京：中国医药科技出版社，2015.

[5] KAMINA K, OKAJIMA K, KOWSAKA K, et al. Effect of the distribution of substitution of the sodium salt of carboxymethyl cellulose on its absorbency toward aqueous liquid [J]. Polymer Journal, 1985，17：909−918.

［6］CHEN Y，LIU Y F，TANG H L，et al. Study of carboxymethyl chitosan based polyampholyte superabsorbent polymer I optimization of synthesis conditions and pH sensitive property study of carboxymethyl chitosan-g-poly（acrylic acid-co-dimethylformamide）superabsorbent polymer ［J］. Carbohydrate Polymers，2010，81：365－371.

［7］郑俊民. 药用高分子材料学 ［M］. 北京：中国医药科技出版社，2000.

［8］吴晋，余美乐. 我国药用辅料管理现状分析及发展趋势 ［J］. 海峡药学，2007，79（9）：311－313.

［9］王华锋. 药用辅料标准数量还需扩充 ［N］. 中国医药报，2013－01－09.

［10］国家药典委员会. 中华人民共和国药典（二部 2020 年版）［M］. 北京：中国医药科技出版社，2020.

［11］国家药典委员会. 中华人民共和国药典（一部 2020 年版）［M］. 北京：中国医药科技出版社，2020.

思考题

1. 药用高分子材料有哪些分类方法和特点？简述我国药用高分子材料的发展历史。

2. 药物与药用高分子材料之间相互作用的性质是什么？在选择辅料时应注意什么问题？

3. 天然药用高分子材料和合成药用高分子材料各有什么特点？

4. 举例说明药用辅导的监管重要性和必须实施 GMP 认证管理的意义。

5. 按照《中国药典》的相关规定，阐述药用辅料中药用高分子材料的重要性。

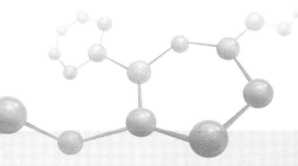

/ 第2章 /

天然药用高分子材料

天然药用高分子材料广泛存在于自然界，如大家所熟悉的多糖类（淀粉、纤维素、海藻酸）、蛋白质类和明胶等，它们中的一些既是人类和动物食物的来源，也是医药工业的常用材料。一般天然的高分子材料都必须经过物理或化学的加工处理，使其符合药用和制剂生产的特殊需要，其品种、规格繁多，已是药剂新技术领域不可替代的材料。绝大部分天然药用高分子材料无毒、安全、稳定和价格低廉，是研究者选择药用辅料时不可忽视的材料。

近年来，改性的具有独特理化性质和多功能的天然高分子材料的应用改变了药物剂型，如各种改性的淀粉、纤维素和海藻酸盐等。大部分改性的水溶性纤维素醚、淀粉醚和海藻酸盐具有多种功能，如水溶性、双溶剂性、热胶凝性、非离子性、表面活性、代谢惰性、无显著臭味、pH 稳定性、保湿性、增稠性、成膜性和黏附性等，其在药物制剂处方中备受青睐，是制药工业不可或缺的重要材料。

2.1　淀粉及其衍生物

淀粉（starch）广泛存在于绿色植物的须根和种子中，因植物种类和部位不同，其含量也不同。玉米、麦和米约含淀粉 75% 以上，马铃薯、甘薯和许多豆类中的淀粉含量也很高。我国是玉米生产大国，药用淀粉以玉米淀粉为主，在引进国外先进设备的基础上，大大提高了麸质分离和精制工序的效率，使淀粉质量进一步提高。化学合成辅料问世后，出现了新辅料部分取代药用淀粉的趋势，但淀粉目前仍然是主要的药用辅料，原因是它具有无毒、无味、低廉、来源广泛和供应稳定等优点。本节介绍淀粉的结构、性质和一些淀粉衍生物。

2.1.1　淀粉的结构与性质

2.1.1.1　淀粉的结构

淀粉是天然存在的糖类，由两种多糖分子组成：一是直链淀粉（amylose），二是支链淀粉（amylopectin）。它们的结构单元是 D-吡喃环形葡萄糖。直链淀粉是以 $\alpha-1,4$ 苷键连接的葡萄糖单元，相对分子质量为 $3.2 \times 10^4 \sim 1.6 \times 10^5$，聚合度（DP）为 $200 \sim 980$，直链淀粉由于分子内的氢键作用，链卷曲成螺旋形，每个螺旋圈大约有 6 个葡萄糖单元，直链淀粉的结构式如图 2-1（a）所示，构型如图 2-1（b）所示。

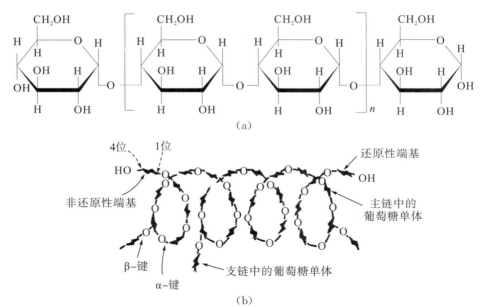

（a）

（b）

图 2-1　直链淀粉的结构式和构型

　　支链淀粉是由 D-葡萄糖聚合而成的分支状淀粉，其直链部分也为 α-1,4 苷键，而分支处则为 α-1,6 苷键，支链淀粉的相对分子质量较大，根据分支程度的不同，平均相对分子质量范围一般为 $1.0 \times 10^8 \sim 2.0 \times 10^9$，DP 为 $5 \times 10^4 \sim 1.0 \times 10^7$。支链淀粉分子的形状如高粱穗，分支极多，估计至少在 50 个以上，支链淀粉的结构式如图 2-2（a）所示，构型如图 2-2（b）所示。

　　实验室分离提纯直链淀粉和支链淀粉的方法一般用正丁醇法，即用热水溶解直链淀粉，然后用正丁醇结晶沉淀分离得到纯直链淀粉。

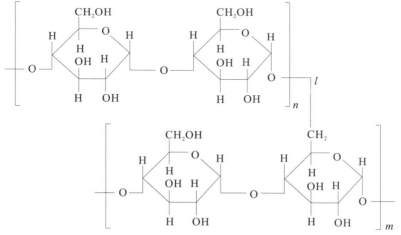

m：支链聚合物；n：主链聚合物；l：α-1,6 苷键

（a）

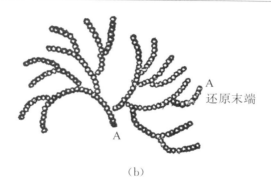

(b)

图 2—2 支链淀粉的结构式和构型

淀粉是葡萄糖的聚合物，每个葡萄糖单元中含有 2 个仲醇羟基和 1 个伯醇羟基，在每一个分子的末端单元有 3 个仲醇羟基和 1 个伯醇羟基，而首端单元含有 2 个仲醇羟基、1 个伯醇羟基和 1 个内缩醛羟基，这些醇羟基像一般醇类（如伯醇、仲醇）一样能进行酯化或醚化反应。20 世纪以来，将淀粉改性为醋酸酯、丙酸酯、丁酸酯、琥珀酸酯、油酸酯、甲基丙烯酸酯和乙基醚、氰基醚、羧甲基醚、羟丙基醚等的衍生物相继取得成功，但对其性能的研究还需不断完善。

2.1.1.2 淀粉的一般性质

淀粉为白色晶状粉末，淀粉颗粒大小为 $2\sim45~\mu m$。结晶性淀粉粒在偏光显微镜下具有双折射性，在淀粉粒粒面上可看到以粒心为中心的黑色十字形，称为偏光十字，说明淀粉粒是一种球晶，如图 2—3 所示。用 X 射线衍射法测定的淀粉粒的结晶度见表 2—1，说明淀粉粒分子中存在有序的晶态和无序的非晶态。

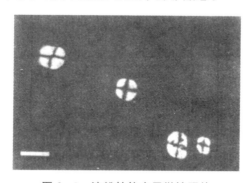

图 2—3 淀粉粒偏光显微镜照片

表 2—1 用 X 射线衍射法测定的淀粉粒的结晶度

种类	小麦	大米	玉米	糯玉米	高直链玉米	马铃薯
结晶度（%）	36	38	39	39	19	25

淀粉不溶于水、乙醇和乙醚，但吸湿性很强。淀粉的表面由于其葡萄糖单元的羟基

排列于内侧而呈微弱的亲水性，并能分散于水中，与水的接触角为 $80.5°\sim85.0°$。淀粉在 5% 乙醇溶液中不溶解，在 37℃ 水中迅速膨胀，直链淀粉分子从淀粉粒向水中扩散，形成胶体溶液，而支链淀粉则仍以淀粉粒残余的形式保留在水中，二者用离心法很容易分离。

将水加热至 75℃ 时，淀粉瞬时体积增加数倍，淀粉粒破裂且双折射消失，淀粉形成凝胶或溶胶，这一现象称为淀粉糊化。糊化后的淀粉又称 α 化淀粉，将制备的糊化淀粉浆脱水干燥，即得可溶性 α 化淀粉，速溶淀粉制品制造原理就是使淀粉 α 化。淀粉凝胶经长期放置易发生沉淀现象，称为"老化"，其原因是淀粉分子中－OH 彼此吸引并通过氢键与邻近分子结合，它们与水的亲和力降低，故老化可视为糊化的逆过程，但老化不可能使淀粉彻底逆转复原成生淀粉的结构状态。

淀粉遇碘液显深蓝色或紫红色，原因是淀粉的螺旋结构中 6 个葡萄糖单元易与碘构成络合物。显色的溶液加热时，螺旋圈伸展，颜色褪去，冷却后又恢复结构重显颜色，可以利用这一性质来鉴定淀粉是否存在。

2.1.2 淀粉的衍生物

淀粉可以在稀酸或酶的催化下发生水解反应，生成糊精、麦芽糖和葡萄糖。利用淀粉的葡萄糖单元上的羟基容易发生醚化、酯化、氧化、交联和接枝等化学反应，其性质可以获得一系列淀粉衍生物，如羟烷基淀粉、酯化淀粉、醚化淀粉、交联淀粉、接枝淀粉和氧化淀粉等。

2.1.2.1 糊精与环糊精

淀粉易水解，与水共热可引起淀粉分子的解聚，与无机酸共热可彻底水解为糊精或葡萄糖。糊精是淀粉的水解产物，其相对分子质量为 $(4.5\sim8.5)\times10^5$。在药剂学中应用的糊精按淀粉转化条件的不同，有白糊精和黄糊精之分。淀粉水解一般用稀硝酸，因为盐酸会影响药物制剂的氯化物杂质测定。糊精转化的用酸量、加热温度和淀粉含水量不同，可得不同黏度的产品，其转化条件见表 2－2。

表 2－2　糊精的转化条件

糊精类别	制备条件			反应			黏度
	用酸量	加热温度	淀粉含水量	水解	重排	重聚	
白糊精	高	95℃～120℃	5%～12%	主要	—	—	低
不列颠胶	低或不用	170℃～195℃	<5%	很少	较多	—	高～低
黄糊精	中等	150℃～180℃	<5%	初始阶段	较多	较多	低

糊精（dextrin）为白色或淡黄色粉末，不溶于乙醇、乙醚和丙二醇，但极易溶于沸水，并形成浆状溶液。糊精中含有生产时残留的微量无机酸，在干燥态或制成浆后黏

度缓缓下降，糊精分子有聚集趋势，溶液老化、凝胶化则黏度增加；残留酸能引发进一步水解，并导致溶液逐渐变稀薄，导致储存过程中黏性降低。糊精在药剂学中可作为片剂或胶囊剂的稀释剂、黏合剂和口服液体制剂的增黏剂等。

　　环糊精（cyclodextrin，CD）是直链淀粉在由芽孢杆菌产生的环糊精葡萄糖基转移酶作用下生成的一系列环状低聚糖的总称，通常含有 6～12 个 D－吡喃环形葡萄糖单元。其中研究较多并具有重要实际意义的是含有 6、7、8 个葡萄糖单元的分子，分别称为 α、β、γ－环糊精，如图 2－4 所示。各葡萄糖单元均以 1,4－苷键结合成环。由于连接葡萄糖单元的糖苷键不能自由旋转，环糊精不是圆筒状分子，而是略呈锥形的圆环。环糊精分子具有略呈锥形的中空圆筒立体环状结构，在其空洞结构中，外侧上端由 C_2 和 C_3 的仲羟基构成，下端由 C_6 的伯羟基构成，具有亲水性，而空洞内由于受到 C－H 键的屏蔽作用形成了疏水区。它既无还原端，也无非还原端，没有还原性；在碱性介质中很稳定，但强酸可以使之裂解；只能被 α－淀粉酶水解而不能被 β－淀粉酶水解，对酸及一般淀粉酶的耐受性比直链淀粉强；在水溶液及醇水溶液中，能很好地结晶。

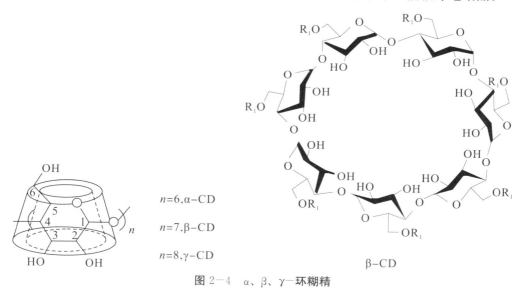

$n=6,\alpha-CD$

$n=7,\beta-CD$

$n=8,\gamma-CD$

β－CD

图 2－4　α、β、γ－环糊精

　　环糊精的疏水性空洞内可嵌入各种有机化合物，形成包接复合物，并改变原有环糊精的物理和化学性质；可以在环糊精分子上交联许多官能团，或在环糊精交联的聚合物上进行化学改性，或以环糊精为单体进行聚合，经对环糊精衍生物的研究，合成许多含有各种功能基的药用辅料，有效地增加水溶性不良的药物在水中的溶解度和溶解速度。例如，前列腺素-β－CD 复合物能增加主药的溶解度从而制成注射剂，可以提高药物的稳定性和生物利用度，减少药物的不良气味或苦味，降低药物的刺激和毒副作用，起到药物缓释和改善剂型的目的。

2.1.2.2　预胶化淀粉

　　预胶化淀粉（pregelatinized starch，PGS）又称部分预胶化淀粉或可压性淀粉，它是淀粉经物理或化学改性，在有水存在下淀粉粒被破坏的产物。预胶化淀粉有不同等级，外观粗细不一，在偏光显微镜下检查其颗粒形态，有少数或极少部分呈双折射现象，其外部形状依据制法不同呈片状或边缘不整的凝聚体粒状。用扫描电镜观察，预胶化淀粉的表面形态不规则，并呈现裂隙、凹隙等，此种结构有利于粉末压片时颗粒的相互啮合，X射线衍射图谱显示，原淀粉的结晶峰明显消失。预胶化淀粉不溶于有机溶剂，但微溶于冷水，10％水混悬液pH为4.5～7.0；预胶化淀粉的吸湿性与淀粉相似，在25℃及相对湿度为20％～65％时，平衡吸湿量为11％～17％；在经历不同湿度的环境后，其平衡含水量的变化不大，如图2-5所示。其保湿作用与药物配伍比较稳定；同时，预胶化淀粉具有润滑性、流动性和黏合性，能增加片剂硬度和减少脆碎度，性能优于淀粉和微晶纤维素。

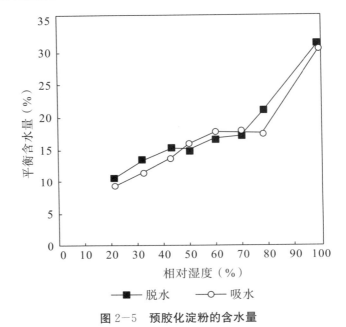

图2-5 预胶化淀粉的含水量

　　我国目前供药用的预胶化淀粉的制法是将药用淀粉加水混匀，在适当的设备中，控制加工温度在35℃以下，破坏淀粉粒脱水制得。还有一种制法是将淀粉的水混悬液加热到62℃～72℃，破坏淀粉粒或加入少量凝胶化促进剂和表面活性剂，以减少干燥时黏结，混悬液经干燥器干燥、粉碎制得。国外预胶化淀粉商品Starch 1500G（美国Colorcon公司）因含有游离态直链淀粉、游离态支链淀粉和非游离态淀粉，形成其特殊的性能。预胶化淀粉是新型药用辅料，NF、BP、JPE均已收载，在药物制剂领域有多方面用途，其工艺性能如下：

　　（1）预胶化淀粉由于存在游离态支链淀粉润湿后的巨大溶胀作用和非游离态部分的变形复原作用，因此具有极好的促进崩解作用，且其崩解作用不受崩解液pH的影响。

　　（2）改善药物溶出作用，利于生物利用度的提高。

　　（3）改善成粒性能，加水后有适度黏性，故适于流化床制粒、高速搅拌制粒，并有利于粒度均匀和容易成粒。具有附加功能的预胶化淀粉在生产工艺上的另一个重要改变是较好地控制了其粒度分布，结构紧密的预胶化淀粉具有的黏结性和相对较窄的粒度分面，可使细小颗粒的含量减少，最终有助于减轻压片或胶囊填充时的扬尘问题，并可改善物料的流动性。

（4）低含水预胶化淀粉（如 Starch 1500LM 含水量低于 7%）目前主要用作片剂的黏合剂，湿法制粒应用浓度为 5%～10%，直接压片应用浓度为 5%～20%，崩解剂应用浓度为 5%～10%。

2.1.2.3 羧甲基淀粉

羧甲基淀粉又称羧甲基淀粉钠（sodium carboxymethyl starch，CMS－Na），属醚类淀粉，是一种水溶性阴离子聚合物。羧甲基淀粉钠为白色或黄色粉末，无味、无毒，不易霉变，当摩尔取代度 MS>0.2 时易溶于水。羧甲基淀粉钠的结构式如图 2－6 所示，相对分子质量范围一般为 $5.0×10^5～1.0×10^6$，2005 年版《中国药典》已记载本品含钠量为 2.0%～4.0%。

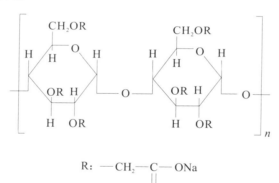

$$R: \quad —CH_2—\underset{\underset{O}{\parallel}}{C}—ONa$$

图 2－6 羧甲基淀粉钠的结构式

将淀粉与氯乙酸钠在碱性介质中进行羧甲基化反应，然后用枸橼酸中和，再用磷酰氯或偏磷酸钠进行交联反应，反应式为

$$[C_6H_7O_2(OH)_3]_n \cdot nx\,NaOH + nx\,ClCH_2COOH \longrightarrow$$
$$[C_6H_7O_2(OH)_{3-x}(OCH_2COONa)_x]_n + nx\,NaCl + nx\,H_2O \qquad (2-1)$$

羧甲基淀粉钠的物理化学性质和其崩解作用均受交联度和羧甲基化程度的影响。羧甲基淀粉钠在医药方面的应用相当广泛，就药物制剂而言，CMS－Na 可取代明胶，作为制作胶囊、片剂、糖衣的原材料。羧甲基淀粉钠具有较强的吸水性和膨胀性，在冷水中能较快吸水，且吸水后颗粒膨胀而不溶解，不形成胶体溶液，不阻碍水分的继续渗入而影响药片的进一步崩解，故可用作不溶性药物及可溶性药物片剂的高效崩解剂、赋形剂。

2.1.2.4　羟丙基淀粉

羟丙基淀粉是一种优于羟乙基淀粉的改性淀粉，出现在 20 世纪 30 年代末，50 年代日本京都大学工学部的邵樱田教授开发羟丙基淀粉用于纤维上浆，随着工业生产的发展，美国食品药品管理局（FDA）批准羟丙基淀粉作为食品的添加剂，其中规定羟丙基的含量为 2.0%～7.0%。

羟丙基淀粉不仅具备羟乙基淀粉所具有的许多优良特性，而且制备方法有湿法、干法、溶剂法和微乳化法。湿法最常用，一般用于制备低摩尔取代产品（MS≤0.1），湿法反应温和，安全性好且产品保持颗粒状。1978 年，C. P. Iovine 等在溶剂法的基础上发明了微乳化法。它以有机溶剂为分散剂，借助于表面活性剂的乳化作用，使淀粉乳在碱催化下与环氧丙烷发生醚化反应。此法产物易分离、条件温和且收率高，MS＝0.05～2.5，反应式为

$$（2－2）$$

在制备羟丙基淀粉时，环氧丙烷不仅能与淀粉中的葡萄糖单元的三个活性羟基中的任何一个起反应，还能与一取代的羟丙基发生反应，形成聚丙基支链，从而形成 MS＞3 的反应产物，反应式见式（2－3）。因此，需要注意副产物的生成和工艺条件的控制。

$$[C_6H_7O_2(OH)_3]_n + H_2C\!-\!CHCH_3 \xrightarrow{OH^-} [C_6H_7O_2(OH)_2]_n\!-\!O\!-\!CH_2\!-\!CHOH$$

$$[C_6H_7O_2(OH)_3]_n\!-\!O\!-\!CH_2\!-\!CHOH + mH_2C\!-\!CHCH_3 \xrightarrow{OH^-}$$

$$[C_6H_7O_2(OH)_3]_n\!-\!O\!-\![CH_2\!-\!CHO]_m H \qquad（2－3）$$

羟丙基淀粉又称羟丙基的淀粉醚，醚键的稳定性高，不易断裂脱落，受电解质或 pH 的影响小；羟基醚化淀粉减弱了淀粉颗粒结构内部氢键的强度，随着摩尔取代度的增加，糊化温度下降，因此在冷水中易膨胀，形成的凝胶透明度和稳定性好，可在低温下存放；羟丙基淀粉成膜性和保水性好，能与一价和二价阳离子、脂类和硅油等配伍。

制剂工业中，羟丙基淀粉可作为控释片剂的骨架和直接压片的亲水性骨架材料，与角叉胶混合可用于制备软胶囊，还可作为黏合剂、崩解剂、乳化剂、增黏剂和增稠剂。经羟丙基淀粉制备的口服制剂无毒，美国食品药品管理局（FDA）将其列为 GRAS 的

辅料品种，2007 年第 5 版的《药用辅料手册》已收载。

淀粉及其衍生物是口服制剂的基本原料，淀粉因安全无毒，已列入 FDA 评价食品添加剂的安全性指标（GRAS），收载于 FDA《非活性组分指南》，容许用于片剂、口腔片、胶囊剂、散剂、局部用制剂。近年来，淀粉及其衍生物也被用作新的药物传递系统的辅料，BP、JP、EP 均已收载。但天然淀粉因水敏感性、脆性、强度低而大大限制了它的应用，因此，只有开展新型淀粉衍生物的研究，才能充分利用天然淀粉的资源优势，为药物制剂工业服务。

2.1.3 淀粉在药剂学中的应用

淀粉微球作为一种理想的药物载体，与其他合成高分子载体相比具有生物相容性好、可降解、原料来源广泛等优点，其制备和功能化改性成为人们关注的热点。研究淀粉微球的机械强度、球形结构、载药量、释药动力学等性能，对于提高微球对药物的控释能力，更深入开展淀粉微球应用性研究，提高实际应用价值，都非常重要。苏秀霞等采用反相悬浮聚合法，以 N,N′-2-亚甲基双丙烯酰胺（MBAA）为预交联剂，在过硫酸铵的引发下与可溶性淀粉聚合交联成球，再加入环氧氯丙烷（ECH）二次交联固化，得到了具有立体网状结构、较高骨架强度的淀粉微球，以微球的平均粒径和溶胀度为指标，通过单因素实验分析了不同因素对微球制备的影响，获得了粒径以 $45 \sim 65 \ \mu m$ 分布的肺靶向微球，并通过扫描电镜（SEM）表征了淀粉微球球形圆整、表面粗糙多孔，如图 2-7 所示。

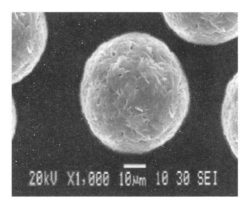

图 2-7 反向悬浮法淀粉微球 SEM 照片

丁平田等采用反相悬浮法，将 β-CD 和可溶性淀粉的碱性溶液以液滴的形式分散在油性介质中，在一定条件下发生交联反应，利用 β-CD 自身具备的包合力来改善药物在水中的溶解度和生物利用度。经交联生成的微球内部的 β-CD 形成三维网状结构，少量水溶性淀粉的加入增强了微球机械强度，并以水杨酸为模型药物，研究该微球对水杨酸的吸附能力，考察了交联反应不同因素对水杨酸载药量和包封率的影响，如图 2-8 所示。另外，还考察了 25℃下 $0.5 \ g$ β-CD-淀粉微球在 $10 \ mL$ 质量浓度分别为 $0.1 \ g/L$、$0.5 \ g/L$、$1.0 \ g/L$、$2.0 \ g/L$、$3.0 \ g/L$、$4.0 \ g/L$、$5.0 \ g/L$ 的水杨酸溶液中 $60 \ min$ 的载药量和包封率。实验表明，水杨酸吸附载药量可达 4.8%，包封率最大可达 58.3%。

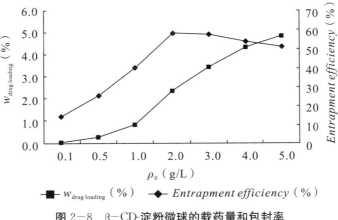

图 2-8 β-CD-淀粉微球的载药量和包封率

研究实例说明，通过改进或采用新的制备方法获得具有良好稳定性的淀粉微球，使其载药、释药性能得以改善，提高微球对药物的控释和缓释性能，对于更深入开展淀粉微球的应用性研究，提高其在现代药物制剂技术中的实际应用价值，拓展其应用领域，都有着重要的意义。

2.2 纤维素及其衍生物

纤维素（cellulose）是植物纤维的主要成分之一，广泛存在于自然界中，如棉、麻和木材等都含有较高的纤维素。药用纤维素的主要原料来自棉纤维，少数来自木材。棉纤维含纤维素 90% 以上，木材含纤维素较低，约为 40%。棉纤维附着在棉籽表面，长度较短的纤维称为棉绒。首先采摘下来的上等棉绒一般用于制造棉絮，二次或三次摘下的棉绒一般供化学工业加工生产纤维素酯与醚等纤维素衍生物。

2.2.1 纤维素的结构、性质与类型

2.2.1.1 纤维素的结构

纤维素为长链线型高分子化合物，其结构单元是由以 D-吡喃环型葡萄糖为单元的 β-1,4 苷键构成的，每个纤维素大分子由 n 个葡萄糖以 β-1,4 苷键构成，其结构式如图 2-9 所示。无论是棉花还是木材所含的纤维素，其天然状态具有近似的 DP，约为 10000，根据纤维素的来源和制备方法的不同，纤维素的 DP 会显著下降。一般经过处理后纤维素的 DP 为 1000~10000。

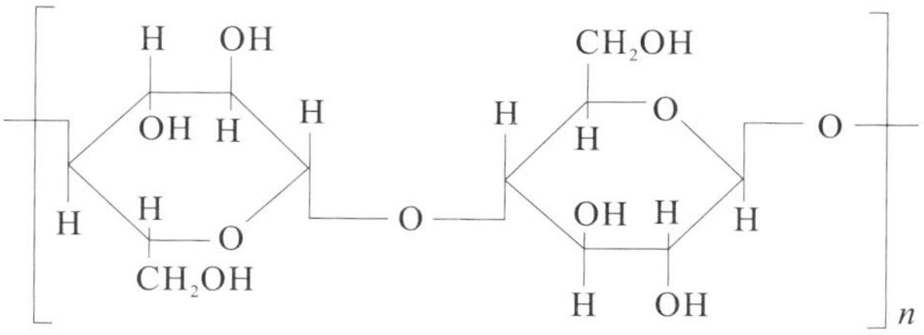

图 2-9　β-1,4 苷键构成纤维素的结构式

纤维素与淀粉的结构相似，其大分子的每个葡萄糖单元中有 3 个羟基，其中 2 个为仲羟基，1 个为伯羟基。纤维素具有氧化、酯化、醚化、吸水、溶胀以及易接枝共聚的重要化学性质。另外，由于纤维素分子中存在大量羟基，分子间易形成氢键，但羟基的部位不同，羟基的反应能力也有所不同，伯羟基的反应速度最快；由于两个末端葡萄糖单元的性质不同，一个末端葡萄糖单元在第 4 位碳原子上多一个仲羟基，另一个末端葡萄糖单元则在第 1 位碳原子上多一个内缩醛羟基，碳上的氢原子易移位与环上的氧结合，使环式结构变为开链式结构，因此 1 位碳变成醛基，呈醛基化反应。

2.2.1.2　纤维素的性质

纤维素大分子间和分子内因含有大量的羟基，存在氢键作用。一般来说，纤维素中结晶区的羟基都以氢键形式存在，而在无定形区，则有少量没有形成氢键的游离羟基，因此水分子可以进入无定形区，与分子链上的游离羟基形成氢键，即在分子链间形成水桥，发生吸水和溶胀作用。纤维素吸水只发生在无定形区，结晶区的氢键并没有破坏，链分子的有序排列也没有改变，纤维素的吸水量随其无定形区所占比例的增加而增加，经碱处理过的纤维素的吸湿性比天然纤维素强。

纤维素吸水后再干燥的失水量与环境的相对湿度有关，纤维素在经历不同湿度的环境后，其平衡含水量的变化存在滞后现象，如图 2-10 所示，吸水量低于解吸时的吸水量。其原因是干燥纤维素的吸附发生在无定形区，氢键被破坏的过程受内部应力的阻力作用，仅部分氢键脱开；当吸水达到平衡，纤维素脱水产生收缩，无定形区的羟基部分地重新形成氢键，但由于纤维素凝胶结构的内部阻力作用，被吸附的水不易脱掉，故脱水并不明显。纤维素结晶区和无定形区的羟基基本以氢键的形式存在，氢键的破裂和重新生成对纤维素的性质有较大影响，而在许多情况下也影响反应能力。氢键破裂生成游离羟基数量增加时，吸水量也会增加，市售粉状纤维素在相对湿度为 70% 时，其平衡含水量为 8%～12%。X 射线衍射图谱研究表明，纤维素吸水、干燥后，二者的 X 射线衍射图谱没有改变。

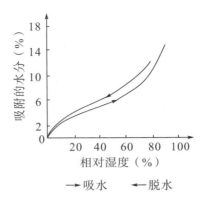

图 2-10　纤维素平衡含水量的变化

纤维素的溶胀可分为两种类型：一是结晶区间溶胀，液体只进到结晶区间的无定形区，其 X 射线衍射图谱不发生变化；二是结晶区内溶胀，纤维素原来的 X 射线衍射图谱改变，出现新的 X 射线衍射图谱，发生有限溶胀。纤维素溶胀能力的大小取决于碱金属离子水化度，碱金属离子水化度又随离子半径而变化，离子半径越小，其水化度越大，如氢氧化钠的溶胀能力大于氢氧化钾。纤维素的溶胀是放热反应，温度降低，溶胀作用增加。同一温度下，纤维素的溶胀随其碱浓度的增加而增加，直到溶胀程度达到最高值。

纤维素在酸催化剂下水解，可降低 β-1,4 苷键的活化能，加快水解速度。纤维素对碱的溶胀性和酸的水解性已在纤维素的制备及衍生化方面发挥作用。

2.2.1.3　纤维素的类型

常用的药用纤维素有粉状纤维素和微晶纤维素。

（1）粉状纤维素。

粉状纤维素（powdered cellulose）又称纤维素絮，BP、JP、EP 均已收载，其制法是将植物纤维浆用 17.5% NaOH 溶液在 20℃下处理，得到不溶解的 α-纤维素和纤维浆料，浆料经干燥制得粉状纤维素，DP 为 500，相对分子质量约为 $2.43×10^5$。

粉状纤维素呈白色，无臭、无味，具有纤维素的通性，可分散于大部分液体中，在水、稀酸和大部分有机溶剂中几乎不溶，在 5%NaOH 溶液中微溶。粉状纤维素在水中不溶胀，但在次氯酸钠（漂白剂）稀溶液中可以溶胀。根据粉末的细度不同，有多种商品规格，有大小为 35~300 μm 的粒状形态。

粉状纤维素可用作片剂的稀释剂、硬胶囊的填充剂、软囊剂的稳定剂和口服混悬剂等。粉状纤维素的低结晶度级别为 G-250 的颗粒可以用于直接压片，以改善流动性和压缩性，但可稀释容量比微晶纤维素差。在用挤出法或滚圆法制备小丸时，粉状纤维素可代替微晶纤维素；粉状纤维素由于价廉、无毒和无刺激性，已广泛用于口服制剂和食品添加剂；粉状纤维素用作制剂辅料不会引起腹泻，但不宜大量使用，若滥用含有纤维素的制剂，会导致纤维素性肉芽肿的形成。

（2）微晶纤维素。

微晶纤维素（microcrystalline cellulose，MCC）的 DP 为 220，相对分子质量约为 36000，其结构式与纤维素相同，但微晶纤维素在水中的分散性、结晶度和纯度等与粉状纤维素不同。工业上制备微晶纤维素是将 α－纤维素用稀无机酸在 105℃ 时煮沸 15 min，去除无定形部分，过滤、水洗、碱洗余下的结晶部分，经剧烈搅拌分散，喷雾干燥形成粉末，得到微晶纤维素。微晶纤维素广泛用于固体制剂以改善粉体的性能，2005 年版《中国药典》二部已收载，市场上各种级别的微晶纤维素品目繁多，平均粒径为 20～200 μm，可根据直接压片或处方的需要选用型号。

微晶纤维素呈白色、无臭、无味，为高度多孔性颗粒或粉末，具有压缩成型、黏合和崩解作用。不同粒度可以有不同性质。微晶纤维素具有潮解性，在相对湿度为 60% 时，平衡吸湿量约为 6%，不溶于稀酸、有机溶剂和油类，但在稀碱液中有一定的溶解性，大部分为膨化状态，呈不透明的乳膏状。微晶纤维素在羧甲基化、乙酰化、酯化过程中具有较高的反应性。由于具有较低 DP 和较大的比表面积等特殊性质，微晶纤维素在医药行业得到广泛应用。

微晶纤维素广泛用作口服片剂和胶囊剂的黏合剂、稀释剂和吸附剂，适用于湿法制粒和干法直接压片，也可作为分散稀释剂和丸剂的赋形剂。由于微晶纤维素分子之间存在氢键，受压时氢键缔合，所以具有高度的可压性，常被用作黏合剂。压制的片剂遇到液体后，氢键即刻断裂，因此可作为崩解剂，是片剂生产中广泛使用的一种辅料，能够提高片剂的硬度。例如，在制备利福平药片时可用 MCC 与淀粉（质量比为 6.25：1）和各种原料混合均匀后直接压片，产品在 1 min 内崩散成雾状，能很好地提高药物的稳定性。微晶纤维素也可用作药品的缓释剂，缓释过程是活性物质进入载体的多孔结构，活性物质被分子间氢键包围，干燥后活性物质被固定；活性物质释放时由于水在聚合物载体的毛细管系统内扩散引起膨胀，载体与固定的活性物质之间的化合键被破坏，活性物质缓慢地释放出来。微晶纤维素在水中经强力搅拌生成凝胶，也可用于制造膏状和悬浮液类的医药制剂。微晶纤维素是相对无毒、无刺激性且口服后不吸收的辅料，几乎没有潜在的毒性，但大量使用可能会引起轻度腹泻，若滥用含有纤维素的制剂，会导致纤维素性肉芽肿的形成。

2.2.2　纤维素衍生物

纤维素衍生物（cellulose derivatives）是指纤维素分子中的羟基发生酯化或醚化反应后的生成物。按照反应生成物的结构特点，可以将纤维素衍生物分为纤维素醚、纤维素酯和纤维素醚酯三大类。纤维素酯类有硝酸纤维素、醋酸纤维素、醋酸纤维素酞酸酯、醋酸纤维素丁酸酯和磺酸纤维素等，纤维素醚类有甲基纤维素、羧甲基纤维素、乙基纤维素、羟乙基纤维素、羟丙基纤维素和羟丙基甲基纤维素等，此外，还有醚酯混合衍生物，如羟丙甲纤维素酞酸酯。

全世界每年来自天然产物的纤维素有千亿吨以上，被工业利用约有几十亿吨，硝酸纤维素是最早被合成的纤维素酯，醋酸纤维素也已应用于生命科学领域，但是纤维素衍生物在药学领域的应用仍非常有限，原因是纤维素衍生物的制剂工艺和药物传递过程中的特殊性能限制了纤维素衍生物的应用。

下面通过对纤维素进行酯化、醚化、交联和接枝等化学反应，获得不同化学结构的纤维素衍生物，并对几种主要纤维素衍生物的物理化学性质和纤维素改性机理进行讨论，探索常见纤维素衍生物作为药用辅料在药物制剂中应用的重要性。

2.2.2.1 纤维素衍生物的类型

一般按纤维素结构中葡萄糖单体中三个羟基的酯化、醚化、交联和接枝的化学反应特性来分类。

酯类：

$R{=\!\!=}-H,\quad -\overset{\|}{\underset{O}{C}}-CH_3$ 　　　　　　　　醋酸纤维素（CA）

$R{=\!\!=}-H,\quad -\overset{\|}{\underset{O}{C}}-CH_3\quad 或\quad -\overset{}{\underset{O}{C}}C_6H_4COOH$ 　　醋酸纤维素酞酸酯（CAP）

$R{=\!\!=}-H,\quad -\overset{\|}{\underset{O}{C}}-CH_3\quad 或\quad -CH_2CH_2CH_3$ 　　醋酸纤维素丁酸酯（CAB）

醚类：

$R{=\!\!=}-H\quad 或\quad -CH_3$ 　　　　　　　　　　甲基纤维素（MC）

$R{=\!\!=}-H\quad 或\quad -C_2H_5$ 　　　　　　　　　乙基纤维素（EC）

$R{=\!\!=}-H\quad 或\quad -\!\!\left[CH_2CHO\right]_{\overline{m}}\!H\atop \qquad\quad CH_3$ 　羟丙基纤维素（HPC）

$R{=\!\!=}-H\quad 或\quad -\!\!\left[O\!-\!CH_2\!-\!CH_2\right]_{\overline{n}}\!OH$ 　　羟乙基纤维素（HEC）

$R{=\!\!=}-H,\ -CH_3\quad 或\quad -\!\!\left[CH_2\!-\!CH\!-\!O\right]_{\overline{m}}\!H\atop \qquad\qquad\quad CH_3$ 　羟丙基甲基纤维素（HPMC）

$R{=\!\!=}-H\quad 或\quad -CH_2COONa$ 　　　　　　　羧甲基纤维素钠（CMC-Na）

$R{=\!\!=}-H\quad 或\quad (-CH_2COO^-)_2Ca^{2+}$ 　　　　羧甲基纤维素钙（CMC-Ca）

醚酯类：

$R{=\!\!=}-H,\ -CH_3,\ -CH_2CHOH,\ -\overset{}{\underset{O}{C}}C_6H_4COOH\atop \qquad\qquad\quad CH_3$

或 $-CH_2\!-\!\underset{\underset{O\quad CH_3}{|}}{CH}OCC_6H_4COOH$ 　　　　羟丙甲纤维素酞酸酯（HPMCP）

$$R \!=\! -H,\ -CH_3,\ \underset{\overset{\|}{O}}{-CCH_3},$$

醋酸羟丙甲纤维素琥珀酸酯（HPMCAS）

$$\underset{\overset{\|}{O}}{-CCH_2CH_2COOH},\ \underset{\overset{\|}{CH_3}}{\left(CH_2CHO\right)_m}COCH_3\ 或\ \underset{CH_3}{\left(CH_2CHO\right)_m}\underset{\overset{\|}{O}}{CCH_2CH_2COOH}$$

2.2.2.2　纤维素衍生物的性质

纤维素因分子链上的羟基发生酯化、醚化等改性反应，导致其化学结构发生变化，常常用取代度（degree of substitution，DS）来定义纤维素衍生物的结构性能。取代度是指纤维素每个 D-葡萄糖单元上的活性羟基被取代的物质的量。纤维素酯类和醚类化合物的性能取决于取代基团的极性。例如，如果非离子型醚类衍生物乙基纤维素疏水基团占优势，则几乎不溶解于水；如果引进具有较强极性的基团，如羧基、羟基，则会大大地增加亲水性。

纤维素醚是纤维素分子链上的羟基为醚基所取代的产物，由于纤维素分子链中每个失水葡萄糖单元上只有 3 个羟基能被取代，所以取代度只能小于或等于 3。当纤维素醚形成侧向分歧的醚时，平均每个失水葡萄糖单元上所结合的取代醚基总量用摩尔取代度（molar degree of substitution，MS）表示。MS 的大小与侧链形成的程度有关，理论上MS 值可以是无限的。对于纤维素烷基、羧烷基和酰基衍生物，DS 和 MS 是相同的；对于纤维素羟烷基衍生物，当一个羟烷基被引入纤维素分子链时，就形成一个附加的羟基，这个羟基本身又可被羟烷基化，因而在纤维素分子链上可形成相当长的侧链，所以通常 MS 大于 DS，MS 的大小视侧链形成的程度而定。例如，甲基纤维素的 DS 可高达1.8，而乙基纤维素的 DS 一般为 1.2~1.4。

侧链长及相对分子质量分布对修饰后的纤维素的性能有显著的影响，虽然各国药典对取代基的含量有一定的要求，但实际上在符合药典规定的范围内的含量差异也显著影响药物的释放性能。HPMC2208 取代基及其相对分子质量见表 2-3，HPMC2208 制成的萘普生缓释骨架片的释放速度如图 2-11 所示。

表 2-3　HPMC2208 取代基及其相对分子质量

批次	黏度 (mPa·s)	甲氧基含量 (%)	羟丙氧基含量 (%)	数均相对分子质量 M_n	重均相对分子质量 M_w	多分散性系数 M_w/M_n
1	15200	23.7	8	143953	608274	4.28
2	14000	22.5	10.9	161338	613714	3.80
3	14200	25.9	11.1	211649	622861	2.94
4	15000	26.4	7.3	187060	613351	3.28
5	15000	25.5	5.3	119901	568659	4.74
6	15000	22.7	10.7	167805	633932	3.78
7	12491	23.4	9.5	158695	603797	3.80

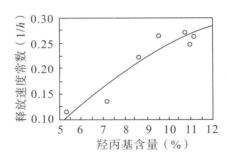

图 2-11　HPMC2208 制成的奈普生缓释骨架片的释放速度

2.2.2.3　纤维素衍生物配伍性

纤维素衍生物很少单独使用，一般是与其他聚合物、增塑剂或润滑剂混合使用，在其配伍应用的研究中，目前多采用系统的测试来代替传统的试凑法。在固相物料配伍性的研究中，可采用微量热计、差热分析、差示扫描量热法、热机械分析、红外光谱及 X 射线衍射法等进行链结构与性能研究。例如，TMA 研究软化温度 T_s，探讨聚合物与增塑剂的相容性，药剂学中，这种方法大量用于研究包衣材料（聚合物）与增塑剂的相互作用，以降低成膜温度，探索包衣层机械性质或渗透性的相关性。聚合物与增塑剂相互作用对软化点温度的关系为

$$T_s = T_0 \mathrm{e}^{-K_s N} \tag{2-4}$$

式中，T_s 为加有增塑剂的聚合物软化温度，T_0 为纯的聚合物的软化温度，N 为增塑剂的摩尔分数，K_s 为软化点下降系数。

EC、HPMC 和 HPMCP 薄膜与增塑剂配伍的软化温度系数见表 2-4，水也有降低纤维素衍生物的软化温度的作用，可参阅相关书籍。

表 2-4　软化温度系数

增塑剂	EC	HPMC	HPMCP
酞酸二乙酯	2.34	2.30	1.59
甘油三乙酸酯	2.04	2.40	1.63
聚乙二醇 400	1.00	8.86*	2.16
丙二醇	0.07	0.35	—
蓖麻油	1.77	—	—

注：* 是以 PEG400 为增塑剂。

2.2.3　几种主要纤维素衍生物

2.2.3.1　醋酸纤维素

醋酸纤维素是以纯化的纤维素为原料，以硫酸为催化剂，加过量的醋酸酐酯化成三醋酸纤维素，然后水解降低乙酰基含量，达到所需的酯化度，经洗涤、干燥得固态产品，其酯化反应式为

$$2[C_6H_7O_2(CH)_3]_n+3n(CH_3CO)_2O \xrightarrow{H_2SO_4} 2[C_6H_7O_2(OCOCH_3)_3]_n+3nH_2O$$

$$(2-5)$$

醋酸纤维素因羟基乙酰化的程度和分子链的长度不同，其相对分子质量在一定范围内变动，不同型号的醋酸纤维素见表 2—5。醋酸纤维素是白色粒状物，粉末密度约为 $0.4~g/cm^3$，玻璃化转变温度为 170℃~190℃，熔点为 230℃~300℃，溶解性极大地受所含乙酰基量的影响。

表 2—5　不同型号的醋酸纤维素

型号	乙酰基（％）*	黏度（mPa·s）	羟基（％）	熔程（℃）	玻璃化转变温度 T_g（℃）	粉末密度（g/cm³）	数均相对分子质量（以聚苯乙烯为标准品计）$\overline{M}_n$
CA—320S	32.0	210.0	8.7	230~250	180	0.4	38000
CA—398—3	39.8	11.4	3.5	230~250	180	0.4	30000
CA—398—6	39.8	22.8	3.5	230~250	182	0.4	35000
CA—398—10NF	39.8	38.0	3.5	230~250	185	0.4	40000
CA—398—30	39.7	114.0	3.5	230~250	189	0.4	50000
CA—394—60S	39.5	228.0	4.0	240~260	186	—	60000
CA—435—75	43.5	—	0.9	280~300	185	0.7	122000

注：* 值按下式计算：$\dfrac{M_{CH_3CO}\times DS}{M_{C_6H_{10}O_5}-M_H\times DS+M_{CH_3CO}\times DS}\times100$，其中 M_{CH_3CO}，$M_{C_6H_{10}O_5}$，M_H 分别为各自基团的相对分子质量，DS 为取代度。

根据羟基乙酰化的程度不同，醋酸纤维素在有机溶剂中的溶解度差异很大，醋酸纤维素和二醋酸纤维素比三醋酸纤维素更易溶于有机溶剂，如丙酮—水、二氯甲烷—乙醇混合物、二甲基甲酰胺等。醋酸纤维素随乙酰基含量下降，亲水性增加；在高温下，醋酸纤维素会缓慢水解，游离酸含量增加，并有醋酸臭味。

醋酸纤维素可用作片剂的半透膜包衣，特别是渗透泵型片剂和植入剂，控制和延缓

药物的释放；醋酸纤维素和其他纤维素酯联合制备具有控释特性的载药微球、透皮吸收传递制剂系统等。例如，对乙酰氨基酚颗粒咀嚼片包衣膜、缓释片用醋酸纤维素直接压片，改善药物释药特征。醋酸纤维素广泛应用于口服制剂，用作肾渗析膜直接与血液接触，生物 pH 范围稳定。

2.2.3.2 醋酸纤维素酞酸酯

醋酸纤维素酞酸酯（cellulose acetate phthalate，CAP）是部分乙酰化的纤维素酯，其结构式如图 2-12 所示。分子中 1/2 的羟基被乙酰化，1/4 的羟基被酞酸中的羧酸基团酯化。CAP 是取代度约为 1 的醋酸纤维素，为白色、易流动、有潮解性的粉末，密度为 0.260 g/cm³，熔点为 192℃，T_g 为 160℃～170℃。CAP 不溶于水、乙醇、烃类及氯化烃类，可溶于丙酮、丁酮及醚醇混合液，不溶于酸性水溶液，故不会被胃液破坏。

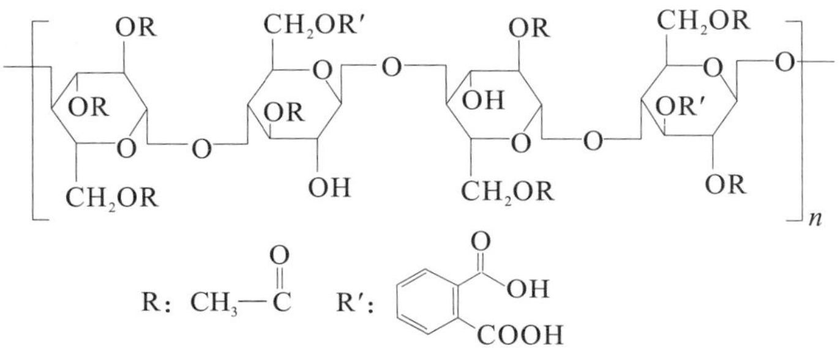

图 2-12　醋酸纤维素酞酸酯的结构式

CAP 作为肠溶包衣材料，一般在其中加入酞酸二乙酯作增塑剂，任何与 CAP 合用来增加其效果的增塑剂都必须经过筛选。同一增塑剂用于不同的片剂包衣中，可能不会产生令人满意的结果。在固体剂型中，CAP 一般用于直接压片，或者将其溶于有机溶剂或水作为包衣剂。另外，CAP 与许多增塑剂是互容的，包括丁基邻苯二甲酰羟乙酸酯、酒石酸二丁酯、邻苯二甲酸二乙酯、邻苯二甲酸二甲酯、乙基邻苯二甲酰乙基羟乙酸酯等，CAP 与乙基纤维素合用，可作为控释给药制剂。由于 CAP 口服安全、毒性低，所以可用于口服片剂包衣材料。

2.2.3.3 羧甲基纤维素钠

羧甲基纤维素钠（carboxymethyl cellulose sodium，CMC-Na），俗称纤维素胶（cellulose gum），因采用的纤维素原料不同，CMC-Na 相对分子质量一般为 $9 \times 10^5 \sim 7 \times 10^6$，取代度为 0.7～1.2。工业上制备 CMC-Na 是将纤维素原料制成纤维素碱，用乙醇作反应介质，与一氯醋酸在 35℃～40℃进行醚化反应，用 70％乙醇洗涤、过滤、干燥、粉碎即得，其反应式为

$$[C_6H_7O_2(OH)_3]_n \cdot nHaOH + nClCH_2COOH \xrightarrow{35℃～40℃}$$

$$[C_6H_7O_2(OH)_2CH_2COONa]_n + nNaCl + H_2O \tag{2-6}$$

CMC-Na 为白色粒状粉末，密度为 0.78 g/cm³，酸度系数为 4.30；易潮解，不溶于丙酮、乙醇、乙醚和甲苯，水中易分散形成透明胶状溶液，CMC-Na 在水中的溶解度随着取代度的不同而不同，同时影响黏度、溶解度和分散度等。这些性质还与相对分子质量或聚合度、取代度和溶解介质的 pH 有密切关系。

一般 pH 小于 2 时产生沉淀，大于 10 时黏度迅速下降，CMC-Na 在 pH=4～10 时非常稳定，最适合的 pH 为中性，pH=8.25 是它的等电点。纤维素是含大量羟基的聚合物，链间存在强大的氢键力，因此不能溶于水，部分羟基醚化后，降低了链间氢键引力，打乱了晶态的有序结构，从而具有水溶性，并在水溶液中呈现不同的黏度。CMC-Na 具有不同的规格，按其 1% 溶液计算，高黏度为 1～2 Pa·s，中黏度为 0.5～1 Pa·s，低黏度为 50～100 mPa·s。

CMC-Na 取代度为 0.2～0.5 时溶于稀碱或分散于水中成黏稠液，取代度大于 0.5 时溶于水成黏液，取代度增加到 2 以上时，虽然链间氢键引力下降，但由于取代基的疏水性，则需要非极性溶剂来溶解。药物制剂中应用最多的是取代度为 0.7 的产品，在水中可溶，在有机溶剂中几乎不溶，如《美国药典》收载的 CMC-Na 的取代度为 1.15～1.45，其在水中可溶，对可溶性组分有更好的相容性。

CMC-Na 广泛用于口服和局部用药物制剂，它的黏稠水溶液在局部、口服或注射用制剂中用作助悬剂；CMC-Na 也可用作片剂的黏合剂和崩解剂，并用于乳剂的稳定剂。通常中等黏度级别的 CMC-Na 可以制成凝胶作为制剂的基质或糊剂，此类凝胶中常加入二醇类以防止干燥。此外，羧甲纤维素钠还是自黏合造漏术、伤口护理材料和皮肤用贴剂中的主要成分之一，可吸收伤口的分泌物或皮肤的汗水。CMC-Na 是我国最早开发应用的纤维素衍生物之一，作为药用辅料的混悬剂、助悬剂、稳定剂、增稠剂、凝胶剂、软膏和糊剂的基质，以延长药效。CMC-Na 已收载于各国药典，用于牙科制剂、口服胶囊剂、滴丸、溶液剂、混悬剂、糖浆剂和片剂等。

2.2.3.4　羟丙基纤维素

羟丙基纤维素（hydroxypropyl cellulose，HPC）是纤维素的部分取代羟丙基的纤维素醚，已有多国药典收载，含羟丙氧基 53.4%～77.8%，相对分子质量一般为 $5×10^4$～$12.5×10^5$。羟丙基纤维素的结构式如图 2-13 所示。

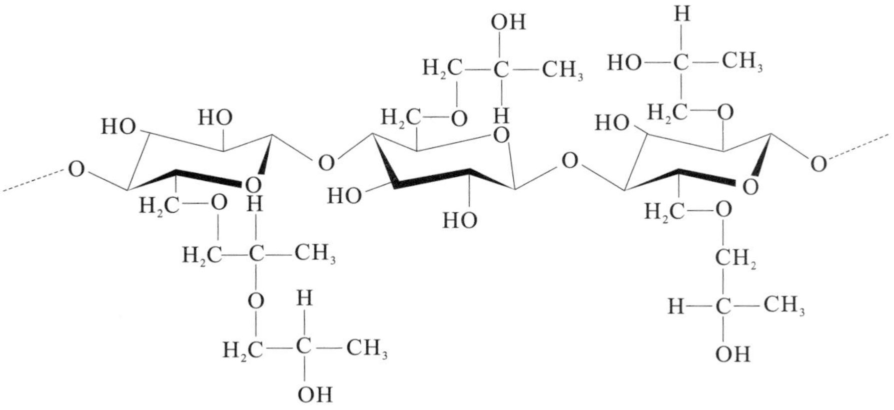

图 2－13　羟丙基纤维素的结构式

以碱纤维素为原料，在加温、加压条件下与环氧丙烷醚化，醚化作用使羟丙氧基可以取代部分仲羟基，侧链上的伯羟基被取代后形成新的仲羟基，可以进一步与环氧丙烷反应，从而产生支链延伸，侧链与多个环氧丙烷结合，反应式为

$$[C_6H_7O_2(OH)_3]_n \quad nNaOH+nCH_3—nCH_3—HC\underset{O}{\diagdown}CH_3 \longrightarrow$$

$$[C_6H_7O_2(OH)_2OCH_2—CH—OH]_n+nNaOH$$
$$CH_3$$

(2－7)

HPC 是白色或浅黄色粉末，无味，可燃，常温下难溶于苯和乙醚，溶于水、甲醇、乙醇、异丙醇等极性有机溶剂，是一种非离子型纤维素衍生物。羟丙基纤维素的水溶液在 pH＝6.0～8.0 时非常稳定，且对其黏度无影响，其热塑性、成膜性能、黏结性、乳胶稳定性和分散性均很好。高取代羟丙基纤维素与许多高相对分子质量、高沸点的蜡和油可配伍使用，并且可以用来改变这些材料的某些性质，在溶液状态与苯酚衍生物的取代物有配伍禁忌，在医药上主要用作片剂黏合剂、薄膜包衣、增黏剂和分散剂等。

我国低取代羟丙基纤维素（low substituted hydroxypropyl cellulose，L－HPC）的应用很广泛，且有较久远历史，L－HPC 的取代基含量为 5％～16％，约相当于 MD 0.1～0.2。L－HPC 是一种较新型的片剂辅料，主要作为片剂崩解剂或湿法制粒的黏合剂，也可应用于由直接压片制备的快速崩解剂中，作为缓释片剂骨架材料，有利于药物的溶出。L－HPC 的崩解性与胃液或肠液中的酸碱度无较大的关系。

纤维素醚的生产工艺流程如图 2－14 所示。表 2－6 是目前已经开发出的纤维素醚的品种和改性机理。

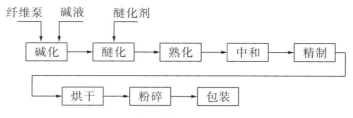

图 2-14　纤维素醚的生产工艺流程

表 2-6　纤维素醚的品种和改性机理

名称	改性机理	取代度
羧甲基纤维素 （CMC）	$C_6H_7O_2(OH)_3 + xNaOH \longrightarrow C_6H_7O_2 \cdot xNaOH$ $C_6H_7O_2(OH)_3 \cdot xNaOH + mClCH_2COONa \longrightarrow C_6H_7O_2(OH)_{3-m} \cdot$ $(OCH_2COONa)_m \cdot (x-m)NaOH + mNaCl + mH_2O$	0.4~1.5
甲基纤维素 （MC）	$Rcell{-}OH + NaOH + CH_3Cl \longrightarrow Rcell{-}OCH_3 + NaCl + H_2O$ $Rcell{-}(OH)_3 + 3(CH_3)_2SO_4 + 3NaOH \longrightarrow Rcell{-}(OCH_3)_3 +$ $3CH_3NaSO_4 + 3H_2O$	1.5~2.0
乙基纤维素 （EC）	$Rcell{-}OH + NaOH + ClC_2H_5 \longrightarrow Rcell{-}OC_2H_5 + NaCl + H_2O$ $2Rcell{-}OH + 2NaOH + (C_2H_5)_2SO_4 \longrightarrow 2Rcell{-}OC_2H_5 + Na_2SO_4$ $+ 2H_2O$	2.3~2.6
氰乙基纤维素 （CEC）	$Rcell{-}OH + CH_2{=}CHCN \xrightarrow{NaOH} Rcell{-}OCH_2 + CH_2CN$	2.6~2.8

在纤维素醚类衍生物中有一种特殊的纤维素醚，即纤维素混合醚，其纤维素醚分子链上连有两种不同性质的取代基，例如，取代度为 1.5~2.0 的羟丙基甲基纤维素（HPMC）的改性机理如下：

$$Rcell{-}OH + NaOH + CH_3Cl \longrightarrow Rcell{-}OCH_3 + NaCl + H_2O$$

$$Rcell{-}OCH_3{-}CH_2\!\!\overset{O}{\triangle}\!\!CHCH_3 \xrightarrow{NaOH} Rcell \!\!\begin{array}{l} {-}OCH_3 \\ {-}OCH_2{-}CHOH{-}CH_3 \end{array} \qquad (2-8)$$

另外，羟乙基甲基纤维素、羟丁基甲基纤维素、羧甲基羟乙基纤维素、羧甲基羟丁基纤维素、甲基羧甲基纤维素（MCMC）、乙基甲基纤维素（EMC）、羟丙基羟丁基纤维素（HPHBC）、羟乙基羟甲基纤维素（HEHMC）、羧甲基羟甲基纤维素（CMHMC）、羧甲基羟丙基纤维素（CMHPC）、羧甲基乙基纤维素等都属于混合醚，它们的改性机理也基本相同。

2.2.3.5　羟丙基甲基纤维素

羟丙基甲基纤维素（hydroxypropyl methyl cellulose，HPMC）是纤维素被部分甲基和羟丙基取代的纤维素醚，其结构式如图 2-15 所示，已收载入多国药典。2005 年版《中国药典》二部已收载，其甲基取代度为 1.0~2.0，羟丙基取代度为 0.1~0.34，相对分子质量一般为 $1{\times}10^4{\sim}1.5{\times}10^5$。

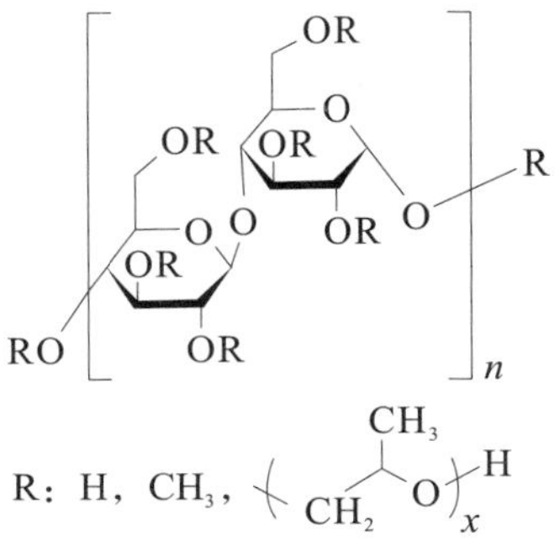

$$R: H, CH_3, \left\{ CH_2 \underset{CH_3}{\overset{|}{C}H} O \right\}_x H$$

图 2-15 羟丙基甲基纤维素的结构式

HPMC 的制法是以棉绒为原料，在氢氧化钠溶液中浸渍使其充分膨化，将获得的碱纤维素置于高压反应釜中，纤维素与氯甲烷、环氧丙烷同时醚化得到粗品，然后用热水反复清洗除去反应副产物氯化钠及甲醇等，经过滤、干燥、粉碎、分离而制得很纯的产品，其反应式为

$$[C_6H_7O_2(OH)_3]_n \cdot nxNaOH + nxCH_3Cl + nyC_3H_6O \longrightarrow$$
$$[C_6H_7O_2(OH)_{3-x-y}OHC_3(OC_3H_6OH_y)]_n \qquad (2-9)$$

HPMC 溶于冷水形成黏性溶液，其 1% 水溶液 pH 为 5.8~8.0，黏度随相对分子质量不同而不同，相对分子质量大则黏度大，在热水中的溶解性也略有不同。HPMC 的凝胶点视型号不同而异，水溶液刚开始加热时黏度较低，随加热温度升高，黏度上升，形成白色混浊液而凝胶化。甲氧基取代度越小，凝胶化温度越高，如 HPMC2208 为 80℃，HPMC2906 为 65℃，HPMC2910 为 60℃，在加热和冷却过程中，溶胶与凝胶可发生互变反应。

HPMC 水溶液用作薄膜包衣材料，根据黏度等级不同可作片剂黏合剂、阻滞水溶性药物的释放骨架材料，不同级别和型号的 HPMC 制成片剂的药物的溶出速度也不同，不同型号的 HPMC 的溶出率如图 2-16 所示。当 HPMC 在眼科滴眼剂中作为增黏剂时，通常需加入氯苯铵作为防腐剂，使用中遇冷后结块，需摇动重新分散和溶解。

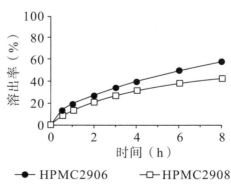

图 2-16 不同型号的 HPMC 的溶出率

2.2.3.6　羟丙甲纤维素酞酸酯

羟丙甲纤维素酞酸酯（hypromellose phthalate，HPMCP）是 HPMC 的酞酸半酯。不同规格的 HPMCP 中甲氧基、羟丙氧基和羧苯甲酰基（酞酰基）的百分含量值也不同，见表 2-7，在 HPMCP 后附上 6 位数的标号，分别表示不同取代基的百分含量值，前两位数表示甲氧基，中间两位数表示羟丙氧基，后两位数表示酞酰基。HPMCP 的相对分子质量一般为 $2.0 \times 10^4 \sim 2.0 \times 10^5$，NF、EP、BP 和 JP 均有收载。HPMCP 是 HPMC 与酞酸在冰醋酸中，以无水硝酸为催化剂酯化而得。

表 2-7　两种级别的 HPMCP 的取代基

取代基	级别	
	HPMCP220824	HPMCP200731
—OCH_3	20~24	13~22
—$OCH_2CH(CH_3)OH$	6~10	5~9
—$OCOC_6H_4COOH$	21~27	27~35

HPMCP 的物理化学性质稳定，与醋酸纤维素酞酸酯相比，在 50℃下长时间放置游离酞酸的含量很低，30 天后最大含量为 3.15%。在弱碱性溶液中，HPMCP 是性能优良的新型肠溶薄膜包衣材料。因 HPMCP 无味，不溶于唾液，可用作薄膜包衣，掩盖片剂或颗粒的异味或异臭。HPMCP 在胃液中不溶，但可溶胀，可以在肠上段快速溶解，HPMCP 应用于片剂或颗粒包衣时，可用已确定的包衣工艺，不需加入增塑剂或其他膜材，一般用 HPMCP 作包衣的片剂比用醋酸纤维素酞酸酯作包衣的片剂崩解速度快。HPMCP 可以单独使用，或与黏合剂合用来制备缓释制剂，其缓释速度具有 pH 依赖性。

2.2.3.7　醋酸羟丙甲纤维素琥珀酸酯

醋酸羟丙甲纤维素琥珀酸酯（hydroxypropyl methylcellulose acetate succinate，HPMCAS）是 HPMC 的醋酸和琥珀酸混合酯。美国 FDA 已于 2001 年批准使用，2005 年 NF、JPE 已收载。HPMCAS 的相对分子质量一般为 $2.4 \times 10^4 \sim 7.8 \times 10^4$，取代基的含量为甲氧基 12.0%~28.0%、羟丙氧基 4.0%~23.0%、乙酰基 2.0%~16.0% 和琥珀酰基 4.0%~28.0%。HPMCAS 商品级别及型号见表 2-8。

表 2-8　HPMCAS 商品级别及型号

级别及型号	标示黏度 (mm²/s)	乙酰基 (%)	琥珀酰基 (%)	平均粒度	pH	应用
AS-LF		8	15		≥5.5	产品为微粉状，供水性包衣
AS-MF		9	11	5 μm	≥6.0	
AS-HF	3	12	6		≥6.5	
AS-LG		8	15		≥5.5	产品为粒状，供有机溶剂包衣
AS-MG		9	11	1 mm	≥6.0	
AS-HG		12	6		≥6.5	

HPMCAS 由 HPMC 与醋酐、琥珀酸酐酯化而得，产物经洗净、干燥、粉碎得到。HPMCAS 在 200℃ 以前对热稳定，在 200℃ 以后开始快速失重，比 HPMCP（152℃）有更高的热稳定性。HPMCAS 在 20 世纪 70 年代被开发成功，作为片剂肠溶包衣材料、缓释性包衣材料和薄膜包衣材料，其粒径在 5 μm 以下者也可作成水分散体用于包衣。HPMCAS 的特殊优点是在小肠上部（十二指肠）的溶解性好，对于增加药物的小肠吸收比现在的一些肠溶材料理想，是广泛开发的辅料品种。

2.2.3.8　纤维素的接枝共聚

改性后的纤维素衍生物，其相对分子质量增加不多，从而使其强度、黏度等性质受到了一定的限制。改性纤维素的接枝共聚是对纤维素进行改性的另一种重要方法，此种方法是在保留纤维素固有的优点不被破坏的同时赋予其新的性能。常见纤维素的接枝共聚物见表 2-9，可以看出不同的纤维素与单体接枝共聚所需的引发剂不同，主要有过硫酸盐引发体系、$KMnO_4/H_2SO_4$ 引发体系和 Fe^{2+}/H_2O_2 引发体系。由于不同引发剂产生自由基的方式不同，接枝机理也有差异。

（1）过硫酸盐引发体系。

$S_2O_8^{2-} \rightleftharpoons 2SO_4 \cdot$

$SO_4 \cdot + H_2O \longrightarrow H^+ + SO_4^{2-} + HO \cdot$

$Rcell-OH + \cdot OH \longrightarrow Rcell-O \cdot + H_2O$

$Rcell-O \cdot + M \longrightarrow Rcell-OM \cdot \xrightarrow{M} \cdots Rcell-O(M)_n \cdot \longrightarrow$ 共聚物

（2）$KMnO_4/H_2SO_4$ 引发体系。

$MnO_4 + H^+ \longrightarrow Mn(Ⅳ) + H_2O$

$Mn(Ⅳ) + Rcell-OH \longrightarrow [配合物] \longrightarrow Mn(Ⅲ) + Rcell-O \cdot$

$Rcell-O \cdot + M \longrightarrow Rcell-OM \cdot \xrightarrow{M} \cdots Rcell-O(M)_n \cdot \longrightarrow$ 共聚物

（3）Fe^{2+}/H_2O_2 引发体系。

$Fe^{2+} + HO-OH \longrightarrow Fe^{3+} + \cdot OH + OH$

$Rcell-OH + \cdot OH \longrightarrow Rcell-O \cdot + H_2O$

$$\text{Rcell}-\text{O} \cdot +\text{M} \longrightarrow \text{Rcell}-\text{OM} \cdot \overset{M}{\longrightarrow} \cdots \text{Rcell}-\text{O(M)}_n \cdot \longrightarrow 共聚物$$

表 2-9　纤维素的接枝共聚物

改性纤维素	接枝单体	引发剂	聚合方式
羧甲基纤维素（CMC）	丙烯酸（AA）	过硫酸盐	自由基聚合
	甲基丙烯酸（MAA）	硝酸铈铵（CAN）乙二胺四乙酸钠（EDTA）	自由基聚合
	丙烯酰胺（AM）＋甲基丙烯酸二甲氨基乙酯盐酸盐（DM）	过硫酸铵＋四甲基乙二胺（TEMA）	自由基聚合
	丙烯酰胺（AM）＋甲基丙烯酰氧乙基二甲基辛基溴化铵（ADMOAB）	$K_2S_2O_8$＋四甲基乙二铵（TEMA）	自由基聚合
	丙烯酰胺（AM）＋N,N-二甲基甲基丙烯酰氧乙基辛基溴化铵（DMAO）	$K_2S_2O_8$＋四甲基乙二铵（TEMA）	自由基聚合
	二甲基二烯丙基氯化铵（DMDAAC）	$KMnO_4/H_2SO_4$	自由基聚合
羟乙基纤维素（HEC）	甜菜碱型烯类单体（甲基丙烯酸二甲胺乙酯＋氯乙酸钠）	硝酸铈铵（CAN）＋乙二铵四乙酸钠（EDTA）	自由基聚合
	磺酸甜菜碱两性单体（DMAPS）	硝酸铈铵（CAN）＋乙二铵四乙酸钠（EDTA）	自由基聚合
羟丙基纤维素（HPC）	甲基丙烯酸甲酯	铈盐或硫酸亚铁铵/过氧化氢	自由基聚合

在改性纤维素中，已开发的纤维素醚、酯和醚酯种类有限，含有新型取代基的纤维素衍生物还有待于深入研究。改性纤维素的性质虽然比纤维素有了明显改变，但分子量没有提高，导致溶液的流变性、黏性和强度等性质受到了一定的限制，而纤维素的接枝共聚的改性则克服了这一缺陷，不仅使分子量大大提高，而且通过把具有优良性质的单体引入纤维素中，使改性后的纤维素应用更加广泛。

2.3　其他天然药用高分子材料

2.3.1　明胶

明胶（gelatin）是胶原温和断裂的产物，是天然多肽的聚合物。明胶的原料胶原是一种纤维蛋白，存在于猪、牛等的结缔组织（包括软组织、动物皮、腱骨）和硬骨料组织中。胶原蛋白含有 18 种氨基酸，氨基酸在明胶分子链上的排列非常复杂，在组成上有高含量的脯氨酸、羟脯氨酸和甘氨酸，少许蛋氨酸。现代研究证明，胶原分子呈圆棒形，长约 280 nm，相对分子质量约为 $3.0×10^5$，由 3 条多肽链组成，互相扭成螺旋结构。

胶原能吸水膨胀，与水共热能断裂生成相对分子质量较小的明胶，经水解后明胶的相对分子质量一般为 $1.5×10^4$～$2.5×10^5$，各国药典及药用辅料手册早已收载，早期中国药典以医用止血敷料品目收载。明胶可制备微胶囊等缓释药物载体材料，随着制剂工业的发展，明胶药用标准有待进一步修正。

明胶分子因与蛋白质相似，在不同 pH 溶液中可形成正离子、负离子和两性离子，在等电点时，40℃以上会出现单凝聚。阿拉伯胶带负电荷，能和带正电荷的弱酸性明胶溶液反应，溶解度急剧下降发生共凝聚作用，在医药工业上利用这一性质来制备微胶囊。

明胶溶液因温度降低而形成具有一定硬度、不能流动的凝胶，浓度最低极限值约为 0.5%。在明胶水溶液中，明胶分子存在两种可逆变化的构型，即溶胶形式和凝胶形式。在 15℃～35℃范围内，明胶分子以平衡状态共存，凝胶存在于 35℃以上，凝胶浓度越大，黏度越大。明胶溶液具有很高的黏度时，在室温下易形成网状结构，其相对分子质量越大，分子链越长，黏度也越大。当温度超过 50℃时，明胶水溶液会发生缓慢降解，65℃以上解聚作用加快，加热至 80℃持续 1 h 后，凝胶强度将减少 50%，分解加快。明胶对酶的作用也很敏感，因此，《中国药典》对明胶的黏度测定是以一种相对值来反映的。

各国药典对明胶重金属限量的规定均小于 $5.0×10^{-7}$，在药剂中作为包衣剂、成膜剂、片剂黏合剂和增黏剂。明胶具有热可逆性，最主要的用途是作为硬胶囊、软胶囊以及微囊的囊材。明胶的薄膜均匀、坚固且富有弹性，故可用作片剂包衣的隔离层材料和创伤敷料。此外，明胶的应用还包括栓剂、植入传递系统和生物可降解的骨架材料，但在血浆替代品的研究中有过敏反应的报道。

2.3.2　白蛋白

白蛋白（albumin）是人血浆中分离制得的灭菌无热原血清白蛋白，又称清蛋白。白蛋白是血浆中含量最多，但相对分子质量最小的蛋白质，约占总蛋白的 55%，其相对分子质量为 6.6×10^4。人血白蛋白由 585 个氨基酸残基组成，其中含 7 个二硫桥，N-末端是天冬氨酸。人血浆中分离制得的白蛋白有两种：一种是从健康人血浆中分离的人血白蛋白（albumin human），另一种是从健康产妇胎盘血中分离的胎盘血白蛋白。人血白蛋白是医学上使用最多的蛋白质，以人血液为原料制造人血白蛋白受到严格的限制，由于需要量大，已引起科学家的重视。1981 年，美国基因公司用重组 DNA 技术，在细菌和酵母中生产人血白蛋白取得成功，但成本高。日本、瑞士、瑞典等国家较早开发大规模生物合成技术获得人血白蛋白，21 世纪 20 年代，我国已有人工制造白蛋白的专利问世。

人血白蛋白为棕黄色无定形鳞片或粉末，其水溶液是近无色至棕色的微有黏稠性的液体，颜色的深浅与浓度有关。白蛋白易溶于稀盐溶液，如半饱和的硫酸铵及水中，在 pH=7.4 时易制备 40%（W/V）的白蛋白水溶液，当硫酸铵的饱和度在 60% 以上时可析出沉淀。人血白蛋白对酸较稳定，受热可发生聚合反应。

白蛋白分子中带有较多的极性基团，对很多药物离子具有高度的亲和力，能和这些药物结合发挥其运输作用。此外，白蛋白的二级结构含有 55% 的 α-螺旋结构和 45% 的 β-折叠链结构，其溶液呈无规线团结构，分子链的网状空隙为携带药物创造了有利的空间条件。白蛋白能维持血浆正常的胶体渗透压，浓度为 25% 的 20 mL 白蛋白能维持的渗透压约相当于血浆 100 mL 或全血 200 mL 的功能，生物半衰期为 17～23 天。

白蛋白主要用作注射用药物配方辅料，作为制剂中蛋白质和酶的稳定剂，浓度为 0.003%～5%（W/V）；白蛋白在药物传递系统中用于制备微球和微囊、抗癌药栓塞载体、冻干制剂载体；在临床治疗上，白蛋白溶液一直用于补充血浆容量，作为血浆代用品治疗严重急性的白蛋白损失，如失血、脑水肿、低蛋白血症、肝硬化及肾脏病引起的水肿和腹水等。白蛋白在人体内无抗原性，易被人体降解吸收，是既有价值又安全的药用辅料，但价格较昂贵。

2.3.3　甲壳质与壳聚糖

甲壳质（chitin）又称几丁质，是仅次于纤维素的天然来源的聚合物。甲壳质来源于昆虫、甲壳类（虾、蟹）等动物的外骨骼，自然界生物合成量约为 100 亿吨/年。甲壳质是自然界除蛋白质外数量最大的含氮天然有机高分子。甲壳质是 N-乙酰氨基葡萄糖以 β-1,4 苷键结合而成的一种氨基多糖，其基本结构是壳二糖（chitobiose）单元。甲壳质的相对分子质量一般为 1.0×10^6～2.0×10^6，经提取的分子质量将大幅下降。甲壳质的结构式如图 2-17 所示。由于甲壳质分子中存在乙酰胺基，所以分子间形成很强的氢键。甲壳质在水和有机溶剂中的难溶性质限制了它的充分利用。

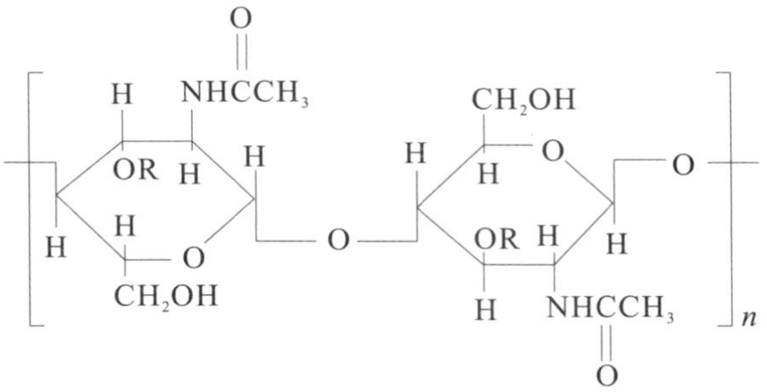

图 2-17　甲壳质的结构式

　　壳聚糖（chitosan）是甲壳质在碱性条件下充分水解后脱乙酰基的水解产物，其相对分子质量一般为 $3.0 \times 10^5 \sim 6.0 \times 10^5$。壳聚糖又称脱乙酰甲壳质，根据脱乙酰化程度的不同或含游离氨基的多寡而具有不同的性质。制备药用壳聚糖应满足 SFDA 规定的适于人类食用的要求，制造方法必须考虑灭活或除去感染物所致的污染。一般将甲壳质在过量 2 mol/L HCl 溶液中反应 4 h，除去残余的碳酸钙和一些磷酸盐，获得白色固体粉末或半透明的片状物，便于后期脱乙酰基制备壳聚糖。在脱乙酰化过程中，由于溶剂化的作用，部分糖苷键会发生水解而导致相对分子质量降低，可通过控制工艺条件来制备不同相对分子质量的壳聚糖。壳聚糖的结构式如图 2-18 所示。

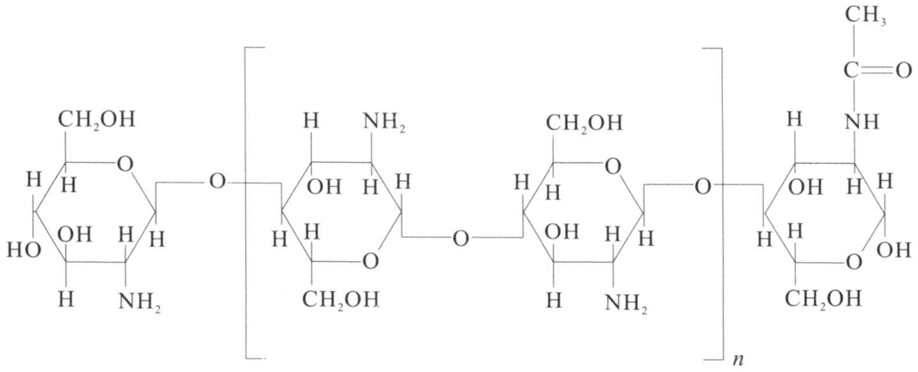

图 2-18　壳聚糖的结构式

　　壳聚糖的外观是白色或淡黄色的半透明状固体，密度为 $1.35 \sim 1.40 \text{ g/cm}^3$，玻璃化转变温度为 203℃。分子间和分子内强氢键的作用使得壳聚糖具有较高的结晶度，但进行多种化学改性后，可使壳聚糖的结晶度降低，为改善其溶解性和制备其他功能化的壳聚糖，扩大壳聚糖在药用辅料中的应用范围创造条件。国内外用小分子接枝壳聚糖、聚合物接枝壳聚糖和交联壳聚糖改性方法的研究有相关报道。

　　小分子接枝壳聚糖，如烷基化、羧基化、酰化、季铵化等，可制备出具有不同性质和功能的壳聚糖衍生物。壳聚糖中-OH 和-NH₂的化学活性不同，故可得到不同取代位置的烷基化壳聚糖衍生物。N-烷基壳聚糖一般可通过-HN₂与醛反应生成席夫碱，再用 NaBH₄还原制备。壳聚糖酰基化改性是利用壳聚糖与羧酸、酰氯、酸酐等发生酰化反应，生成酯和酰胺，壳聚糖分子内和分子间的氢键被破坏，大大提高了壳聚糖的溶解性。常用的方法是壳聚糖与氯代酸或醛酸在碱性条件下反应，生成相应的羧基化壳聚糖衍生物。Liu 在 1-丁基-3-甲基咪唑醋酸盐（BMIMIC）离子液体中用亚油酸对壳聚糖进行接枝，制备了两亲性壳聚糖衍生物，并研究了其表面活性和自组装行为。结果表明，壳聚糖在离子液体中进行均相接枝反应比在传统的有机溶剂中反应具有更高的接枝率，同时还可以自组装成窄粒径分布的纳米微球（30~40 nm），这有望在药物载体和药物缓释上得到应用。刘园园等在 BMIMIC 离子液体中，均相合成了一种新型两亲性窄分子量分布的低聚壳聚糖衍生物——月桂基-琥珀酰化壳聚糖（LSCOS）。与传统的乙酰化改性相比，离子液体中乙酰化的改性更环保，反应条件更温和。季铵化壳聚糖具有水溶性好、抑菌性强和絮凝性好等优点，对壳聚糖的季铵化改性主要分成两种：第一种是直接对壳聚糖的$-HN_2$进行季铵化；第二种是在壳聚糖的侧链上接枝季铵基团。

聚合物接枝壳聚糖，常用的有聚丙烯酰胺接枝壳聚糖、聚乳酸接枝壳聚糖、聚己内酯接枝壳聚糖和聚乙烯醇接枝壳聚糖等。Lu 等通过硝酸铈铵引发壳聚糖与丙烯酰胺反应，生成聚丙烯酰胺接枝壳聚糖（PAM-CS），再与 CTA 反应，生成 CTA 和 PAM 接枝的壳聚糖（PAM-CS-CTA）。Anraku 以不同分子量单甲氧基聚乙二醇为原料，合成了不同接枝链长度的单甲氧基聚乙二醇接枝壳聚糖，研究了它们的抗氧化性能，发现随着链长度的增加，单甲氧基聚乙二醇接枝壳聚糖的粒径减小，抗氧化活性增加。对壳聚糖进行功能化改性是未来研究的热点，在离子液体绿色溶剂中进行改性是壳聚糖改性的一个重要研究方向。由于壳聚糖良好的生物可降解性、生物相容性和低细胞毒性，在生物医学领域的应用也是一个重要的研究方向。

壳聚糖是从 20 世纪 70 年代开始进行应用研究的药用辅料，是目前公认的很有发展前途的天然高分子化合物。在药剂学中，壳聚糖作为片剂的稀释剂，可改善药物的生物利用度及压片的流动性、崩解性和可压性；由于壳聚糖多变的配位数和晶体形态表现出特有的生物生理适应性、完全的可生物降解性，是一些高新技术领域中不可替代的生物相容性材料，作为植入剂的载体，在体内具有可降解性；对于缓控释制剂的赋形剂和控释膜材料，壳聚糖所形成的薄膜对药物有良好的透过性，可作为微囊和微球的囊材；壳聚糖的黏膜具有黏附性，可用于改善肽类药物的传递，应用于结肠药物传递系统和基因传递、抗癌药物传递；壳聚糖可作外科手术缝合线的原料，在医药学领域具有优异性能和多种用途。

2.3.4　海藻酸与海藻酸盐

海藻酸又称藻酸、褐藻酸、海藻素，其主要来源于各大海洋沿岸的海藻。海藻酸（alginic acid）为褐藻细胞壁中的天然多糖，通常纯品为白色至棕黄色粉末。海藻酸是由聚 β-1,4-D-甘露糖醛酸（β-1,4-D-mannosyluronic acid M）与聚 α-1,4-L-古洛糖醛酸（α-1,4-L-gulosyluronic acid G）结合的线型高聚物，相对分子质量一般为 $2×10^4$ ~ $2.4×10^5$，其结构式如图 2-19 所示。海藻酸结构中 M、G 交替结合成 3 种不同的链段：-M-M-M-，-G-G-G-，-M-G-M-G-。不同品种的 M 与 G 比例不同，对产品的性质有很大影响。G 链段与钙离子结合非常强，可形成网状结构，含高 G 链段的海藻酸具有良好的胶凝性能，在药物制剂中有潜在的作用。

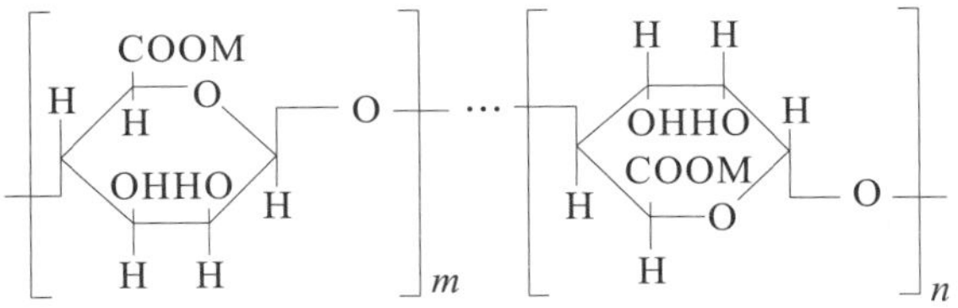

M：Na$^+$，Ca^{2+}，Mg^{2+}

图 2－19　海藻酸和海藻酸盐的结构式

海藻酸不溶于水、乙醇、乙醚和有机溶剂及酸类（pH＜3），其性质与制备所选用的原材料及加工工艺有密切关系，为了使用方便，一般生产工艺中加入氢氧化钠等碱类物质，以海藻酸钠盐的形式保存待用。海藻酸钠与黄原胶、瓜尔豆胶、西黄薯胶等增稠剂互溶，与卡波姆、糖、油脂、蜡类、吐温和一些有机溶剂（如甘油、丙二醇、乙二醇等）互溶。海藻酸钠能缓慢溶于水形成黏稠液体，0.5％（W/V）浓度近似牛顿流体，其水溶液黏度与 pH 有关，pH≤4 则凝胶化，pH≤10 一般都不稳定；海藻酸钠具有成膜性，膜透明且坚韧；海藻酸钠与蛋白质、明胶、淀粉相容性好，与二价以上金属离子形成盐而凝固。

海藻酸钠的凝胶作用与其分子中古洛糖醛酸 G 的含量和聚合度有关，G 的含量越高，凝固硬度越大。甘露糖醛酸 M 柔性较大，海藻酸钠凝胶的溶胀性与其中 M 链段在内部的溶胀有关。海藻酸钠与大多数多价阳离子会发生交联反应，如与钙离子交联形成的网状结构，控制水分子的流动性，用此方法可得热不可逆性的刚性结构，其失水收缩不显著。将钙离子加入海藻酸钠溶液中的方法将影响最终凝胶的性质：一般钙离子用量增加，则形成坚硬的凝胶；钙离子用量减少，则形成的凝胶较柔软，甚至会形成粒凝胶或海藻酸钙沉淀；如果钙离子加入的量接近二者反应完全时的浓度，则形成的凝胶有脱水收缩的倾向。

海藻酸丙二醇酯（propylene glycol alginate）是海藻酸的部分羧基被 1,2－丙二醇酯化，另有部分羧基被碱中和的产物。海藻酸丙二醇酯的性状与海藻酸钠相近，为白色至淡黄色颗粒或细粉，无臭、无味，在乙醇中极微溶解，不溶于乙醚，本品加水或温水形成黏性的胶体溶液（在 60℃以下稳定）。不同之处是酸性水溶液中海藻酸丙二醇酯既不会像海藻酸钠那样凝胶化，也不会像 CMC 那样黏度下降。海藻酸丙二醇酯在室温条件下，pH 为 3～4 时具有较好的稳定性，pH＜3 时产生胶凝作用，可与钙离子形成软性胶体。Cr^{3+}、Fe^{3+}、Cu^{2+}、Ba^{2+} 等离子可引起胶凝，海藻酸丙二醇酯可作为口服制剂及一般外用制剂的辅料，同时兼具乳化性，其乳化性较果胶和阿拉伯胶强。

海藻酸盐广泛用于药物制剂中的片剂、创伤敷料和牙模材料，用作药物的水性微囊的膜材，以代替用有机溶剂的包囊技术和用作缓释制剂的载体。有人研究用海藻酸和明胶水性胶体共凝聚物制备吲哚美辛缓释微粒，作为同脂质体结合的大分子的控释系统，已经出现了一种容纳有脂质体的微球，这种微球再用海藻酸和聚-L－赖氨酸包裹。

Cohen 等研究证明海藻酸钠水溶液无须外加钙离子和其他二价或多价阳离子，在眼部可形成凝胶，普通硝酸毛果芸香碱滴眼液只能使眼压降低维持 3 h，而用高 G 链段海藻酸钠原位法制备的缓释滴眼液，却可保持眼压降低达 10 h。De 和 Robinson 等用壳聚糖－海藻酸钠、赖氨酸－海藻酸复合材料通过分子自组装技术进行纳米微粒的制备，用作给药转运载体，可使患者肿瘤缩小，并可减少手术后的复发或转移，改善症状，提高疗效，延长患者生存期。Bowersock 和 Lemoine 已经证明作为反义寡核苷酸载体，海藻酸钠口服和鼻腔给药的可行性。

　　海藻酸钠是一种天然植物性创伤修复材料，用其制作的凝胶膜片或海绵材料可用来保护创面和治疗烧、烫伤等。应用海藻酸钠制备的三维多孔海绵体可替代受损的组织和器官，用作细胞或组织移植的基材。当海藻酸钙海绵用于伤口接触层时，与创口渗出液及血液中的钠离子与钙离子进行交换，释放出钙离子，并在创口表面形成凝胶薄层。钙离子的释放加速了毛细血管末端中血块的形成，从而达到迅速止血的目的。1994 年，Speakman 和 Chamberlain 对海藻酸纤维的生产工艺进行了详细的报道，用多种金属离子与海藻酸盐进行离子交换，制成海藻酸铁、海藻酸铝、海藻酸铜等海藻酸纤维。海藻酸纤维的主要用途是制备创伤被覆材料。海藻酸纤维被覆材料在与伤口接触后，材料中的钙离子会与伤口体液中的钠离子交换，使得海藻酸纤维材料由纤维状变成水凝胶状，由于凝胶具有亲水性，可使氧气通过并阻挡细菌，进而促进新组织的生长。德国 Zimmer 公司的全资分公司 Alceru－Schwarza 新开发的 Lyocell 海藻酸纤维具有抗菌功能，并能抑制大多数种类的细菌，对人体无任何副作用。

　　海藻酸盐是一种天然的肠溶材料，可以替代明胶用于肠溶软胶囊的胶囊壳。国际市场上已有同类产品，如海藻酸钙、海藻酸钾、海藻酸铵等，它们的溶解度和黏性各有特点，在制药和食品工业上已应用多年，可作漂浮制剂、控释制剂、生物黏附制剂、水凝胶、微囊、小丸、微球、创伤辅料、止血剂。海藻酸钙与壳聚糖联合应用可以作为肽类药物的控释剂、卡介苗微囊的骨架材料、动物骨骼及软组织的植埋剂，最长可以延长 30 天的降解时间。

2.3.5　透明质酸

　　透明质酸（Hyaluronic acid）又称玻尿酸（Hyaluronan），是一种黏弹性生物多糖，1934 年美国哥伦比亚大学眼科教授 Meyer 等首先从牛眼玻璃体中分离出该物质。其结构是由 D－葡萄糖醛酸和 N－乙酰氨基葡萄糖结合的双糖重复单元所构成的多糖，平均相对分子质量为 $5.0 \times 10^5 \sim 8.0 \times 10^6$，其结构式如图 2－20 所示。与其他黏多糖不同，透明质酸的结构中因不含硫，分子能携带 500 倍以上的水分，作为药物传递的新辅料，能够促进药物和蛋白质药物经黏膜的吸收，近年来引起广泛的关注。

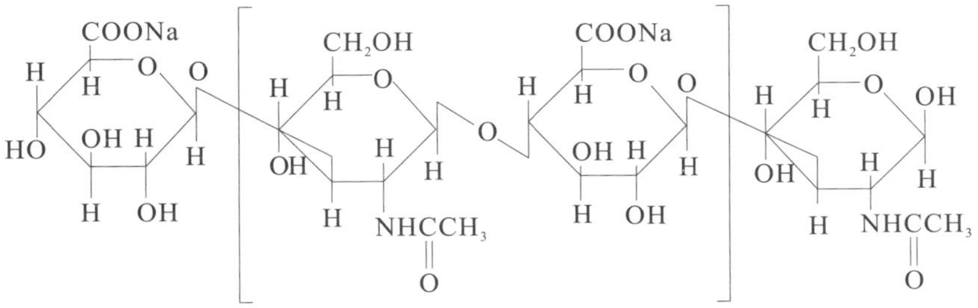

图 2-20　透明质酸的结构式

天然高分子透明质酸存在于脊椎动物结缔组织的细胞间隙或胶朊微丝的间隙，即关节滑液、眼玻璃体、人脐带、鸡冠、皮肤等生物组织中，在动物体内透明质酸的主要作用是润滑关节、组织保水。一般新鲜组织在 0.1 mg/L 的氯化钠溶液中浸提、沉淀、精制和干燥得到。

透明质酸以其独特的分子结构和理化性质在机体内显示出多种重要的生理功能，如润滑关节、调节血管壁的通透性、调节蛋白质和电解质扩散以及运转、促进创伤愈合等。尤为重要的是，透明质酸具有特殊的保水作用，是目前发现的自然界中保湿性最好的物质（2%的纯透明质酸水溶液能牢固地保持 98%的水分），被称为理想的天然保湿因子。人的皮肤的成熟和老化过程随着透明质酸的含量和新陈代谢而变化。透明质酸可以改善皮肤营养代谢，使皮肤柔嫩、光滑、去皱，增加弹性，防止衰老，是良好的透皮吸收促进剂，多年来作为药物已广泛应用于眼科和骨科中。

近年来，透明质酸钠及其酯衍生物作为药用辅料，特别是用于促进蛋白类药物的黏膜吸收也得到了广泛的关注。作为药物传递的新辅料，透明质酸钠有较高的临床价值，广泛应用于各类眼科手术，如晶体植入、角膜移植和抗青光眼手术等，还可用于治疗关节炎和加速伤口愈合等。

2.3.6　黄原胶

黄原胶（xanthan gun）是将黄单孢杆菌用糖发酵后提取制得的高分子多聚糖，又称苦苷胶、汉生胶或黄单孢菌多糖，具有优越的生物胶性能和独特的理化性质。黄原胶具有纤维素的主链和低聚糖的侧链，主链由 D-葡萄糖通过 β-1,4-苷键相连，每隔一个葡萄糖的 C_3 位连接一个由甘露糖-葡萄糖醛酸-甘露糖组成的侧链，侧链中相连的甘露糖的 C_6 上有一个乙酰基团，末端 $C_4 \sim C_6$ 上则连有一个丙酮酸。黄原胶所形成的刚性聚合物链以单列或三螺旋的形式存在于溶液中，并且与其他黄原胶分子相互作用，形成复杂的松散结构网络。黄原胶的结构式如图 2-21 所示。

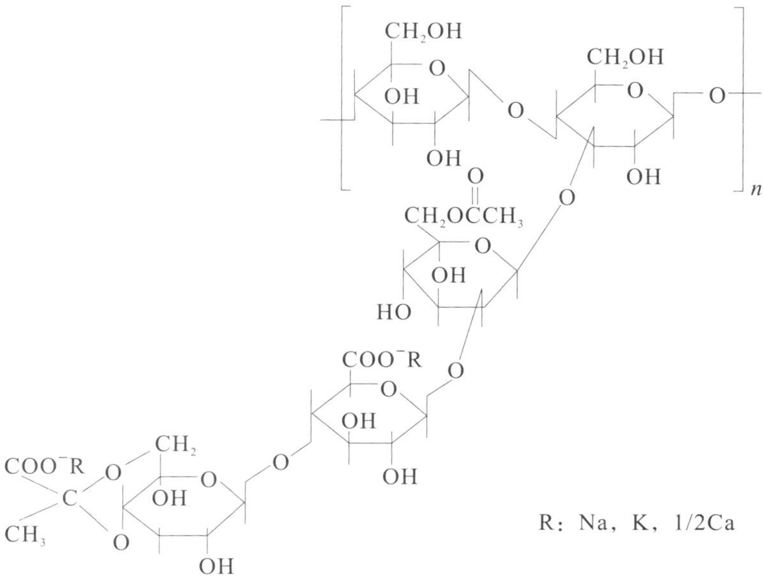

R：Na，K，1/2Ca

图 2-21　黄原胶的结构式

　　黄原胶的相对分子质量约为 2.0×10^6，因为准确测定相对分子质量有困难，也有报道为 $(1.3\sim5.0)\times10^7$，可能是由分子链间缔合的不同造成的。黄原胶为乳白色或淡黄色、无臭、流动性良好的细粉，不溶于乙醇及乙醚，但遇 60% 以下的乙醇或丙二醇、甲醇、丙酮时不产生沉淀，溶于冷水或温水中。

　　黄原胶在水中溶解所需的时间受一些因素的影响，颗粒越大，pH 越低，离子强度越高，水化和溶解速度越慢。其 1% 的水溶液 25℃ 时动力黏度为 $(1.2\sim1.6)\times10^3\,mPa\cdot s$，可见其低浓度时即具有很高的黏性，这一点明显地与一般高分子亲水胶不同，其 10 g/L 的水溶液在静置时几乎成凝胶。低浓度的电解质对黄原胶凝胶有稳定作用。与美国 FDA 已批准的多糖类聚合物如瓜尔豆胶、海藻酸钠、CMC 相比，黄原胶的假塑性更为显著，黄原胶溶液更易从容器中倾出，这种流变学性质有利于保持制剂产品的适宜性能。黄原胶无热胶凝作用，其去离子水溶液在 60℃～70℃ 时（或在更高温度下、有电解质存在时），有规则的螺旋结构可转变为无序线团，黏度下降。此效应称为聚合物融化作用，该反应是可逆的。

　　黄原胶分子在溶液中具有刚性棒状构型或螺旋状构型，由于其带有侧链，流体动力学体积很大，分子因氢链缔合或复合表现出很高的黏弹性，同时由于侧链的作用，纤维素骨架受到保护，故与很多酶、酸、碱及盐类相容性良好。黄原胶水溶液在 pH 为 3～12 和温度为 10℃～60℃ 的条件下很稳定。黄原胶的水化和溶解速度与粒度有关。

　　黄原胶为聚阴离子电解质，与阳离子型表面活性剂、聚合物或防腐剂配伍产生沉淀。阳离子型表面活性剂和两性表面活性剂浓度在 15% 以上时能使溶解的黄原胶沉淀，在高碱性溶液中，多价金属离子（如钙）能使黄原胶沉淀或形成凝胶，微量的硼酸盐能使其胶凝，加入浓的硼离子溶液或使 pH 降至 5 以下则可以避免形成凝胶，加入山梨醇或甘露醇也能防止形成凝胶。

液体制剂中，黄原胶常作为增稠剂、助悬剂和乳剂的稳定剂，能形成流变学性质更理想的溶胶溶液；固体制剂中，黄原胶可作黏合剂，其黏合力强，且不过于坚硬，也不易出现裂片现象，作为崩解剂有良好的膨胀性、润湿性和毛细管作用。黄原胶常以200目的细粉与淀粉、微晶纤维素、聚维酮配伍，一般用量为3%~8%，可作为亲水性骨架型缓释片材料，其优异的凝胶特性使亲水性骨架片具有良好的性能：①快速而良好的水化作用，但溶液中离子浓度的增加会使水化速度变慢；②高度的假塑性，在多种浓度下有很高的弹性模量；③无热凝胶作用，其流变学性质与温度和离子浓度无关，在多种浓度下，溶液都能凝结；④应用的浓度不同，药物释放的速率也不同，30%~50%的用量时，可制得近乎零级释放的制剂。

黄原胶广泛应用于口服或局部用制剂中，在药剂应用范围内无毒、无刺激性，已被各国药典收载。

2.3.7 肝素

肝素是一种酸性黏多糖，其结构式如图2-22所示。肝素在体内和蛋白质结合成复合物存在，广泛分布于动物组织中。肝素具有抗凝作用，常用于抗炎、抗血管生成以及抗肿瘤等方面的治疗。肝素分子中的大量的硫酸盐和羧酸基团赋予了肝素高负电荷，还可以作为生长因子载体和支架用于组织再生。

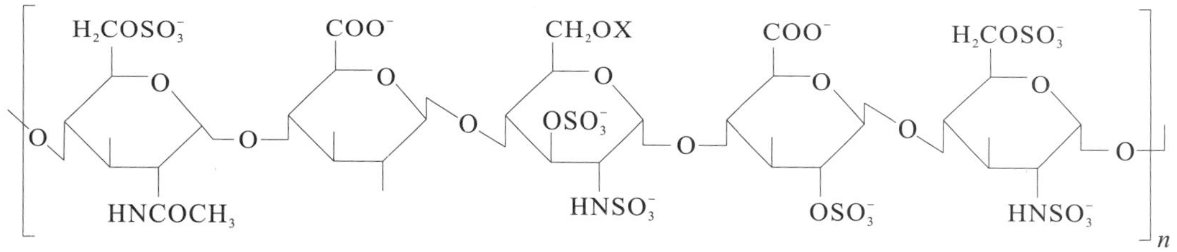

X：H，SO$_3^-$

图2-22 肝素的结构式

通过将肝素和聚乙烯亚胺（PEI）复合制备了一种生物可降解的阳离子型肝素-PEI纳米水凝胶，克服了肝素、PEI单独作为载体使用的缺点，近几年来，肝素-PEI纳米凝胶在基因治疗方面取得了很好的成果。肝素-PEI纳米凝胶在基因治疗中能够抑制细胞增殖和减少血管生成，促进细胞凋亡，从而达到治疗的目的。肝素的主要缺点是会诱发Ⅱ型血小板减少症（一种免疫反应），产生针对肝素-PF4复合体的抗体，这与肝素的出血性副作用有关。在理论上合成的低聚糖可以解决这个问题，这些分子中含有肝素的具有抗凝血酶结合作用的五糖区域，这些制剂可能很快商品化，人工合成的五糖抗凝剂已经在进行临床试验。另外，肝素四糖具有抗炎作用，但是没有抗凝活性，原因是不同的蛋白质只能识别肝素上不同的区域，因此，开发具有广泛用途的新型低聚糖很有必要。例如，近期发现人类免疫缺陷病毒侵染细胞时，需要硫酸乙酰肝素与特定因子相互作用，开启了以GAG为基础进行治疗的大门，见表2-10。

表 2-10　基于肝素或硫酸乙酰肝素的相关药物

分　子	新药与肝素的比较	活　性
选择性 O-脱硫酸化肝素	无抗凝活性	抗炎、抗过敏、抗黏附
多硫酸化戊聚糖	植物来源，抗凝活性很少，口服有效	抗炎、抗黏附
肝素四糖	无抗凝活性，无免疫原性，口服有效	抗过敏
合成的肝素十七糖	免疫原性和出血倾向降低	抗凝血
合成的肝素五糖	抗凝血酶的肝素结合序列	抗凝血
硫酸化磷酸甘露戊糖	肝素酶活性抑制剂	抗转移、抗血管生成、抗炎
合成的低聚糖	去除肝素阻止选择蛋白黏附配体的功能	抗炎
肝素-多肽复合物	口服有效	抗凝，适用于门诊病人

　　低分子量肝素（low molecular weight heparin，LMWH）是肝素分级或降解而得到的分子量较小的片段。LMWH 作为一类高抗血栓药物，与普通肝素（UFH）和标准肝素（SH）相比，具有抗栓作用强、使用方便和安全等优点，低分子肝素比未分级肝素具有更好的药动学特性，且具有更广泛的应用前景，笔者制备的 LMWH，以家兔颈动脉血栓为模型的研究表明，分子量为 5200 的片段比等剂量（SH）的血栓抑制率强，在临床上将会有更好的疗效，相关内容可以参考发表的文献。

参考文献

［1］张倩，乐以伦. 低分子量肝素的制备与纯化［J］. 四川联合大学学报（工程科学版），1999，3（2）：39-46.

［2］库马尔. 药用生物纳米辅料［M］. 北京：科学出版社，2009.

［3］邱湘龙. 药用辅料羟丙基纤维素在制剂中的应用［J］. 中国现代应用药学，2007，24（8）：693-695.

［4］罗明生，高天惠，宋民宪，等. 中国药用辅料［M］. 北京：化学工业出版社，2006.

［5］夏炎. 高分子科学简明教程［M］. 北京：科学出版社，2001.

［6］董炎明，张海良. 高分子科学教程［M］. 北京：科学出版社，2007.

［7］Silva R，Fabre B，Boccaccio A R. Fibrous protein-based hydrogels for cell encapsulation［J］. Biomaterials，2014，35：6727-6738.

［8］George A N. Physicochemical characterization of the first world health organization international standard for low molecular weight heparin derivatives［J］. Pharm. Science，1990，79（3）：425-427.

［9］Singh R P，Tripathy T，Karmakar G P，et al. Novel biodegradable flocculants based on polysaccharides［J］. Current Science，2000，78（7）：798-803.

［10］Tripathy T，Karmakar N C，Singh R P. Grafted CMC and sodium alginate：a comparison in their flocculation performance［J］. International Journal of

Polymeric Material，2000，46：81—93.

[11] Tripathy T，Panday S R，Karmakar N C，et al. Novel flocculating agent based on sodium alginate and acrylamide [J]. European Polymer Journal，1999，35：2057—2072.

[12] Ungeheur S，Bewersdorff H W，Singh R P. Turbulent dragreduction effectiveness and shear stability of xanthan gum based graft copolymers [J]. Journal of Applied Polymer Science，1989，37：29—33.

思考题

1. 简述淀粉及其衍生物的分类、结构、性质和应用。
2. 简述纤维素及其衍生物的分类、结构、性质和应用。
3. 简述明胶的来源、制备与生产工艺。
4. 举例说明天然高分子凝胶化原理及其在制药中的重要作用。
5. 分析海藻酸水凝胶形成中的影响因素，举出海藻酸钠药物制剂的应用实例。
6. 了解壳多糖的来源、结构及反应性质。
7. 举例说明在药物辅料中天然高分子衍生化的目的与意义。

第3章

合成药用高分子材料

自 20 世纪 60 年代新型的合成高分子辅料开始广泛应用于药剂领域以来，缓释、控释药物制剂和靶向给药系统得到了极大的发展。在药用材料中合成高分子占有较大比例，广泛应用于各类药物制剂。例如，丙烯酸树脂是常用的薄膜包衣材料，卡波姆（丙烯酸－烯丙基蔗糖共聚物）是常用的凝胶基质等。药物控释系统和靶向给药系统等新型药物制剂的研究和生产，推动了合成药用高分子材料的进一步发展，出现了聚乳酸、硅橡胶和乙烯－醋酸乙烯共聚物等新品种。

合成药用高分子材料来源稳定，性能优良，大多有明确的化学结构和分子量，有较多可供选择的品种及规格。但材料中混杂的未反应单体、残余引发剂和催化剂以及小分子副产物是合成药用高分子材料最大的缺点，必须严格地控制，以避免可能由此产生的与药物的不良相互作用和生物相容性等问题。合成药用高分子材料的制备过程复杂，生产条件苛刻，因此必须在符合药品生产质量管理规范要求的专业生产辅料的工厂或车间生产。

3.1　丙烯酸类聚合物

丙烯酸单体加成聚合生成聚丙烯酸（polyacrylic acid，PAA），聚丙烯酸是丙烯酸类均聚物中最简单的品种，如果在聚合反应中加入氢氧化钠，则得到聚丙烯酸钠（sodium polyacrylate，PAA－Na）。两者都是水溶性的聚电解质，其结构式如图 3－1 所示。

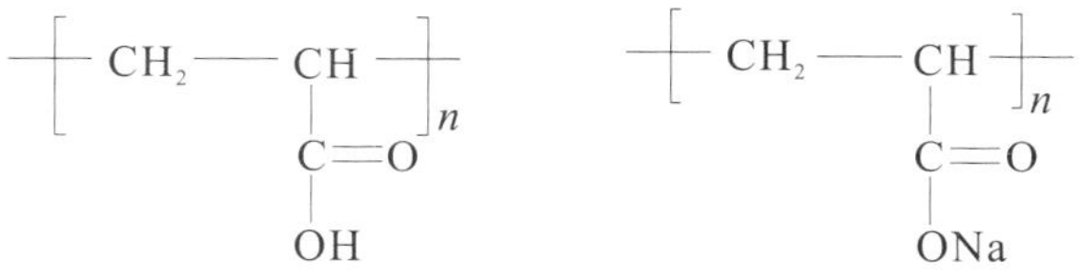

图 3－1　聚丙烯酸/聚丙烯酸钠的结构式

以过硫酸钾、过硫酸铵或过氧化氢为引发剂，由丙烯酸单体加成聚合，在 50℃～100℃的水溶液中进行，并通过控制温度和单体的加入速度，可以合成分子量高达百万的聚丙烯酸。聚合物的链长可以通过在反应中加入异丙醇、次磷酸钠或巯基琥珀酸钠等链转移剂来调节，若要获得分子量较低的聚合物，可通过升高反应温度、提高单体和引发剂的浓度来实现。在 100℃和高浓度单体的水溶液中，可生成分子量仅为 10000 左右的聚丙烯酸，经分离、纯化和干燥即得块状的聚丙烯酸树脂。如果改用苯为溶剂，用过氧化苯甲酰（BPO）引发丙烯酸聚合，聚丙烯酸在苯中不溶而析出，过滤和干燥后即得聚丙烯酸固体粉末。

聚丙烯酸钠采用氢氧化钠与聚丙烯酸水溶液中和制得，因中和程度不同，聚合物的分子量也不同。工业上也有利用聚丙烯酸甲酯、聚丙烯酰胺或聚丙烯腈的碱水解反应制备少量的聚丙烯酸钠。

3.1.1 聚丙烯酸的性质

聚丙烯酸是硬而脆的透明片状固体或白色粉末，在空气中易潮解，遇水易溶胀和软化。聚丙烯酸的玻璃化转变温度 T_g 为102℃，随着分子中羧基被氢氧化钠中和，T_g 逐渐升高，聚丙烯酸钠的 T_g 可达251℃。聚丙烯酸分子中羧基的解离性和反应性与其性质都有很重要的关系。

（1）溶解性。

聚丙烯酸易溶于水、乙醇、甲醇和乙二醇等极性溶剂，在饱和烷烃及芳香烃等非极性溶剂中不溶，而聚丙烯酸钠仅溶于水，不溶于有机溶剂。聚丙烯酸在水中解离出 COO^- 和 H^+（pKa 为4.75）。大分子卷曲链的伸展和溶剂化依赖于羟基阴离子的相互排斥作用，因此，当聚丙烯酸被碱中和形成聚丙烯酸钠时，解离度增加，在水中的溶解度也增大。当溶液中存在过量氢离子或一价盐离子时，与羧酸根离子的结合机会增多，解离度减小，大分子趋向卷曲状态，溶解度下降，溶液由澄明变得混浊。聚丙烯酸钠对盐类电解质的耐受能力差，碱土金属离子与羧酸根离子结合使聚合物在水中不溶解，碱土金属盐可使聚合物的稀溶液生成沉淀，使聚合物浓溶液形成凝胶。

（2）黏度和流变性。

影响聚合物溶解度的各种因素也影响聚合物的黏度。一般溶解度越高，黏度越大，在较小 pH 和升高溶液温度的条件下，聚合物的黏度均减小。与其他水溶性聚电解质分子类似，聚丙烯酸水溶液也具有明显的聚电解质效应，即溶液的比浓黏度（η_{sp}/c）随溶液的稀释先升高后下降。聚丙烯酸钠的水溶液呈假流体性质，在高剪切应力的条件下，溶液的黏度显著下降，聚合度越高，溶液浓度越大，流变性质越明显，同时表现出较强的触变性。由于大分子形成稳定的三维网状结构，所以具备类似凝胶的性质。

（3）化学性质。

除了氢氧化钠，氨水、三乙醇胺、三乙胺等碱性物质也能与聚丙烯酸发生中和反应，生成不溶性盐。在高温下，聚丙烯酸可与乙二醇、甘油和环氧烷烃等结合生成酯，进而形成交联型水不溶性聚合物；在常温下，聚丙烯酸也能与含醚键氧原子的水溶分子结合生成不溶性络合物，温度在150℃以上时，聚丙烯酸能够发生分子内脱水，形成含六环结构的聚丙烯酸酐，同时在分子间缓慢缩合形成交联异丁醇类聚合物；当温度升至300℃时，上述聚合物结构进一步缩合成酮，逸出 CO_2 并逐渐分解，因此聚丙烯酸钠有较好的耐热性。

（4）安全性质。

聚丙烯酸和聚丙烯酸钠均无毒，即使摄入也不会被消化吸收。聚丙烯酸钠对小鼠的 $LD_{50}>10$ g/kg，皮肤贴敷试验也未见刺激性。实际生产中应控制残余单体量在1%以下，低聚物量在5%以下，且不含游离碱。

聚丙烯酸和聚丙烯酸钠主要用作软膏、乳膏、搽剂和巴布剂等外用药剂和化妆品的基质、增稠剂、分散剂和增黏剂，常用量为0.5%～3%。在面粉发酵食品中用作保鲜剂和黏合剂等，食品添加剂量不超过0.2%，使用时应注意聚合物粉末的均匀分散。近年来，聚丙烯酸在药物控释体系中有广泛的应用，与聚乙烯醇和聚乙二醇形成的可逆络合物以及与壳聚糖形成的离子复合物凝胶，能够较好地控制多肽与蛋白质药物的释放，并具有环境敏感性。

3.1.2　交联聚丙烯酸钠

交联聚丙烯酸钠（cross-linked sodium polyacrylate）是以丙烯酸钠为单体，在水溶性氧化－还原引发体系和交联剂存在下经沉淀聚合形成的水不溶性聚合物。常用聚合引发剂为过硫酸盐，交联剂为二乙烯基类化合物，聚合产物呈胶冻状或透明的弹性体。未反应单体和低聚物采用甲醇萃取除去，干燥后粉碎即得交联聚丙烯酸钠，为白色或黄色粉末。

3.1.2.1　交联聚丙烯酸钠的性质

交联聚丙烯酸钠是一种高吸水性树脂，不溶于水，但能迅速吸收自身质量数百倍的水分而溶胀。表观密度为 $0.6\sim0.8\,\mathrm{g/cm^3}$，粒径为 $38\sim200\,\mu m$ 的 SDL－400 树脂在 90 s 内吸水量为自身质量的 $300\sim800$ 倍。交联聚丙烯酸钠的吸水机理与其聚电解质性质有关，在交联的网状结构内，通过羧酸基团配对吸引离子和水分子，如图 3－2 所示。由于可产生高渗透压，所以结构内外的渗透压差和聚电解质对水的亲和力促使大量水迅速进入树脂。

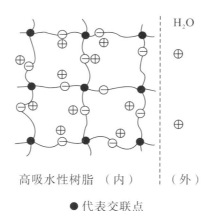

H_2O

高吸水性树脂　（内）　（外）

● 代表交联点

图 3－2　聚丙烯酸钠的吸水机理

树脂外部的溶液中含有金属离子时，渗透压差减小，同时也抑制了大分子羧酸基团解离，从而减弱树脂的吸水量和吸水速度。相同规格的 SDL－400 树脂对生理盐水和人工尿液的最大吸收量在 120 s 内分别为自身质量的 100 倍和 80 倍。树脂的吸水能力与树脂网络结构的孔径、交联度和交联链的链长、树脂的粒度等有关。树脂吸水后具有高凝胶强度和弹性，即使施加一定压力也不能挤出水分，但长时间的受热会使树脂吸水率下降。

3.1.2.2　交联聚丙烯酸钠的应用

交联聚丙烯酸钠具有保湿、增稠、浸润皮肤和凝胶等作用，主要作为外用软膏或乳膏的水性基质，也是巴布剂的主要基质材料。在软膏中用量为1%～4%，在巴布剂中用量为6%。例如，聚丙烯酸钠：酒石酸：EDTA：交联聚维酮：聚维酮：甘羟铝：甘油=6.0：0.1：0.1：2：1：0.1：30的配方较优，是目前巴布剂的最佳基质配方。又如，炉甘石凝胶剂是用1%交联聚丙烯酸钠400（SDL B 400）作为凝胶基质，成品为色泽均匀、细腻的半固体凝胶剂，临用前无须摇匀，且涂擦均匀方便。此外，交联聚丙烯酸钠作为填充剂或添加剂被广泛应用于医用纱布、尿布、卫生巾等一次性复合卫生材料中。

3.1.3　卡波姆

卡波姆（carbomer）又名卡波普（carbopol），简称CP。卡波姆是2010年版《中国药典》二部新增的品种，也是德、日、美、英等国家药典收载的药用高分子辅料之一，最早由美国Goodrich公司生产，包括多种类型和品种，NF18版收载了卡波姆940、卡波姆934、卡波姆934P、卡波姆910、卡波姆941、卡波姆974P和卡波姆1342等。卡波姆900系列为聚丙烯酸与蔗糖的烯丙基醚或季戊四醇的烯丙基醚，是在苯液、醋酸乙酯或醋酸乙酯与环己烷混合液中交联而成的，结构式如图3-3所示。其中，丙烯酸羧基团含量为56%～78%，交联剂（烯丙基蔗糖）含量仅为0.75%～2%，故产品的交联度不高。卡波姆1300系列是丙烯酸-烷基异丁烯酸共聚物与烯丙基季戊四醇交联的聚合物，控制聚合物的相对分子质量及交联度可得到不同型号及用途的产品。聚卡波姆（polycarhophi）钙盐是丙烯酸与丁二烯乙二醇相交联的丙烯酸衍生物，部分中和的卡波姆900系列聚合物能够制成卡波姆钠盐。

$$\left[CH_2-CH \right]_x \left[C_3H_5-C_{12}H_{21}O_{12} \right]_y$$
$$|$$
$$COOH$$

图3-3　聚丙烯酸与蔗糖的烯丙基醚共聚物

3.1.3.1　卡波姆的性质

（1）溶解性。

卡波姆是一种微有特异臭味的疏松的白色粉末，具有酸性，吸湿性强，一般情况下含水质量分数可达2%，平均粒径为2～7 μm。

卡波姆的物化性质与聚丙烯酸相似，在结构中微弱的交联键又使之与交联聚丙烯酸钠具有相似的吸水现象。卡波姆分子中含有大量的羧酸基团而具有亲水性，能够分散于水中并迅速溶胀，但不溶解。质量浓度为10 g/L的卡波姆水分散液的pH为2.5～3.0。粉末状的卡波姆分子链卷曲程度高，一旦分散于水就会溶胀，其原因在于卡波姆分子和水合分子链结合后产生一定程度的伸展，溶液黏度降低；当用碱中和时，分子中的羧基解离，长链进一步伸展，分子体积增大 1000 多倍，黏度增大。

（2）凝胶性。

虽然卡波姆呈弱酸性，但易与无机碱反应生成树脂盐。树脂盐在水、醇和甘油中逐渐溶解，在低浓度时形成澄明溶液，在高浓度时形成具有一定强度和弹性的半透明凝胶。氢氧化钠、氢氧化钾、氨水、碳酸氢钠和硼砂等无机碱以及三乙醇胺等有机碱是卡波姆常用的中和剂，树脂盐主链产生负电荷，由于同性电荷之间的排斥作用而使分子链伸展，提高了反应速度。一般情况下，中和 1 g 卡波姆需 1.35 g 三乙醇胺或 0.4 g 氢氧化钠。几种型号卡波姆中和过程的黏度变化曲线如图 3-4 所示，在中和开始时黏度增加，当 pH＝6～11 时达到最大黏度且稳定，pH 更高时黏度下降，这是由于过多的中和剂起到了抑制作用。由于卡波姆凝胶具有显著的流变特征，在高剪切速率条件下，凝胶表现出的黏度更低。

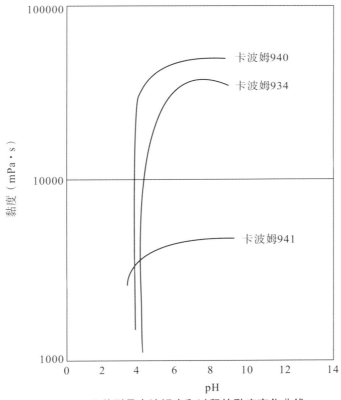

图 3-4　几种型号卡波姆中和过程的黏度变化曲线

（3）乳化性。

卡波姆在乳化剂中具有乳化和稳定的双重作用。由于其分子中同时存在亲水基和疏水基，所以可在较大范围内调节两相黏度，大部分型号均具有双重性。发挥其稳定作用的关键是部分用水溶性氢氧化钠中和，部分用油溶性（长链）有机胺中和，这样中和的结果是既形成了溶于水相的钠盐，又形成了溶于油相的铵盐，在水相和油相间发挥桥梁作用而得到稳定性极佳的乳化剂。常用乳化剂的型号为卡波姆 1342。

（4）稳定性。

固态卡波姆在 104℃加热 2 h 内稳定，但在 260℃加热 30 min 则完全分解。卡波姆宜中和后使用，中和后的凝胶稳定性更好，在常温下不发生水解和氧化，反复冻熔也不会被破坏，当 pH=5～11 时可采用 γ 射线照射和高压蒸汽灭菌，但 pH 过高或过低均会使卡波姆的黏度降低，加入抗氧化剂可减缓此反应。0.1％氯甲酚或 0.01％硫柳汞的防腐效果最佳，而苯甲酸及其钠盐和苯扎氯铵（氯化二甲基苄基氢胺）会使凝胶黏度减小，并产生沉淀。

（5）安全性。

卡波姆的毒性低，大鼠口服卡波姆 934P 的 LD_{50} 为 2.5 g/kg，卡波姆 910 的 LD_{50} 为 10.25 g/kg，且对皮肤无刺激性，但只有 P 系列的卡波姆可用于口服和黏膜给药制剂。卡波姆中残存的溶剂对人体有害，干粉对黏膜、眼和呼吸道有刺激性。

3.1.3.2　卡波姆的应用

（1）卡波姆用作乳化剂、增稠剂和助悬剂。

卡波姆具有交联的网状结构，可用作助悬剂（常用量为 0.5％～1％）。0.4％的卡波姆 940 的助悬效果与 2.3％的 CMC 或 6.0％的黄原胶相当。卡波姆在口服混悬剂中的主要功能是增稠、改善体系流变性、悬浮和提供生物黏附性，其原理是卡波姆在水中能形成一个均匀分散的骨架体系，不溶性组分可包裹在体系的骨架间隙中。张志燕等研究了树脂微囊混悬剂的物理稳定性及稳定机制，表明卡波姆通过与树脂微囊间单点或多点吸附产生空间架桥，发挥稳定作用。刘荣等以卡波姆 934 为助悬剂制备氢氧化铝混悬液，振摇分装后，微粒沉降缓慢，沉降后不结块，分散性好，避免了贮藏期间凝胶发生黏稠和凝聚、不易倾倒的现象。周树忠等用 0.3％～0.5％的卡波姆 974PNF 作为助悬剂制备了克拉霉素干混悬剂，整个体系较均匀、稳定，沉降比符合 2000 年版《中国药典》的规定。卡波姆 1342 是一种新型的高分子乳化剂，其他型号的卡波姆也具有一定的助乳化作用（常用量为 0.1％～0.5％）。卡波姆还可用于液体制剂。

（2）卡波姆用作缓释、控释材料。

卡波姆的溶胀与形成凝胶的性质决定了其具有缓释、控释作用。以卡波姆为骨架制备的水凝胶型控释制剂与纤维素衍生物的骨架不同。pH 可影响卡波姆骨架的松弛与膨胀，释药呈现 pH 依赖性。制剂外表面水化形成凝胶层，卡波姆完全水化时，其内部的渗透压使结构破坏而降低凝胶密度，但仍保持完整性，使药物呈零级或趋于零级动力学过程释放，匀速通过凝胶层向外扩散。在用量较小时，卡波姆还具有阻滞剂的功能。需要注意的是，在储存一段时间后，卡波姆的释药性能可能发生改变。

卡波姆可与碱性药物成盐并形成可溶性凝胶，发挥缓释、控释作用，特别适于制备缓释液体制剂，如滴眼剂和滴鼻剂等。近年来，常用卡波姆制备黏附片，大分子链可与黏膜糖蛋白大分子相互缠绕而维持长时间黏附，起到缓释效果。

卡波姆与其他水溶性纤维素衍生物配伍使用能起到更好的效果。在口服蛋白多肽类药物给药体系中，选择恰当的酶抑制剂和吸收促进剂是解决口服型肽类药物一直存在的易降解和吸收差的问题的方法之一。卡波姆很可能在肽类药物口服转运系统中大有作为。有学者的研究结果表明卡波姆能够通过络合 Ca^{2+} 和 Zn^{2+} 抑制某些酶的活性，使细胞膜的通透性提高，促进药物的吸收，而且它本身结构中有 $52\% \sim 68\%$ 的羧基，在肠道内可释放出质子，形成局部酸性，起到抑制微生物蛋白酶活性的作用。

（3）卡波姆用作黏合剂、包衣材料和外用基质。

卡波姆用作颗粒剂和片剂的黏合剂时，常用量为 $0.2\% \sim 10.0\%$。卡波姆用作包衣材料时，具有使衣层坚固、细腻和润滑的优点。卡波姆用作软膏、洗剂、乳膏剂、栓剂和亲水性凝胶剂的基质（常用量为 $0.5\% \sim 3\%$）时，具有良好的流变学性质与增湿和润滑能力，涂布于皮肤表面的铺展性良好，且具有细腻滑爽感。

3.1.4　丙烯酸树脂

通常甲基丙烯酸共聚物（methacrylic acid copolymer）和甲基丙烯酸酯共聚物（polymethacrylate copolymer）等常用的薄膜包衣材料统称丙烯酸树脂（acrylic acid resin）。这类材料实际上是甲基丙烯酸酯、丙烯酸酯和甲基丙烯酸等单体按不同比例共聚而成的一类聚合物，其中有些品种如丙烯酸树脂 Ⅱ、Ⅲ 和 Ⅳ 已载入 2010 年版《中国药典》二部。表 3−1 列举了国产和德国肠溶 Ⅰ、Ⅱ 和 Ⅲ 型树脂品种。表 3−2 列举了几种国产和德国胃崩型、胃溶型和渗透型品种。甲基丙烯酸共聚物的结构式如图 3−5 所示。甲基丙烯酸酯共聚物的结构式如图 3−6 所示。

表 3−1　肠溶丙烯酸树脂

共聚单体 ($n_1 : n_2$)	M_W	R_1	R_2	国产树脂品名	德国 ROHM 公司树脂品名	黏度 (mPa·s)
甲基丙烯酸/甲基丙烯酸甲酯（1:1）	1.35×10^5	CH_3	CH_3	肠溶 Ⅱ 型丙烯酸树脂	Eudragit L100	$50 \sim 200$
甲基丙烯酸/甲基丙烯酸甲酯（1:1）	1.35×10^5	CH_3	CH_3	肠溶 Ⅲ 型丙烯酸树脂	Eudragit S100	$50 \sim 200$
甲基丙烯酸/丙烯酸丁酯（1:1）	2.5×10^5	H	C_4H_9	肠溶 Ⅰ 型丙烯酸树脂	Eudragit L30 Da−55	$\leqslant 50$

注：①Eudragit L 55～100 供肠溶衣用，其中 55 表示在 pH=5.5 以上溶解，可分散为水凝胶的商品；②国外产品为甲基丙烯酸/丙烯酸乙酯共聚物。

表 3−2　国产和德国胃崩型、胃溶型和渗透型品种

共聚单体 ($n_1 : n_2 : n_3$)	M_W	R_1	R_2	国产树脂品名	德国树脂品名	黏度 (mPa·s)
丙烯酸丁酯/甲基丙烯酸甲酯（2:1）	8×10^5	C_4H_9	—	胃崩型丙烯酸树脂胶乳液	Eudragit NE30D	—

续表3-2

共聚单体 ($n_1 : n_2 : n_3$)	M_w	R$_1$	R$_2$	国产树脂品名	德国树脂品名	黏度 (mPa·s)
丙烯酸丁酯/甲基丙烯酸甲酯/甲基丙烯酸二甲氨基乙酯（1:2:1）	1.5×10^5	C_4H_9	$C_2H_5N(CH_3)_2$	胃溶型丙烯酸树脂	Eudragit E100	3~12
丙烯酸乙酯/甲基丙烯酸甲酯/甲基丙烯酸氯化三甲氨基乙酯（1:2:0.1）	1.5×10^5	C_2H_5	$C_2H_5N(CH_3)_3^+Cl^-$	低渗透型丙烯酸树脂	Eudragit RS100	≤15
丙烯酸乙酯/甲基丙烯酸甲酯/甲基丙烯酸氯化三甲氨基乙酯（1:2:0.2）	1.5×10^5	C_2H_5	$C_2H_5N(CH_3)_3^+Cl^-$	高渗透型丙烯酸树脂	Eudragit RL100	≤15

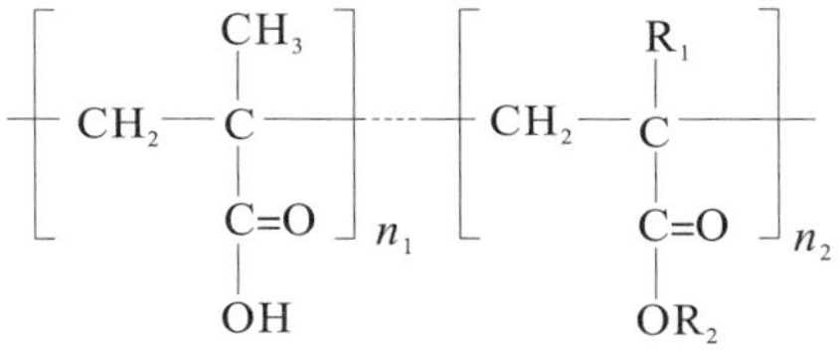

图 3-5 甲基丙烯酸共聚物

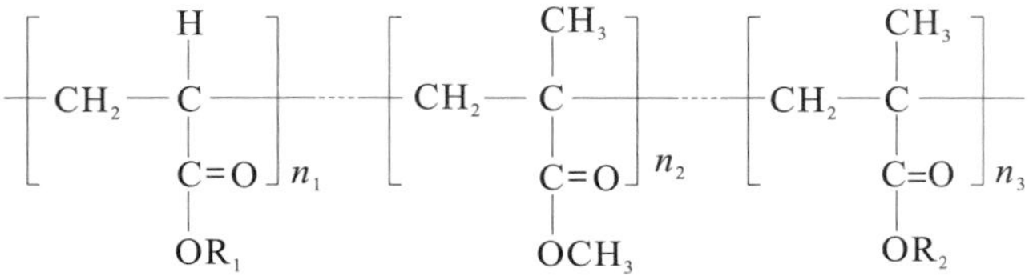

图 3-6 甲基丙烯酸甲酯共聚物

3.1.4.1 丙烯酸树脂的制备

在光、热、辐射和引发剂存在的条件下，甲基丙烯酸、甲基丙烯酸酯和丙烯酸酯等单体均容易共聚并放出大量热。在药用树脂的生产中，一般用过硫酸盐作为引发剂，根据最终产品的要求选用乳液聚合、溶液聚合和本体聚合等制备方法。

（1）乳液聚合。丙烯酸树脂乳液一般均可采用乳液聚合制备。乳液是低黏度的乳白色液体，可与水任意混合。在盐、色素、有机溶剂（除丙酮和氯仿外）存在或 pH 改变的条件下，发生不同程度的凝聚，振摇、过冷或过热也会产生胶乳粒聚集。胶乳可经喷

雾干燥获得 $1\sim10\ \mu\mathrm{m}$ 的白色粉末，可在水中重新分散或用溶剂溶解后使用。

(2) 溶液聚合。肠溶 Ⅱ、Ⅲ 型树脂和胃溶 Ⅳ 型树脂采用溶液聚合制备，甲基丙烯酸、甲基丙烯酸甲酯等单体在光、热、辐射和引发剂存在的条件下均容易共聚，反应释放出大量热。通过控制甲基丙烯酸与甲基丙烯酸甲酯的摩尔比，当酸与酯的比例为 1∶1 时即可得到 Ⅱ 型聚丙烯酸树脂，其聚合反应式如图 3-7 所示。该法生产的树脂为白色或浅黄色条状和颗粒状固体，能用有机溶剂溶解成不同浓度使用。

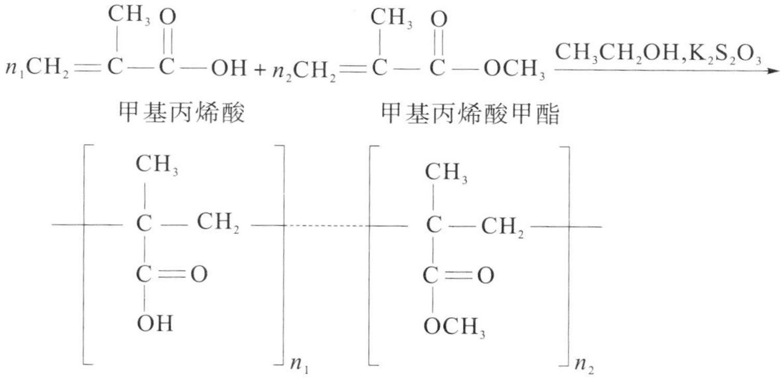

图 3-7　Ⅱ 型聚丙烯酸树脂溶液聚合反应式

(3) 本体聚合。德国 ROHM 公司生产的渗透型树脂 Eudragit RL100 和 Eudragit RS100 采用此法制备。该类产品可直接在热水中分散成乳胶液使用。渗透型树脂中的氯化铵基与疏水主链使大分子具有较强的表面活性，在水中易分散，从而形成稳定的胶乳液。

3.1.4.2　丙烯酸树脂的性质

(1) 玻璃化转变温度 (T_g)。

甲基丙烯酸与甲基丙烯酸甲酯共聚物（肠溶 Ⅱ、Ⅲ 型树脂）的 T_g 在 160℃ 以上，而胃崩型丙烯酸树脂的 T_g 却低至 -8℃，渗透型丙烯酸树脂的 T_g 约为 55℃。虽然三类树脂均具有良好成膜性，但 T_g 较高的树脂表现出显著的刚性，所形成的膜较脆；肠溶 Ⅱ、Ⅲ 型树脂呈现较强刚性是由于结构中 α 位置的甲基受大分子链段运动阻碍，各链段之间保持相对平衡状态。当共聚物结构中存在丙烯酸酯时更易成膜，原因是丙烯酸酯起到内增塑剂的作用，使链段的运动相对容易，呈现螺旋状结构，破坏了链段的稳定平衡，柔性增加。丙烯酸酯的碳链越长，柔性越大。含有丙烯酸丁酯的树脂比含有丙烯酸乙酯或甲酯的树脂具有更好的成膜性。

在实际应用中，由于胃崩型树脂中所含丙烯酸酯的比例较大，一般不需使用增塑剂即可制备薄膜衣；渗透型树脂的增塑剂用量一般低于 10%；肠溶型树脂在不含丙烯酸酯时，用于包衣时需要较多的增塑剂，最大用量可达 40%；三醋酸甘油酯、聚乙二醇、蓖麻油、邻苯二甲酸二丁酯和泊洛沙姆等都是常用的增塑剂，可与胃崩型树脂合用。

(2) 最低成膜温度。

最低成膜温度（minimum film-forming temperature，MFT）是指树脂乳液在梯度

加热干燥的条件下形成均匀连续的无裂纹薄膜的最低温度。在含有丙烯酸酯的树脂中，丙烯酸酯的比例越高，MFT 越低；但在 MFT 以下，聚合物不能发生熔融而形成膜，通常使包衣树脂的 MFT 降低至 15℃～25℃。对于肠溶Ⅱ、Ⅲ型树脂，必须加入一定量的增塑剂。不同的增塑剂对树脂 MFT 会产生不同的影响，疏水性增塑剂能够提高肠溶Ⅰ型树脂的 MFT，而亲水性增塑剂会降低 MFT，增塑剂的用量与 MFT 降低的程度成正比。将 MFT 较高的树脂乳液与 MFT 较低的树脂乳液混合使用，将有利于前者成膜。例如，肠溶Ⅰ型树脂分别与Ⅱ型和Ⅲ型树脂按比例混合，混合物的 MFT 分别为 32℃ 和 17℃，若在混合物中加入 10％聚乙二醇 6000，MFT 可进一步下降。胃崩型树脂对肠溶Ⅱ、Ⅲ型树脂也有类似效果。

（3）力学性质。

极少树脂能制备成具有一定拉伸强度及柔性的独立薄膜，而胃崩型树脂和肠溶Ⅰ型树脂除外。丙烯酸树脂中的酯基能够与片剂表面带电负性原子形成氢键、分子链对药片隙缝的渗透以及包衣液中其他成分的吸附，所以丙烯酸树脂能够在药片外形成薄膜衣。分子中酯基的碳链越长，分子聚合度越大，薄膜衣片剂的黏附性就越强，薄膜就具有更大的拉伸强度和断裂伸长率。不同性质的树脂混合应用以及增塑剂的应用均能改善薄膜的机械性能。表 3-3 列举了肠溶型树脂薄膜的拉伸强度和断裂伸长率，供应用时参考。

表 3-3　肠溶型树脂薄膜的力学参数

树脂及其混合物的组成		拉伸强度（MPa）	断裂伸长率（％）
肠溶Ⅰ型树脂（含 10％PEG6000）		9.8	14
肠溶Ⅰ型树脂/胃崩型树脂（含 10％吐温 80）	9/1	21.6	72
	8/2	16.7	93
	7/3	5.9	290
	5/5	16.7	75
	3/7	6.9	410
肠溶Ⅱ型树脂		23.5	1
肠溶Ⅲ型树脂		51.0	3
肠溶Ⅲ型树脂/胃崩型树脂（含 10％吐温 80）		20.0	620

（4）溶解性。

丙烯酸树脂易溶于甲醇、乙醇、异丙醇、丙酮和氯仿等极性有机溶剂，树脂结构中的侧链基团和溶液 pH 决定了其溶解性。肠溶型树脂为阴离子聚合物，结构中的羧酸基团在 pH 较小时不发生解离，大分子保持卷曲状态；当溶液 pH 升高时，羧酸基团解离，卷曲分子伸展而发生溶剂化作用；溶液 pH 越高，溶解速度越快，分子中的羧基比例越大，则需在 pH 更高的溶液中溶解。肠溶Ⅰ型树脂分子中的丙烯酸酯结构增加了大分子的柔性，当 pH=5.5 时即开始溶解。若几种肠溶型树脂混合使用，其溶解 pH 取决于混合比例并介于各自溶解 pH 之间。胃溶型树脂在胃酸环境的溶解取决于其叔胺碱性基团。胃崩型树脂和渗透型树脂中的酯基和季铵盐基在酸性和碱性环境中均不解离，故不发生溶解。

（5）渗透性。

含季铵基团的渗透型树脂具有一定的水渗透溶胀性质，虽然其在水中不溶，但季铵盐基具有很强的亲水性。渗透型树脂分为高渗型和低渗型两类，季铵基团比例越高，渗透性越大，两者混合使用可以调节渗透性。胃崩型树脂具有一定的疏水性且渗透性小，由于结构中存在酯键侧基，在胃肠液中既不溶解也不崩解，必须添加适量糖粉或淀粉等亲水性物质，使树脂成膜时形成利于水分渗入的孔隙。肠溶型树脂在纯水和稀酸溶液中不溶解，且对水分子的渗透有一定的抵抗作用，适合用作隔离层以阻滞水分或潮湿空气的渗透。胃溶型树脂对非酸性溶液和潮湿空气也有类似的阻隔作用。

（6）安全性。

丙烯酸树脂是一类安全、无毒的药用高分子材料，大鼠、家兔和狗等动物口服的 LD_{50} 为 6～28 g/kg，动物的长期毒性试验未发现组织和器官的毒性反应。大鼠口服甲基丙烯酸甲酯、甲基丙烯酸、丙烯酸乙酯和甲基丙烯酸二甲基氨基乙酯的 LD_{50} 分别为 7.9 g/kg、2.2 g/kg、1.02 g/kg 和 7.6 g/kg，虽然单体的毒性低，但由于其口服易吸收，残留单体总量仍应控制在 0.1% 以下，不得超过 0.3%。

3.1.4.3 丙烯酸树脂的应用

丙烯酸树脂根据溶解特性分为 pH 依赖型与 pH 非依赖型两种，主要用作缓释与控释制剂、口服定位释药系统、微球与微囊制剂的包衣材料及载体，可达到缓释、控释或定位释放的目的，还可起到掩味、提高药物稳定性等作用。丙烯酸树脂因具有多种功能和特殊性质而成为多种制剂的重要辅料，在制剂领域具有广阔的应用前景。

（1）丙烯酸树脂的常规制剂。

丙烯酸树脂主要用作片剂、微丸和缓释颗粒的薄膜包衣材料。肠溶型树脂主要用于易受胃酸破坏或胃刺激性大的药物包衣，也可作为防水隔离层使用；胃溶型树脂薄膜包衣有利于药品防潮、避光和掩味；单纯渗透型树脂与其他类型树脂联用可控制药物释放速度；胃崩型树脂也有类似应用，在加入水溶性添加剂后可起到胃溶型树脂的作用。

例如，采用国产Ⅱ型聚丙烯酸树脂与 Eudragit L30D 作为肠溶包衣材料制备奥美拉唑肠溶丸，未碱化Ⅱ型聚丙烯酸树脂 60% 的乙醇溶液也可包出合格的奥美拉唑小丸，质量与用 Eudragit L30D 所制小丸相近，不同摩尔浓度的采用Ⅱ型聚丙烯酸树脂可作为不同制粒的黏合剂，具有增加颗粒可压性、隔离颗粒组分和降低颗粒及片剂的引湿性等作用。又如，采用Ⅱ型聚丙烯酸树脂作为囊材制备的克拉霉素微球，在蒸馏水中几乎不溶出，而在 pH＝6.8 的磷酸盐缓冲溶液中 30 min 即可溶出 80% 以上。Ⅱ型聚丙烯酸树脂作为在胃中不溶而在肠中溶解的包衣材料，属于肠溶型树脂，主要用作肠溶包衣材料、缓控释制剂材料和黏合剂材料。此外，树脂乳液可以直接用于薄膜包衣，也可用水稀释至适宜浓度使用；干燥树脂一般以 75%（W/V）以上乙醇或其他适宜溶剂（如丙酮、醇类）溶解成质量浓度为 30～60 g/L 的溶液使用。为了便于形成衣膜，可在乳液和溶液中添加适量滑石粉、钛白粉和糖粉等材料，以树脂干品计算，按片剂直径大小，每片质量增加约 2.8 mg。

（2）丙烯酸树脂的典型制剂。

丙烯酸树脂的典型制剂辅料尤特奇（Eudragit）是甲基丙烯酸与甲基丙烯酸酯的共聚物，由德国 Evonik 公司生产，在产品问世至今的半个多世纪里，已广泛应用于药物制剂的各种包衣、缓释骨架材料和经皮给药制剂的骨架胶黏材料等，成为药物制剂领域的重要辅料。尤特奇系列产品均由几种单体聚合而成，根据聚合物的溶解特性可分为两类：① pH 依赖型，包括 Eudragit L、S、FS 和 E 系列聚合物，因带有酸性或碱性基团，溶于不同 pH 的消化液中，可用于保护和隔离包衣或在胃肠道不同部位释放药物；②pH 非依赖型，包括 Eudragit RL、RS 及 NE、NM 系列，在消化液中不溶，但能溶胀，具有一定的渗透性，可用于缓控释制剂。尤特奇（Eudragit）的分类、性质及用途见表 3-4。由于尤特奇无毒、无刺激性，不被人体吸收，且聚合物功能规格多样，现已广泛应用于药物制剂领域，其中水分散体包衣已成为现代药物制剂包衣工艺的发展方向。尤特奇水分散体固含量高，黏度低，易于包衣操作，且其形成的聚合物膜具有弹性，在水中溶胀后完整无损。而渗透泵片常规采用纤维素醚包衣，在制备过程中需要使用大量有机溶剂。显然，将水分散体技术应用于渗透泵片的制备有利于安全生产、节约生产成本和环境保护。丁雪鹰等选用 Eudragit RS30D 水分散体为包衣材料制备的奥昔布宁渗透泵片，达到了恒速释药 24 h。无论是 pH 依赖型还是 pH 非依赖型尤特奇，都可应用于药物的骨架结构，通过粉末直接压片、造粒或热熔挤出等技术制备骨架片或骨架微丸。丙烯酸树脂的种类、用量可以控制药物释放，也可以添加亲水性或疏水性辅料来调节药物的释放速率。粉末状态的 Eudragit RLPO 和 RSPO 具有良好的可压性和阻滞释放作用，Azarmi 等以二者混合物作骨架材料，采用粉末直接压片制备了吲哚美辛缓释骨架片，并考察了热处理的温度及时间对药物释放的影响。

表 3-4　尤特奇（Eudragit）的分类、性质及用途

类　别		规　格	溶解性/渗透性	主要用途
pH 依赖型	Eudragit E100	颗粒	良好的附着性，在 pH<5 的胃液中溶解，在 pH>5 的胃液中溶胀及渗透	隔离防护包衣，掩味
	Eudragit EPO	粉末		
	Eudragit E12.5	有机溶液（聚合物含量 12.5%）		
	Eudragit L100-55	粉末	在 pH>5.5 的肠液中溶解	缓释骨架或肠溶包衣（十二指肠释药）
	Eudragit L30D-55	水分散体（聚合物含量 30%）		
	Eudragit L100	粉末	在 pH>6 的肠液中溶解	缓释骨架或肠溶包衣（空肠释药）
	Eudragit L12.5	有机溶液（聚合物含量 12.5%）		
	Eudragit S100	粉末	在 pH>7 的肠液中溶解	缓释骨架或肠溶包衣（结肠释药）
	Eudragit S12.5	有机溶液（聚合物含量 12.5%）		
	Eudragit FS30D	水分散体（聚合物含量 30%）		

类　别		规　格	溶解性/渗透性	主要用途
pH 非依赖型	Eudragit RLPO	粉末	不溶，高渗透性，膨胀性	缓释配方，适用于骨架片或缓控释包衣，RL/RS 混合使用可调整释放曲线
	Eudragit RL100	颗粒		
	Eudragit RL30D	水分散体（聚合物含量 30%）		
	Eudragit RL12.5	有机溶液（聚合物含量 12.5%）		
	Eudragit RSPO	粉末	不溶，低渗透性，膨胀性	
	Eudragit RS100	颗粒		
	Eudragit RS30D	水分散体（聚合物含量 30%）		
	Eudragit RS12.5	有机溶液（聚合物含量 12.5%）		
	Eudragit NE30D/40D	水分散体（30D 聚合物含量 30%/40D 聚合物含量 40%）	不溶，低渗透性，膨胀性，强柔韧性	缓释骨架片或缓控释包衣（不需增塑剂）
	Eudragit NM30D			

3.2　乙烯基类均聚物与共聚物

3.2.1　聚乙烯醇

聚乙烯醇（polyvinyl alcohol，PVA）是一种水溶性聚合物，是由聚醋酸乙烯酯（polyvinyl acetate，PVAc）醇解而成的。

以碱催化的聚醋酸乙烯酯的醇解产物更加稳定，易纯化且色泽好；在甲醇、苯、丙酮和醋酸乙酯等溶剂中会发生聚合；以醇为溶剂时，可以在聚合完成后直接醇解，若醇中含水，则醇解中会生成大量醋酸盐，需进行纯化。药用聚乙烯醇分子量为 $3 \times 1.0^4 \sim 2 \times 10^5$，聚合度为 $500 \sim 5000$，国外市场有低黏度（分子量为 3×10^4）、中黏度（分子量为 1.3×10^5）和高黏度（分子量为 2×10^5）的不同产品。醇解度是指聚醋酸乙烯酯醇解百分率，美国药典规定药用聚乙烯醇的醇解度为 $85\% \sim 89\%$。我国药用级聚乙烯醇型号为 PVA0488，市售工业规格分别表示为 PVA0588 和 PVA1788，前两位数字乘以 100 为聚合度，后两位数字为醇解度。各国生产的聚乙烯醇规格较多，表示方法也各不相同。

3.2.1.1 聚乙烯醇的性质

聚乙烯醇是白色或乳白色、无臭的颗粒或粉末，25℃时的相对密度为 1.19~1.31，理化性质与其醇解度、聚合度以及结构中的羟基有关。

（1）溶解性。

聚乙烯醇的亲水性极强，溶于热水或冷水中，分子量越大，结晶度越高，水溶性越差，且水溶液的黏度相应增加。醇解度是影响聚乙烯醇溶解性的主要因素。水溶性最好的产品的醇解度为 87%~89%，在冷水和热水中均能很快溶解。醇解度更高的产品，一般需要加热到 60℃~70℃才能溶解，醇解度越高，溶解温度越高；聚乙烯醇在酯、醚、酮、烃和高级醇中微溶或不溶，醇解度低的产品在有机溶剂中的溶解度增加，在乙二醇、三乙醇胺、二甲基亚砜和分子量较小的聚乙二醇等低级醇和多元醇中加热能够溶解。例如，聚乙烯醇在 120℃~150℃时溶于甘油，冷却后即成冻胶。

聚乙烯醇溶于水和乙醇的混合溶剂，允许加入的醇量与醇解度有关。水溶解时，先将产品混悬于温水中，再在 85℃~95℃时搅拌使其全部溶解。如图 3-8 所示，对于醇解度低者，需加入较多的乙醇助溶；醇解度在 88% 以上的聚乙烯醇，溶剂最大含醇质量浓度为 0.4~0.6 kg/L，含醇量继续增加则会转为不溶。

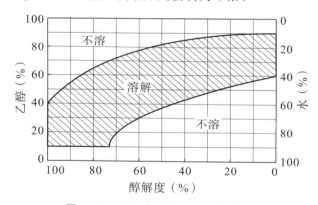

图 3-8　PVA 在乙醇/水中的醇解度

（2）水溶液性质。

聚乙烯醇水溶液与大多数聚合物溶液相似，为非牛顿流体，黏度随聚乙烯醇浓度的增加而急剧上升，温度升高则黏度下降。例如，20℃时 4% 的聚乙烯醇水溶液的高黏度、中黏度和低黏度分别为 40~65 mPa·s、21~33 mPa·s 和 4~7 mPa·s。在低水溶液浓度（<0.5%）和低剪切速率（<400 s^{-1}）下测得聚乙烯醇的特性黏数 $[\eta]$ 与其分子量（M_n）的关系为

$$[\eta]_{30℃}=6.67\times10^{-4}\times M_n^{-0.46}$$

浓度为 7%~20% 的聚乙烯醇溶液在 30℃以下存放时黏度会逐渐升高，并且当温度越低、浓度和醇解度越高时，这种变化趋势越明显。聚乙烯醇水溶液具有一定的比表面活性作用。醇解度越低，残存酯基越多，则表面张力越低，乳化能力越强，如图 3-9 所示。

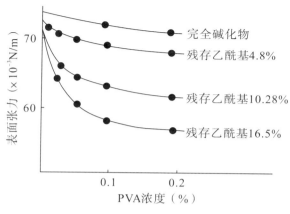

图 3－9　PVA 溶液的表面张力

聚乙烯醇具有良好的成膜性。将 10％～30％聚乙烯醇水溶液涂布在光洁平板上，待水分蒸发后即得具有优良力学性能的无色透明薄膜。膜的柔性、韧性及保湿性可通过加入甘油和多元醇等增塑剂来改善。

（3）混溶性。

聚乙烯醇水溶液可与多种水溶性聚合物混合，但与西黄蓍胶、阿拉伯胶和海藻酸钠等混合后，可能因配比不当而出现分层。聚乙烯醇可与大多数无机酸混合，但与多数无机盐有配伍禁忌，低浓度氢氧化钠、碳酸钙、硫酸钠和硫酸钾等可使聚乙烯醇从溶液中析出。各种盐使聚乙烯醇析出的能力如下：

阴离子：$SO_4^{2-}>CO_3^{2-}>PO_4^{3-}\geqslant Cl^-$、$NO_3^-$

阳离子：$K^+>Na^+>NH_4^+\geqslant Li^+$

聚乙烯醇水溶液与硼砂或硼酸水溶液混合时会发生不可逆的凝胶化现象，形成水不溶性络合物。醇解度越大，凝胶化需要的硼砂或硼酸的数量越大。重铬酸盐、高锰酸钾以及二醛、二酚、二甲基脲等多价金属盐均可使聚乙烯醇水溶液转变成不溶性凝胶。在低温（<－20℃）时反复冷冻高聚合度聚乙烯醇水溶液，可使之形成物理交联的不溶性凝胶。

（4）化学性质。

聚乙烯醇是结晶性聚合物，玻璃化转变温度约为 85℃，在 100℃ 开始缓慢脱水，180℃～190℃时熔融。在干燥和高温脱水的条件下会发生分子内和分子间醚化反应，同时伴有结晶度升高、水溶性下降以及色泽变化。聚乙烯醇的羟基可以发生醚化、酯化和缩醛化等化学反应，由于其化学结构为在交替相隔碳原子上带有羟基的多元醇，故它与环氧乙烷、丙烯、各种无机酸和有机酸等均可反应制得水溶性大分子醚或酯，也可与各种饱和或不饱和醛反应，形成不溶性交联聚合物。

（5）安全性。

聚乙烯醇是一种安全的外用辅料，对眼和皮肤无毒、无刺激性。口服聚乙烯醇在胃肠道吸收甚少，长期口服未见肝、肾损害，大鼠口服的 $LD_{50}>20$ g/kg，但大鼠皮下注射 5％聚乙烯醇水溶液后，会引起器官和组织的浸润及贫血。某些规格的聚乙烯醇还会引起高血压和其他病变。现已批准聚乙烯醇作为口服片剂、局部外用制剂、经皮给药制剂和阴道制剂的辅料。

3.2.1.2　聚乙烯醇的应用

20 世纪 70 年代，聚乙烯醇因具有良好的水溶性和成膜性，被广泛用作凝胶制剂、透皮制剂和涂膜剂。刘信友、张东辉采用聚乙烯醇（醇解度 88%、聚合度 1750±50、分子量 74800）为成膜材料，制成了毛果芸香碱、强力扩瞳剂、后马托品、利福平、可卡因、丁卡因、亲水性软接触镜和电光性眼炎释药颗粒等八种药膜，并进行了释药定量分析及临床效果观察，发现聚乙烯醇对眼无毒、无刺激，是一种安全的外用辅料。王建华、杨毅利用 PVA1788 聚乙烯醇制备氢溴酸后马托品药膜，既可以起到散瞳作用，又可以克服溶液剂型药物利用率低、给药频繁的缺点，还可以克服药膏剂型透明度差影响视力等不足。聚乙烯醇是较理想的助悬剂和增黏剂，人工泪液、滴眼液和隐形眼镜保养液等产品中的常用浓度为 0.25%～3.0%，具有润滑和保护的作用，可显著延长药物与眼组织的接触时间。聚乙烯醇用于经皮给药系统时，可促进药物的透皮作用，提高疗效；制备成水凝胶压敏胶时，水凝胶基质可增加皮肤角质层的水合程度，使药物易于释放，并与皮肤或病灶紧密接触。在糊剂、软膏以及面霜、面膜和发型胶等众多化妆品中，聚乙烯醇具有增稠、增黏及在皮肤和毛发表面成膜等作用，常用浓度为 2.5%，最大用量为 7%。与表面活性剂合用时，聚乙烯醇还具有辅助增溶、乳化及稳定作用，常用量为 0.5%～1%。

近年来，已有研究报道聚乙烯醇作为片剂黏合剂用于口服给药系统，缓释、控释骨架材料，经皮吸收制剂和口腔用膜剂等，利用反复冷冻以及醛化等交联反应手段制备不溶性药膜而达到缓释目的。20 世纪 90 年代初，上海医药工业研究所研究了用聚乙烯醇（PVA）和聚乙烯砒咯烷酮（PVP）为辅料的硝苯啶（NF）胃漂浮缓释片，测定了该片的体外溶出及家犬的体内血药浓度。

聚乙烯醇醋酸苯二甲酸酯（PVAP）是一种新的肠溶性包衣材料，可将部分水解的聚醋酸乙烯醇酯以邻苯二甲酸酐酯化而得到。物理化学试验表明，它是一种较好的肠溶包衣材料。PVAP 目前已成为美国 NF 的收载品种，规定其酞酰基总含量为 55%～62%，不易水解，含水限量为 5%。对 PVAP 已进行了广泛的毒理学研究，如急慢性毒性试验、生殖致畸及临床试验，证明它无毒，大鼠或小鼠一次口服的 $LD_{50} > 8\ g/kg$。PVAP 具有制备简单、成本低、化学性质稳定、成膜性能好、抗胃酸能力强、肠溶性可靠和包衣操作容易实施等优点，它还是控释制剂的良好基质，美国、日本与法国都有生产。

3.2.2　聚维酮

聚维酮（polyvinyl pyrrolidone，PVP）是由 N—乙烯基—2—吡咯烷酮（VP）单体催化聚合生成的水溶性聚合物，其反应式如下：

高纯度 VP 单体在空气中可自行发生自由基聚合反应。聚合反应用的引发剂不同，其反应机理也不同。在三氟化硼、氨基钾和过氧化物的引发下，分别发生阳离子聚合、阴离子聚合和自由基聚合，其中采用得较多的是以过氧化物为引发剂的自由基聚合。在酸性条件下，VP 单体易水解成乙醛和吡咯烷酮，储存时常加入碱、氨或低分子有机胺以增强稳定性。

聚合反应方法中，本体聚合由于反应热不易移除使产品质量欠佳而较少采用。因此，常采用溶液聚合和悬浮聚合。溶液聚合制备的聚维酮的分子量$\leqslant 1.0 \times 10^6$，一般在水或甲醇、乙醇等亲水极性溶剂中进行，反应温度为 35℃～65℃，反应溶液的最终固含量为 20%～25%，喷雾干燥即得圆球形成品。悬浮聚合可以制备分子量高达 1.0×10^6 的产品，控制反应条件也可以得到分子量为 $1.0 \times 10^5 \sim 2.0 \times 10^5$ 的产品。悬浮聚合在烃类溶剂中进行，在氮气保护下维持聚合温度为 65℃～85℃，反应完成后加水并除去有机溶剂，喷雾干燥即得成品。2010 年版《中国药典》二部已收载标号为 K30 的系列产品。市场上已有国际特品公司（ISP）的 Plasdone 产品出售，规格标号与 Povidone BASF 的 Collidonis 大致相同，标号中的 K 与聚合物的平均分子量有关，K 后面的数字越大表明分子量越大。C 标号表明该产品不含热原。

3.2.2.1　聚维酮的性质

（1）物理性质。

聚维酮为白色或乳白色粉末，无臭，可压性良好，因具一定吸湿性而流动性一般，其水溶液的 pH 为 3～7。聚维酮易溶于水，在许多有机溶剂中也极易溶解，如醇类（甲醇、乙醇、丙二醇和甘油）、酮类、酯类、有机酸和氯仿等，但不溶于醚、烷烃、矿物油、四氯化碳和乙酸乙酯。聚维酮溶液的黏度受其分子量影响，标号 K 是根据溶液黏度与聚合物分子量及浓度之间的关系而定义的。不同规格的聚维酮的标号 K 与分子量的对应关系见表 3-5。

表 3-5　不同规格的聚维酮的标号 K 与分子量的对应关系

规　格	M_η
PVP K15	8000
PVP K25	30000
PVP K30	50000

规　　格	M_η
PVP K60	400000
PVP K90	1000000
无热源 C 级 PVP K120	3000000

浓度低于10％的聚维酮水溶液的黏度很小，例如，5％ PVP K11～14 水溶液的相对黏度为 1.25～1.37，5％ PVP K16～18 水溶液的相对黏度为 1.46～1.57，当溶液浓度超过10％时，黏度增加很快，分子量越大，溶液变得越黏稠。总之，标号 K 增加，溶解速率下降，溶液的黏度和胶黏性增加。聚维酮的特性黏数（α）与聚合度（DP）和分子量（M_η）的关系如图 3－10 所示。

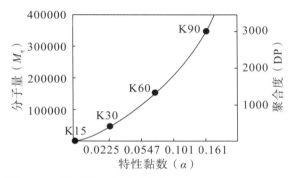

图 3－10　聚维酮的特性黏数与聚合度和分子量的关系

聚维酮的黏度受溶剂的影响较大，在相同浓度（2％）下，聚维酮的乙醇溶液的运动黏度为 $2\times10^{-6}\,m^2/s$，在丙二醇中为 $6.6\times10^{-5}\,m^2/s$，在丁二醇中为 $1.0\times10^{-4}\,m^2/s$。聚维酮溶液的黏度在 pH＝4～11 范围内几乎不发生变化，也很少受温度的影响。

（2）化学性质。

聚维酮为惰性物质，化学性质稳定，能与大多数无机盐以及许多天然或合成聚合物在溶液中混溶，能与多种物质形成不溶性复合物或分子加成物。例如，PVP 与单宁酸、水杨酸、聚丙烯酸和甲乙醚－马来酸酐共聚物等形成不溶的复合物，用碱中和可使复合物重新溶解，这种分子间的相互作用与两者用量的配比有关，且有高度的结构选择性。聚维酮也可与碘、普鲁卡因、丁卡因和氯霉素等药物形成可溶性复合物，可延长药物的作用时间，例如，聚维酮与碘的络合物聚维酮碘作为长效强力杀菌剂在中国、美国及英国的药典中均有收载。聚维酮用量越大，形成的复合物在水中的溶解度越大。聚维酮水溶液可耐 110℃～130℃ 蒸汽热压灭菌，但在 150℃ 以上时，聚维酮固体会因失水而变黑并软化。

3.2.2.2　聚维酮的应用

聚维酮是被各国药典正式收载的药用辅料，安全无毒，大鼠口服的 $LD_{50} > 8.25\ g/kg$，口服 2 年以上也未见毒副作用；小鼠静脉注射的 $LD_{50}>11$ g/kg，是较早应用的血容量扩充剂，分子量小于 2.0×10^4 者易经肾排泄，分子量大于 6.0×10^4 者主要被网状内皮系统吞噬。目前由于静脉注射聚维酮偶有休克和注射部位炎症肿痛发生，已逐渐减少其在注射方面的使用，但这可能与聚维酮本身无关，而是残留单体所致，故产品要求残留物在 0.2% 以下。总之，世界卫生组织（WHO）规定聚维酮每日最大用量为 25 mg/kg，C 级产品可用于要求不含热原的制剂中。聚维酮具有许多优良的特性，加之规格多样，使用灵活，因此在药剂学领域被广泛应用。

（1）固体制剂。

聚维酮在水中和常用的有机溶剂中可溶，因而适应多种制粒需要，常用型号为 PVP 29/32 和 PVP 26/28，常用量为 0.5%～2.0%（质量分数）。聚维酮在高浓度下能保持一定黏合力而又不影响制粒，可减少黏合剂用量、干燥时间并达到低成本的目的。用有机溶剂溶解聚维酮后制粒，可有效消除水分对药物稳定性的影响，适用于对湿和热敏感的药物。对于疏水性药物，用聚维酮的水溶液作黏合剂不仅有利于湿润均匀，还能使疏水性药物颗粒表面具有亲水性，有利于增加溶出度。制备泡腾剂时必须严格控制水分含量，聚维酮的无水乙醇溶液是泡腾剂配方中理想的黏合剂。聚维酮也可作为直接压片的黏合剂，还可用于流化床喷雾干燥制粒，但以聚维酮为黏合剂的片剂在储藏期间可能出现硬度增加现象，尤其是分子量较高可能延长片剂崩解和溶出的时间。

（2）包衣材料。

聚维酮作为薄膜包衣材料时，因柔韧性较好，常与丙烯酸树脂、乙基纤维素、醋酸纤维素等成膜材料合用，以增强衣膜的防潮性。聚维酮常添加于糖衣胶浆中，其溶液也可单独用作片剂的隔离层包衣，其主要优点有：①可作薄膜包衣的增塑剂；②改善衣膜对片剂表面的黏附能力，减少碎裂现象；③缩短疏水性薄膜材料的崩解时间；④改善染料、遮光剂的分散性及延展能力，最大限度地减少可溶性染料在片剂表面的颜色迁移，防止包衣液中颜料与遮光剂的凝聚。

（3）缓释、控释制剂。

聚维酮由于具有极强的亲水性，适于作固态分散体的载体，提高难溶性药物的溶出度和生物利用度，以此法先增溶后控释也是制备难溶性药物缓释、控释制剂的方法之一。聚维酮软化点较高（约 150℃），为减少药物降解，一般宜采用溶剂法或共沉淀法制备固体分散体。

PVP 常作为骨架的致孔剂和黏合剂，应用于不溶性骨架或溶蚀性骨架缓释、控释制剂的制备，通过改变聚维酮的用量来调节药物释放速率。分子量较大的 PVP K90 可用于制备亲水凝胶型缓释片，可通过改变骨架材料与药物用量的比例调节释药速率。

（4）液体制剂。

在液体制剂中，PVP 是一种对 pH 和电解质不敏感的增黏剂，用量超过 10% 时具有明显的助悬、增稠和胶体保护作用，少量 PVP K90 即可有效维持乳剂或悬乳液的稳定，较高浓度下可延缓可的松、青霉素和胰岛素等药物的吸收。PVP K90 还具有阻碍晶体生长和掩盖异味的作用，可显著改善制剂口感。聚维酮是用眼溶液的增稠剂和角膜润湿剂。

3.2.2.3 交联聚维酮

交联聚维酮（cross-linked polyvinyl pyrrolidone）是乙烯基吡咯烷酮的分子量较大的交联物，是利用乙烯基吡咯烷酮单体和少量双功能基单体经聚合反应制备的，但实际产品是高度物理交联而非化学交联的网状结构大分子。这种物理交联是聚乙烯吡咯烷酮大分子链极度卷曲，相互间形成极强氢键结合的结果，而真正化学交联的双功能基组成仅为 0.1%～1.5%。在碱金属氢氧化物存在的情况下不需要引发剂，直接加热乙烯基吡咯烷酮单体至 100℃以上，即可得到类似交联产物。交联聚维酮已收载于各国药典。

（1）交联聚维酮的性质。

交联聚维酮是无味、流动性良好的白色粉末或颗粒，密度为 1.22 g/cm³，1% 水糊状交联聚维酮的 pH 为 5～8。国际市场上有三种粒径型号的产品：BASF 公司的 Kollidon CL，50% 的粒径大于 50 μm，且大于 250 μm 者不得多于 1%，密度为 0.534 g/cm³；ISP 公司的 Polyplasdone XL，粒径小于 400 μm，密度为 0.273 g/cm³；ISP 公司的 Polyplasdone XI－10，粒径小于 14 μm，密度为 0.461 g/cm³。交联聚维酮的分子量大于 1.0×10^6，具有高度的交联网状结构，不溶于水、有机溶剂、强酸和强碱，但遇水发生溶胀。交联聚维酮具有较高的毛细管活性，水合能力强，比表面积较大，因此可迅速地吸收大量水分，使片剂内部膨胀压力超过药片本身的强度，药片瞬时崩解。交联聚维酮吸水膨胀体积略低于羧甲基纤维素和低取代羟丙基纤维素，远大于淀粉、海藻酸钠和甲基纤维素。交联聚维酮具有较快的吸水溶胀速度，1 min 的吸水量可达总吸水量的 98.5%，作为崩解剂的片剂溶出速度快。交联聚维酮喷雾干燥的产物为无定形结构，是较大的多孔性颗粒，在显微镜下可见这些颗粒是 5～10 μm 的球形微粒，在压制含有交联聚维酮的片剂时，随压片力增大，片剂硬度增加，但崩解时间不受影响，崩解速度依然快于以淀粉、改性淀粉、交联羧甲基纤维素和甲基纤维素作崩解剂的片剂。交联聚维酮长期口服无毒副作用，不能被胃肠道吸收，大鼠口服交联聚维酮的 $LD_{50}>6.89$ g/kg，小鼠腹腔注射的 LD_{50} 为 12 g/kg。

（2）交联聚维酮的应用。

交联聚维酮主要用作片剂的崩解剂，当其在片剂中的用量为 1%～2% 时与采用 30%～40% 其他崩解剂的崩解效果相当；具有良好的再加工性，可作片剂的黏合剂、填充剂和赋形剂，其粒度较小者可以减少药片表面的斑纹，使其均匀分布，常用量为 20～80 mg/片。例如，研究功能性复合辅料甘露醇－交联聚维酮（Man－Cro），处方组成按甘露醇：交联聚维酮为 80：20，平均粒径为 251 μm，休止角小于 40°，卡尔指数为 22%～25%，复合辅料具有良好的膨胀度、流动性、可压性和崩解性，同时符合《中国药典》对甘露醇及交联聚维酮的质量要求，适用于口崩片的制备。

3.2.3　乙烯－醋酸乙烯酯共聚物

乙烯－醋酸乙烯酯共聚物（ethylene-vinyl acetate copolymer，EVA）是以乙烯和醋酸乙烯酯两种单体在过氧化物或偶氮二异丁腈引发下共聚而成的水不溶性高分子。共聚物中醋酸乙烯酯（VA）的含量不同，生产所需条件也不相同，EVA 的工艺指标见表 3－6。

表 3－6　EVA 的工艺指标

聚合实施方法	本体聚合	溶液聚合	乳液聚合
VA 含量（%）	5～40	40～70	70～95
反应温度（℃）	180～280	30～120	0～100
反应压力（Pa）	$9.8\times10^{7}\sim2.9\times10^{8}$	$4.9\times10^{6}\sim3.9\times10^{7}$	$1.5\times10^{6}\sim9.8\times10^{6}$
平均分子量	$2.0\times10^{4}\sim5.0\times10^{4}$	$1.0\times10^{5}\sim2.0\times10^{5}$	$>2.0\times10^{5}$

3.2.3.1　乙烯－醋酸乙烯酯共聚物的性质

乙烯－醋酸乙烯酯共聚物的性质受分子量和醋酸乙烯酯含量的影响，随着分子量的增加，共聚物的玻璃化转变温度和力学强度均升高，当分子量相同时，醋酸乙烯酯比例越大，其溶解性、柔软性和弹性越大，透明度越好。低醋酸乙烯酯比例的共聚物类似于聚乙烯，只有在熔融状态下才溶于有机溶剂，高醋酸乙烯酯比例的共聚物溶于二氯甲烷、氯仿等，因此，制备不同比例的醋酸乙烯酯共聚物需选择不同的方法。结晶度和玻璃化转变温度直接影响 EVA 的通透性。药物在半结晶聚合物中的溶解和扩散在无定形相中进行，玻璃化转变温度影响材料在加工和使用时的力学状态。同种材料的加工工艺不同也会影响材料的结晶度和玻璃化转变温度，进而影响药物的通透性。研究表明，以溶剂法制得的膜材通过调整溶剂蒸发温度和时间、孔隙率和玻璃化转变温度等因素，均可改变药物的通透性质。

增塑剂的加入能改变聚合物的有序结构，提高链段运动性，使结晶度和玻璃化转变温度降低，因此加入增塑剂可改变 EVA 的通透性。乙烯－醋酸乙烯酯共聚物与其他聚合物共混的结果是聚合物以极小的微粒分散于 EVA 中形成非均相共混体，不会因自身的迁移和挥发而造成释药速率不稳定。此外，EVA 对药物的通透性还受结构中乙酰基的影响，如含有氰基或酮基的药物可与 EVA 的羰基发生氢键缔合而影响其通透性。乙烯－醋酸乙烯酯共聚物的化学性质稳定，耐强酸和强碱，但强氧化剂和长期高热会降低其稳定性。此外，乙烯－醋酸乙烯酯共聚物对油性物质的耐受性差，例如，蓖麻油对其具有溶蚀作用。

3.2.3.2　乙烯－醋酸乙烯酯共聚物的应用

乙烯－醋酸乙烯酯共聚物无毒，无刺激性。国内外对药用乙烯－醋酸乙烯共聚物乳液的毒性研究表明，其小鼠的 LD_{50} 为 1886 g/kg，另外，小鼠亚急性试验也未见异常。以乙烯－醋酸乙烯酯共聚物制备的长效眼用膜剂，在兔眼内试验未见刺激性和不良反应，证明该材料具有良好的组织和黏膜相容性，适用于皮肤、腔道、眼内和植入给药。

林媚等采用溶胶－凝胶法制备了乙烯－醋酸乙烯酯共聚物（EVA）/二氧化硅的缓释复合材料，并以阿司匹林为药物模型，考察二氧化硅添加量对聚合物缓释性能的影响。实验表明二氧化硅的加入能提高 EVA 载药膜的缓释性能，与纯的 EVA 膜对比，添加二氧化硅后，复合膜的吸水率总体有所提高，并且复合膜的药物释放过程符合 Fickian 扩散定律，如图 3－11 所示。

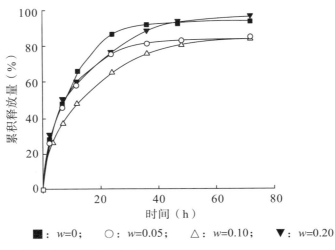

图 3－11　EVA/SiO$_2$ 的药物累积释放量随时间的变化曲线

3.3　环氧乙烷类均聚物与共聚物

3.3.1　聚乙二醇

聚乙二醇（polyethylene glycol，PEG）是用环氧乙烷与水或乙二醇逐步加成聚合得到的分子量较小的一类水溶性聚醚，其制备反应式为

$$n\ \underset{O}{CH_2\!-\!CH_2} + H_2O \longrightarrow HO\!\left[\!CH_2\!-\!CH_2\!-\!O\right]_n\!H$$

该聚合反应的聚合属于离子型聚合，用酸和碱作催化剂。常用的是以碱或配位阳离子为催化剂，引发剂为水、乙二醇、乙醇或分子量较小的聚乙二醇，聚合方法为液相或气相聚合。液相聚合以脂肪烃和芳烃为溶剂，以氢氧化物为催化剂，该聚合反应在 150℃～180℃，0.3～0.4 MPa 下进行，为了防止环氧乙烷与空气形成爆炸性混合物，

应在反应器中充填惰性气体；当反应达到预期分子量时，降低压力并中和氢氧化物，用离子交换树脂除去杂质，冷却过滤即得产物。

分子量大于 $2.5×10^4$ 的环氧乙烷均聚物，化学结构与聚乙二醇并无区别，但物理性质与聚乙二醇有较大的区别。习惯上把这类分子量较大的环氧乙烷均聚物称为聚氧乙烯（polyoxyethylene，PEC）。PEC 与聚乙二醇的合成不同，是采用不同的金属催化剂使环氧乙烷开环聚合制得的，可得到分子量为 $2.5×10^4 \sim 1.0×10^6$ 的产品，主要用于日用化学工业和食品工业。

3.3.1.1　聚乙二醇的性质

（1）溶解性。

分子量为 $200 \sim 600$ 的聚乙二醇是无色透明液体，分子量大于 1000 的聚乙二醇在室温条件下为白色或米色的半固体或固体并微有异臭。药用型号的聚乙二醇易溶于水和极性溶剂，不溶于脂肪烃、苯和矿物油等非极性溶剂，随着分子量的增大，在极性溶剂中溶解度逐渐减小。例如，分子量在 600 以下的聚乙二醇可与水以任意比例混溶，分子量为 6000 的聚乙二醇溶解时的溶质质量分数下降至 5300，见表 3-7，在乙二醇、甘油和二乙二醇中不溶解。聚乙二醇在溶剂中的溶解度会随着温度的升高而增加，但当温度接近沸点时，分子量较大的聚乙二醇可能析出，使溶液混浊或形成胶状沉淀，同时，分子量越大，这种现象就越明显。

表 3-7　聚乙二醇的溶解性

聚乙二醇	400	600	1000	1500	2000	4000	6000
分子量	$380 \sim 420$	$570 \sim 630$	$950 \sim 1050$	$1350 \sim 1650$	$1800 \sim 4800$	$3000 \sim 4800$	$5400 \sim 6600$
n	9.7	14.2	14.3	40	$41 \sim 51$	$70 \sim 85$	1579
吸湿性（甘油为 100）	约 55	约 40	约 35	低	低	低	很低
相对密度（g/cm³）	1.128	1.128	1.170	$1.15 \sim 1.21$	1.121	1.212	1.212
水溶性	100%	100%	约 74%	—	约 65%	约 62%	53%
折光率 n_D^{25}	1.465	1.467	—	—	—	—	—
闪点（℃）	$224 \sim 243$	$246 \sim 252$	$254 \sim 266$		266	268	271

聚乙二醇水溶液发生混浊或沉淀的温度称为浊点或昙点（cloud point），也称沉淀温度。聚合物的分子量越大、浓度越大，昙点越低，这是大分子结构中醚键和水分子的水合作用被热能破坏所造成的。虽然在常温常压下分子量小于 $2.0×10^4$ 的聚乙二醇不能观察到起浊现象，但水溶液中若含有大量电解质，昙点就会降低，这是由于离子化合物也同时存在水合分子竞争。例如，0.5% 聚乙二醇 6000 水溶液，当溶解有 5% 氯化钠时，加热至 100℃ 也不发生混浊；当溶解有 10% 氯化钠时，昙点下降至 86℃；当溶解

有 20％氯化钠时，昙点下降至 60℃。聚乙二醇在水中溶解时有明显的热效应，聚乙二醇 600 与水混合时放热为 50.2～58.6 J/g，同时液体体积收缩 2％，固态的聚乙二醇无明显热效应是由于其水合热与溶解所需热能相抵消。分子量较小的聚乙二醇具有强吸湿性，随着分子量的增大，末端羟基对整个分子极性的影响减小而使其吸湿性迅速下降；但在高温条件下长期放置，即使是分子量大的聚乙二醇，也会吸收水分。

（2）表面活性与黏度。

聚乙二醇具有弱表面活性，10％的固态聚乙二醇水溶液的表面张力约为 0.055 N/m，10％的液态聚乙二醇水溶液的表面张力约为 0.044 N/m，表面张力随着水溶液浓度的增加而逐渐减小。在聚乙二醇分子的末端羟基酯化形成疏水基后，表面活性会有较大提高，许多药用非离子型表面活性剂如吐温（聚山梨酯）、卖泽（硬脂酸聚氧化乙烯酯）、苄泽（脂肪醇聚氧化乙烯醚）等都是分子量较小的聚乙二醇的衍生物。分子量较小的聚乙二醇水溶液的黏度低，低浓度聚乙二醇溶液的黏度与水相近，其特性黏度与分子量的关系为

$$[\eta]=0.02+2\times10^{-4}M_\eta$$

式中，M_η 为 $2.0\times10^{-4}\sim4.0\times10^4$。

随着分子量的增大，聚乙二醇的黏度呈上升趋势，1％聚乙二醇的水溶液的黏度低于同浓度分子量相近的甲基纤维素、羧甲基纤维素、卡波姆 934 和海藻酸钠等水溶性聚合物，当分子量达 1.0×10^5 以上时，这些聚合物会表现出高黏度，易形成凝胶，而聚乙二醇只有在高浓度或在某些极性溶剂中才会形成凝胶。聚乙二醇溶液的黏度受盐、电解质和温度的影响不大，仅在高温和有大量盐存在时，黏度才会明显下降。

（3）化学性质。

聚乙二醇链上两端羟基具有反应活性，能发生所有脂肪族羟基的化学反应，如酯化反应、氰乙基化反应以及被多官能团化合物交联等。在常温下聚乙二醇十分稳定，但在 120℃以上时聚乙二醇会与空气中的氧发生反应，尤其在有过氧化物残留时，氧化降解更易发生。聚乙二醇分子上有大量的醚氧原子存在，能够与苯巴比妥、茶碱、可溶性色素等形成不溶性络合物，某些抗生素、抑菌剂也会因络合而降低活性或失效。酚、鞣酸、水杨酸和磺胺等可使聚乙二醇软化或变色。

（4）安全性。

聚乙二醇是中国、英国和美国等许多国家药典收载的药用辅料。大鼠口服聚乙二醇的 LD_{50} 分别为：PEG 200，28.9 mL/kg；PEG 400，30.2 mL/kg；PEG 4000，59 g/kg；PEG 8000，＞50 g/kg。PEG 对皮肤的刺激性小，但高浓度时吸水性强，会对局部黏膜组织和直肠产生轻度刺激。PEG 偶尔有致敏性，曾有烧伤病人应用时有高渗性、代谢酸中毒及肾衰的报道，因此肾衰、大面积烧伤病人和外伤病人应慎用。产品中残留的乙二醇、二乙二醇和氧乙烯会增加毒性和刺激性，USP 规定乙二醇和二乙二醇总量与氧乙烯的限度分别在 0.25％和 0.02％以内。

3.3.1.2　聚乙二醇的应用

聚乙二醇在药剂中应用得十分广泛，液态聚乙二醇为常用的注射用复合溶剂，用量

不超过 30%（PEG 300，PEG 400），用量达 40%可能发生溶血作用。另外，固态和液态聚乙二醇复合使用作为栓剂基质，可调节硬度与熔化温度，对直肠黏膜可能有轻度刺激，分子量越大，水溶性药物的释放越慢，刺激性越强；作为软膏基质，可调节稠度，具有润湿、软化皮肤和润滑等效果。

聚乙二醇可用于液体制剂的助悬、增黏和增溶，与其他乳化剂合用时具有稳定乳化剂的作用。分子量为 $1.0×10^3 \sim 2.0×10^4$ 的聚乙二醇作为固体分散体的载体，特别适合采用热熔法制备难溶性药物的低共熔物，从而达到加速药物溶解和吸收的目的。此外，聚乙二醇也是常用的薄膜衣增塑剂、致孔剂、打光剂，以及滴丸基质和片剂的固态黏合剂、润滑剂等。聚乙二醇有多种形式的修饰剂，实现了对蛋白药物的修饰，使药物达到控释效果且具有更好的生物相容性。常用的 FDA 已批准上市的聚乙二醇修饰蛋白药物见表 3−8。

表 3−8　聚乙二醇修饰蛋白药物

商品名	适应证	活性成分	年份	生产厂家
Adagen	严重联合免疫缺陷病（SCID）	PEG−腺苷脱氨酶	1990	Enzon
Oncaspar	急性淋巴细胞白血病（ALL）	PEG 修饰的 L−天冬酰胺酶	1994	Enzon
PegIntron	慢性丙型肝炎和乙型肝炎	PEG 化干扰素 α−2b	2000	Schering-Plough/Enzon
Pegasys	慢性丙型肝炎和乙型肝炎	PEG 化干扰素 α−2a	2001	Roche
Somavert	肢端肥大症	PEG−人生长激素突变蛋白拮抗剂	2002	Pfizer
Neulasta	癌症化疗诱导的中性粒细胞减少症	PEG 化重组甲硫氨酸人粒细胞集落刺激因子	2002	Amgen
Macugen	湿性年龄相关性黄斑变性	PEG 化选择性血管内皮生长因子抑制剂	2004	Pfizer
Mircera	慢性肾脏疾病相关的贫血	PEG 化红细胞生成素	2007	Roche
Cimzia	中度至重度类风湿关节炎和克罗恩病	PEG 结合单克隆抗体	2008	Nektar/UCB Pharma
Krystexxa	痛风	PEG 化尿酸酶	2010	Savient
Omontys	慢性肾脏疾病病人因透析引起的贫血	PEG 化促红细胞生成素	2012	Affymax/Takeda harmaccuticals
Plegridy	复发型多发性硬化症	PEG 化干扰素 β−1a	2014	Biogen
Adynovate	A 型血友病	PEG 化抗血友病因子Ⅷ	2015	Baxalta

3.3.2 聚氧乙烯蓖麻油衍生物

聚氧乙烯蓖麻油衍生物（polyethylene castor dervatives）是由分子量较小的聚乙二醇、蓖麻醇酸和甘油形成的一种非离子型表面活性剂，是药物制剂中常用的辅料，主要应用于口服和注射给药的剂型中，作为难溶性药物的乳化剂与增溶剂。其制备方法一般是先制取脂肪酸甘油酯，再与一定量的环氧乙烷混合，在碱催化条件下环氧乙烷聚合成分子量较小的聚乙二醇，同时与蓖麻醇酸酯反应，最终产物是包含聚乙二醇蓖麻酸酯、甘油聚乙二醇三蓖麻醇酸酯或未反应的蓖麻油和聚乙二醇甘油醚等多种成分的混合物。其中，聚乙二醇甘油醚和多元醇组成亲水部分，蓖麻醇酸、甘油和聚乙二醇酯组成疏水部分。根据具体品种不同，亲水与疏水部分的比例也不同，但均以疏水部分为主。例如，Cremophor EL（USP−NF 名为 polyoxyl castor oil）含疏水组分 83%，Cremophor RH 40（USP−NF 名为 polyoxyl 40 hydrogenatedcastor oil）含疏水组分 75%。在聚氧乙烯蓖麻油衍生物中，根据品种不同，一般 1 mol 蓖麻油与聚乙二醇链或甘油反应成酯，氧乙烯链节数（E.O.）为 35~60 个。对蓖麻油、氢化蓖麻油及其聚氧乙烯衍生物的主要脂肪酸的分析，可参阅 2015 年版《中国药典》辅料质量标准方法。

3.3.2.1 聚氧乙烯蓖麻油衍生物的性质

表 3−9 列举了主要聚氧乙烯蓖麻油衍生物的物理性质。

表 3−9　聚氧乙烯蓖麻油衍生物的物理性质

商品名	主要成分	E.O.	HLB	昙点（℃）	皂化值
Cremophor EL	甘油聚乙二醇蓖麻醇酸酯	35~40	12~14	72.5	65~70
Cremophor RH40	甘油聚乙二醇氢化蓖麻醇酸酯	40~45	14~16	95.6	50~60
Cremophor RH60	甘油聚乙二醇氢化蓖麻醇酸酯	60	15~17	—	40~50

聚氧乙烯蓖麻油衍生物在 30℃ 以下是微有异味的淡黄色的油状液体或白色的半固体物质，易溶于水和低级醇，也易溶于氯仿、乙酸乙酯和苯等有机溶剂，加热时可与脂肪酸及动物油混溶。其衍生物具有强表面活性，原因在于具有疏水的脂肪酸酯和亲水的氧乙烯链。0.1% Cremophor EL 和 0.1% Cremophor RH40 水溶液的表面张力分别为 0.04 N/m 和 0.043 N/m，在水中的临界胶束浓度分别为 0.009% 和 0.039%，该类物质实际上是多种成分的混合物，因此达到完全的正吸附或形成胶团，即在溶液中达到稳定平衡需较长时间。聚氧乙烯蓖麻油衍生物的亲水性随着分子中氧乙烯链节数（E.O.）的增加而增加，亲水亲油平衡值（HLB）随链节数的增加而提高。此外，各衍生物水溶液的昙点也相应上升，Cremophor EL 和 Cremophor RH40 分别为 72.5℃ 和 95.6℃，而在常压下含有 60 mol 氧乙烯链段的 Cremophor RH60 不能观察到起浊现象。

聚氧乙烯蓖麻油衍生物作为非离子型表面活性剂，对疏水性药物具有很强的增溶和乳化能力。在水中，Cremophor EL 可以增溶或乳化各种挥发油和脂溶性维生素，例如，每毫升 25% Cremophor EL 水溶液可增溶 10 mg 棕榈酸维生素 A、10 mg 维生素 D、120 mg 醋酸维生素 E 或维生素 K_1。相同用量、相同浓度的 Cremophor RH40 则可增溶 88 mg 棕榈酸维生素 A 或 160 mg 丙酸维生素 A。在昙点以下短时间内加热或者加少量聚乙二醇、丙二醇或乙醇能够提高增溶能力。聚氧乙烯蓖麻油衍生物在 121℃，20 min 热压灭菌后微有变色或 pH 下降。

3.3.2.2 聚氧乙烯蓖麻油衍生物的应用

聚氧乙烯蓖麻油衍生物被美国和英国的药典收载，小鼠静脉注射 Cremophor EL 的 LD_{50} 为 2.5 g/kg，大鼠口服的 $LD_{50} > 6.4$ g/kg；小鼠静脉注射 Cremophor RH40 的 $LD_{50} > 12.0$ g/kg，大鼠口服的 $LD_{50} > 16.0$ g/kg；小鼠腹腔 Cremophor RH60 的 $LD_{50} > 12.5$ g/kg，大鼠口服的 $LD_{50} > 16.0$ g/kg。聚氧乙烯蓖麻油衍生物作为增溶剂、乳化剂和润湿剂，广泛应用于液体制剂中，具有适宜口服、无毒、无刺激性的特点，但静脉注射本品后会引起较严重的致敏性。本品可用作难溶性药物和静脉注射的增溶剂，用于提高气雾剂在水相中的溶解度。蓖麻油衍生物因有不适臭味，内服制剂可改用氢化蓖麻油衍生物。聚氧乙烯蓖麻油衍生物可与多种物质配合使用，通常不受盐类电解质的影响，但在强酸、强碱中可能发生水解，遇酚类化合物则形成不溶性沉淀。

3.3.3 泊洛沙姆

泊洛沙姆（Poloxamer）是环氧乙烯与环氧丙烯共聚物的非专利名称，该类共聚物最早由美国 Wyandotte 公司生产，商品名为普朗尼克，已被 2010 年版《中国药典》二部收载。泊洛沙姆是以 1 mol 丙二醇与 $(b-1)$ mol 环氧丙烷为原料，在碱金属的催化下，先行聚合成含 b 个链节的聚氧丙烯链段，再与 $2a$ mol 环氧乙烷加成聚合而得，其基本反应机理如下：

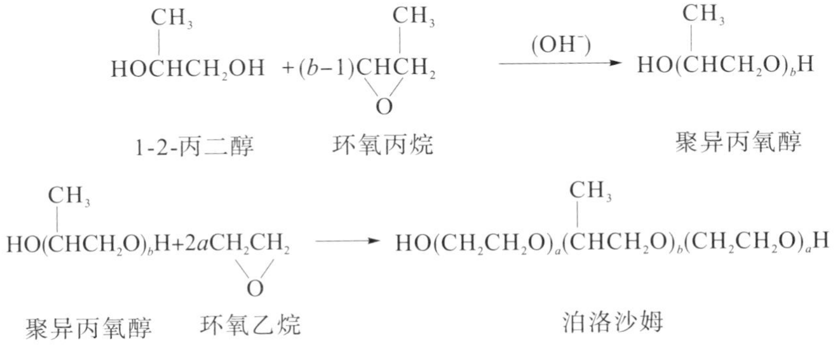

常用催化剂为氢氧化钠或氢氧化钾，聚合结束后需使用酸中和体系中的碱。共聚物的分子量大小受原料用量及配比、催化剂种类和浓度以及原料中的水分、反应温度等影响。例如，以氢氧化钾为催化剂时，合成产物的分子量一般在 10^4 以下。分子量随催化

剂用量的增加而降低。

根据聚合物中环氧乙烷和环氧丙烷的比例不同，泊洛沙姆具有一系列不同大小分子量的品种。其命名规则是在 Poloxamer 后附加三位数字的编号，前两位数字乘以 100 为聚氧丙烯链段的分子量，后一位数字乘以 10 为聚氧乙烯链段分子量在共聚物中所占百分比。例如，Poloxamer188，编号的前两位数字是 18，表示聚氧丙烯链段的分子量为 $18 \times 100 = 1800$（实际为 1750，取整数）；后一位数字是 8，表示聚氧乙烯链段分子量占总数的 80%，由此推算该共聚物的分子量为 9000（实际为 8350）。在 Poloxamer 的命名规则中，若最后一位数是 5 以下，则共聚物为半固体或液体；若最后一位数是 7 或 8，则共聚物是固体。

3.3.3.1 泊洛沙姆的性质

泊洛沙姆为蜡状的白色或无色的液体或固体，固体密度为 1.06 g/cm³，其物理化学性质与型号规格有关，表 3-10 列举了各种型号 Poloxamer 的理化性质。

表 3-10　各种型号 Poloxamer 的理化性质

Poloxamer 型号	Pluronic 型号	聚氧乙烯链节数 E.O.	聚氧丙烯链节数 P.O.	M_n	昙点（℃）	溶解度		
						95%乙醇	丙二醇	水
124	L-44	12	20	2029～2360	16	易溶	易溶	易溶
188	F-68	80	27	7680～9510	52～57	易溶	不溶	易溶
237	F-87	64	37	6840～8830	49	易溶	不溶	易溶
338	F-108	141	44	12700～17400	57	易溶	略溶	易溶
407	F-127	101	56	9840～14600	52～57	易溶	不溶	易溶

（1）溶解性。

泊洛沙姆是由不同比例聚氧乙烯链段和聚氧丙烯链段构成的嵌段共聚物，其中聚氧乙烯链段分子量的比例为 10%～80%，聚氧乙烯的相对亲水性和聚氧丙烯的相对亲油性决定了泊洛沙姆具有不同的表面活性，且有从油溶性到水溶性的多种产品，属于非离子型表面活性剂。泊洛沙姆的水溶性随共聚物中聚氧乙烯的增加而增大，聚氧乙烯链节数低的 Poloxamer 407、Poloxamer 338 和 Poloxamer 188 等几乎不溶于丙二醇或溶解度很小，聚氧乙烯在 30% 以上者，无论分子量的大小，在水中均易溶解。除了极少数低聚氧乙烯含量的共聚物，如 Poloxamer 124，绝大多数的泊洛沙姆在矿物油和乙二醇中不溶，泊洛沙姆易溶于乙醇和甲苯。

（2）昙点。

泊洛沙姆水溶液加热时，其水合结构被破坏形成疏水链构象而发生起浊或起昙现象。昙点随泊洛沙姆中亲水性链段比例的增加而增大，聚氧乙烯部分分子量在 70% 以上的泊洛沙姆，即使浓度高达 10%，在常压下加热至 100℃，也不会发生起昙现象。1% 的 Poloxamer 188、Poloxamer 185、Poloxamer 184、Poloxamer 183、Poloxamer

182 和 Poloxamer 181 的昙点温度分别为 100℃、82℃、61℃、34℃、32℃ 和 24℃，在聚氧乙烯比例相同时，分子量越大，昙点温度越低；1% 的 Poloxamer 101、Poloxamer 181、Poloxamer 231、Poloxamer 331 和 Poloxamer 401 的昙点温度分别为 37℃、24℃、20℃、15℃ 和 14℃，溶液浓度越高，昙点温度越低。

（3）表面活性。

泊洛沙姆的亲水亲油平衡值（HLB）从疏水的 Poloxamer 401（HLB=0.5）到亲水的 Poloxamer 108（HLB=30.5），随亲水的聚氧乙烯链段比例的增加而升高。在聚氧乙烯链段比例相同的情况下，分子量越小，HLB 越高，可根据需要选择适宜的泊洛沙姆单独使用或配合使用，获得所需的 HLB。泊洛沙姆在水中能够形成以聚氧丙烯链段为内核，以聚氧乙烯链段为梳状层的胶团，可能形成单分子胶团，也可能形成 2~8 个大分子的胶团。聚氧丙烯作为疏水基团，与非极性或弱极性化合物亲和力不强，大量醚键的存在使内核具有亲水性，与小分子表面活性剂相比，在相同浓度下胶团数量较少，因此，泊洛沙姆的增溶能力较弱。

（4）安全性。

目前药典规定泊洛沙姆只供口服用，我国自行研制的泊洛沙姆已投入生产。经大鼠、小鼠和狗等多种动物口服、注射及角膜和皮肤接触的毒性和刺激性安全性试验表明泊洛沙姆的安全性高、毒性低、生物相容性好、无刺激性和致敏性。分子量越大，聚氧乙烯部分比例越高，可使用的剂量就越大。例如，大鼠口服 Poloxamer 188 的 LD_{50} 为 9.4 g/kg，大鼠静脉注射的 LD_{50} 为 7.5 g/kg，在体内不发生代谢并以原形由肾脏排出。泊洛沙姆是使用在静脉乳剂中的合成乳化剂，其中 Poloxamer 188 具有最佳的乳化性能和安全性。

3.3.3.2 泊洛沙姆的应用

分子量较大的亲水性泊洛沙姆是水溶性栓剂、亲水性软膏、凝胶和滴丸剂等的基质材料。在口服制剂中，泊洛沙姆用作增溶剂、分散剂、助悬剂、蛋白质分离的沉淀剂和消泡剂；在化妆品中，泊洛沙姆用作润湿剂和香精的增溶剂等。水溶性聚合物 PEG 难以与最终产品分离，而泊洛沙姆不溶血，其处理血浆过程一般可在室温和低温条件下进行。血浆中的各种蛋白在泊洛沙姆中有不同的溶解度。泊洛沙姆已作为生化试剂成功地应用于白蛋白、免疫、血清球蛋白和复合凝血酶原等的分离与精制。近年来，常利用泊洛沙姆制备水凝胶来实现药物的缓释、控释制剂，如埋植剂、长效滴眼液等。

中山大学为了改善泊洛沙姆温敏水凝胶的性能，用 5 种不同化学结构的多糖及多糖衍生物与泊洛沙姆制备温敏水凝胶，研究这些多糖的化学结构对水凝胶性能的影响，这些多糖及多糖衍生物与泊洛沙姆在接近体温（37℃）时形成水凝胶，有利于实现可注射使用的目的；同时认为两亲性多糖衍生物/泊洛沙姆温敏水凝胶的稳定性更高，体现出更强的剪切性质，缓释疏水性药物“强的松”的时间更长。作为一种新型的生物黏附给药系统，以泊洛沙姆为基质的温度敏感型原位凝胶具有使用方便、顺应性良好、延长药物滞留时间、改善药物生物利用度等多种优势，在黏膜途径给药中具有广阔的应用前景。

3.4 其他合成药用高分子材料

3.4.1 二甲基硅油

二甲基硅油（dimethicone）简称硅油，是一系列不同黏度的分子量较小的聚二甲氧基硅氧烷的总称，其结构式如图3-12所示。

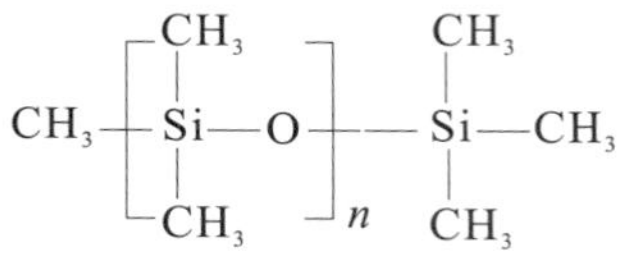

$$CH_3 - \left[\begin{array}{c} CH_3 \\ | \\ Si - O \\ | \\ CH_3 \end{array} \right]_n \begin{array}{c} CH_3 \\ | \\ Si - CH_3 \\ | \\ CH_3 \end{array}$$

图3-12 二甲基硅油的结构式

合成硅油是以2-甲基二氯硅烷为原料，在25℃时水解成不稳定的二元硅醇，在酸性条件下，以6-甲基二硅氧烷为封头剂，二元硅醇即缩合成黏度小于50 mm²/s的硅油。若要制备高黏度硅油，则需计算封头剂及二元硅醇的投入量，在85℃～90℃四甲基氢氧化胺催化的条件下减压缩聚，得到产物。

3.4.1.1 二甲基硅油的性质

硅油是无色或淡黄色的透明油状液体，无臭、无味，黏度为（0.65～3）×10⁶ mm²/s，具有高耐热性，在−40℃～150℃时黏度变化极小，黏度在−30℃和100℃时仅相差7倍，而标准石油的变化为1800倍。硅油具有优良的耐氧化性，可经受150℃灭菌1 h；在150℃以上有氧的环境下，硅油分子链上的甲基逐渐被氧化成甲醛并发生交联，黏度增大；继续加热至250℃～300℃或加入过氧化物催化剂，则转变成凝胶或固体；在更高温度下硅油可燃烧灰化。

硅油对大多数化合物稳定，但在强酸和强碱中易降解。硅油易溶于非极性溶剂，随黏度增大溶解度降低，在各种溶剂中的溶解性见表3-11。硅油优良的疏水性和较小的表面张力使之能够有效地降低水/气界面张力，具有良好的消泡作用和润滑作用。

表3-11 硅油在各种溶剂中的溶解性

溶　　剂	溶解性
苯、甲苯、二甲苯、乙醚、氯仿、二氯甲烷	溶解
羊毛酯、鲸蜡醇、硬脂酸、单硬脂酸甘油酯、吐温、司班	混溶
乙醇、异丙醇、丙酮、二氧氯环	部分溶解
甲醇、液体石蜡、植物油、甘油、水	不溶

3.4.1.2　二甲基硅油的应用

活化二甲基硅油能降低小肠黏液泡沫的表面张力，从而释放黏液包裹的气体，使气体更容易排出，手术后治疗中常规使用活化二甲基硅油，可以减轻腹胀及胃肠道合并症，是有效的肠胃气体消除剂；涂布在皮肤上具有良好的润滑效果，无刺激性和致敏性，并能防止水分蒸发，但若其中存在残留的氯硅烷，则遇水释放出氯化氢而有刺激性。硅油在肌肉组织内不被吸收，可能导致颗粒性肉芽肿，故不宜用于注射剂中。硅油常用作乳膏和化妆品的添加剂，作润滑剂和抗静电剂使用，用量为 $10\% \sim 30\%$。此外，硅油还可用作消泡剂、脱模剂及糖衣片打光时的增光剂。有时使用硅油处理容器内壁而形成疏水性极强的"硅膜"，防止药液对玻璃容器的腐蚀，或减少包装材料成分对药液的影响。含有硅油的容器若用作注射剂的包装，USP－NF 规定需要进行热原试验。USP－NF 收载的硅油的黏度范围较宽，为 $20 \sim 12500 \ mm^2/s$，以便适合多方面的应用。

以二甲基硅油为主药的制剂从 20 世纪 50 年代开始研究以来，至今在世界上许多国家已普遍使用于内科、外科、妇产科、皮肤科、矫形外科及放射科等，其发展十分迅速，今后，研究其用途和开发新产品仍是国内外研究者的任务。

3.4.2　硅橡胶

硅橡胶（silicone rubber）是指主链由硅原子和氧原子交替连接，硅原子上通常连有两个有机基团的橡胶。用于医药材料的硅橡胶主要是已交联成体型结构的聚羟基硅氧烷橡胶。线型结构的聚硅氧烷是由高纯度的 2－甲基－二氯硅烷经水解缩聚制得的。当有单官能团化合物存在时，产物为分子量较小的硅油；当有三官能团化合物存在时，会形成支链型结构或体型结构，如有机硅树脂。通常分子量为 $4.0 \times 10^5 \sim 8.0 \times 10^5$。线型聚硅氧烷的结构式如图 3－13 所示。

R：$-CH_3$，$-C_2H_5$，$-CH=CH_2$等

图 3－13　线型聚硅氧烷的结构式

不同温度和不同方法硫化可得到不同结构和相对比例的 R 取代基，硫化后分子链间产生新的交联键，形成不溶的硅橡胶。常用的硫化方法包括过氧化物法、丁基锡或丙基原硅酸酯交联以及辐射交联等。

3.4.2.1　硅橡胶的性质

硅橡胶具有有机硅高聚合物的特点，主要表现为耐热、耐氧化，疏水性、柔软性和透过性较好等，这些性能均与以－O－Si－为主链重复链节的分子结构、构型、构象以及侧链的数量和种类密切相关，也与其特性黏数大小及分子量分布有关。由于聚硅氧烷分子结构的对称性，分子主链呈螺旋状而使硅氧键的极性相互抵消，侧链为非极性基团时，导致分子间的作用力很弱和玻璃化转变温度低，低温性能和柔软性良好。在加入填充剂或硫化后，其玻璃化转变温度均不改变，不同于天然橡胶和一般合成橡胶。硅－氧键的极性近似于离子键，其分子主链的 Si－O 键能为 452.5 kJ/mol，250℃ 以下稳定；在高温下主要发生支链的氧化和裂解，主链不发生变化，故具有优良的热氧化稳定性。

硅橡胶分子主链外侧的非极性基团使外界环境中的水分子难以与亲水的硅原子相接触，表现出极强的疏水性；整个分子的低极性使其具有较强的耐氧化、耐辐射以及抗老化能力。硅橡胶的缺点是硅氧烷的分子极性低，分子间力较弱，拉伸强度低，聚二甲基硅氧烷的拉伸强度为 0.98～2.45 MPa；加入微粉硅胶再进行硫化，拉伸强度可达 6.86 MPa，弹性也有改善，但过量填料和过度硫化均可使其柔软性及弹性下降。

3.4.2.2　硅橡胶的应用

硅橡胶是早已被广泛应用的医用高分子材料，由于其生理惰性和生物相容性，适用于各种人造器官，如心脏瓣膜、膜型人工肺、人工关节、皮肤扩张和颜面缺损修复等。由于硅橡胶与药物配伍良好并具有缓释和控释性，已用作子宫避孕器、皮下埋植剂和经皮给药制剂的载体材料，能够使黄体酮和睾丸素等甾体药物维持释放长达一年，释药速度取决于主链结构、侧链基团、交联度和填料等因素。

硅橡胶根据制品用途大致分为以下几类：①脑外科用人工颅骨；②耳鼻喉科用人工鼻梁；③胸外科用体外循环机泵管；④内科、腹外科、泌尿科和生殖系统临床导管；⑤骨科用人工指关节、人工皮肤、软组织扩张器；⑥整形用人工乳房、修补材料。

对硅橡胶进行表面抗菌处理，使用含有抗菌剂的组分涂覆硅橡胶材料表面或通过化学接枝方法将抗菌剂接枝到材料表面，都可以提高材料的抗菌性能。常见的抗菌剂包括无机金属银离子、二氧化钛、有机抗生素药物和季铵盐等。聚乙烯吡咯烷酮（PVP）是一种常用的改变材料表面特性的物质，可以使材料表面覆盖亲水涂层。通常利用接触角测试的方法研究不同 PVP 亲水溶液及其不同浓度对硅橡胶亲水性的改变，探索最优PVP 溶液、最适浓度范围，确定偶联剂的选用，以使硅橡胶具有更好的生物兼容性。研究结果显示，PVP 溶液的最佳质量浓度为 2%，分子量为 40000，用于预处理硅橡胶表面的硅烷偶联剂的最佳选择为 KH792。

3.4.3 聚乳酸/乳酸－羟基乙酸共聚物

聚乳酸（polylactic acid，PLA）可以利用乳酸直接缩聚，制备分子量较小的 PLA；制备分子量较大的 PLA 是以乳酸为原料脱水得到丙交酯，在金属有机催化剂的作用下实施开环聚合，其反应式为

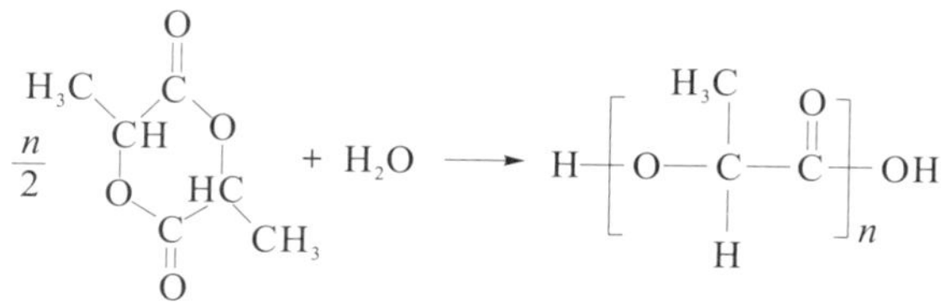

$$\frac{n}{2}\ \ce{丙交酯} + H_2O \longrightarrow H\left[O-\underset{H}{\overset{H_3C}{C}}-\overset{O}{C}\right]_n OH$$

乳酸－羟基乙酸共聚物（PLGA）通常在采用丙交酯和乙交酯烷基铝等催化条件下用开环缩聚的方法制备，其结构式如图 3－14 所示。

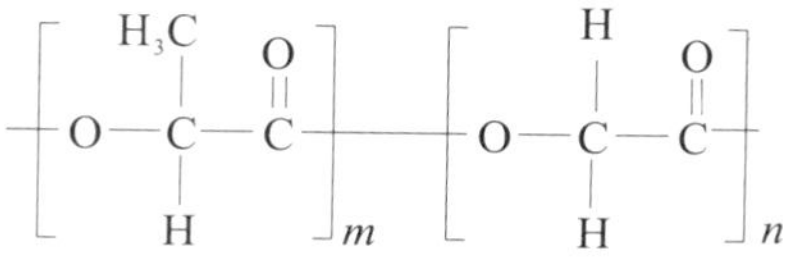

$$\left[O-\underset{H}{\overset{H_3C}{C}}-\overset{O}{C}\right]_m\left[O-\underset{H}{\overset{H}{C}}-\overset{O}{C}\right]_n$$

图 3－14 乳酸－羟基乙酸共聚物的结构式

聚乳酸和聚羟基乙酸都是高结晶性聚合物，后者熔点高达 230℃，结晶度为 50%，通常不溶于有机溶剂，较难加工成型，故常与乳酸形成相对易于加工的共聚物后使用，通过调节丙交酯和乙交酯的比例可以得到不同结晶度的共聚物。

3.4.3.1 聚乳酸/乳酸－羟基乙酸共聚物的性质

乳酸是光学活性物质，因此聚乳酸有 D－聚乳酸、L－聚乳酸和 D,L－聚乳酸三种。D－聚乳酸和 L－聚乳酸属于高结晶性聚合物，结晶度约为 37%，熔点约为 180℃，玻璃化转变温度为 67℃；D,L－聚乳酸是无定形消旋聚合物，T_g 为 57℃。通常应用较多的是 D,L－聚乳酸，其次是 L－聚乳酸。三种聚乳酸均溶于有机溶剂，易于加工。

聚乳酸的降解属于水解反应，降解速度受分子量和结晶度的影响。聚乳酸的降解速度随分子量的增加而减慢，降解首先发生在无定形区，降解后形成的较小分子可能重排成结晶，因此结晶度在降解开始阶段可能会升高。D,L－聚乳酸降解速度与分子量的关系如图3－15所示。21 天后，结晶区大分子开始降解，机械强度降低；50 天后，结晶区完全消失。聚乳酸的亲水性和溶解度随分子量的减小和疏水性甲基的断裂而增大，水分子扩散进入材料的速度加快，水解反应自动加速，完全溶解。

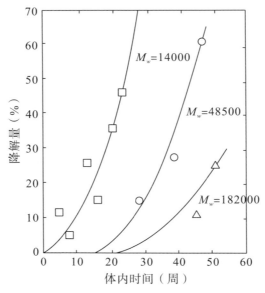

图 3-15　D,L-聚乳酸降解速度与分子量的关系

乳酸－羟基乙酸共聚物体外水解实验表明，当共聚物的比例固定时，分子量越大，水解速度越慢，相应的释药速度也减慢。在等物质的量配比共聚的材料中，分子量为 $4.5×10^5$ 的共聚物在 80 天内的释药量仅为分子量为 $1.5×10^4$ 的共聚物的 50% 左右。

3.4.3.2　聚乳酸/乳酸－羟基乙酸共聚物的应用

聚乳酸是经美国 FDA 批准作为医用手术缝合线以及注射用微囊、微球和埋植剂的材料，是目前研究最多的可生物降解材料之一。药物的释放速度可通过选择不同分子量、不同光学活性以及不同种类聚乳酸按要求配比混合，并添加适当的相混溶成分而实现。乳酸－羟基乙酸共聚物无毒、无刺激性，具有良好的生物相容性，水解的中间产物乳酸或乳酸－羟基乙酸都是体内能正常代谢产物，最终产物是 H_2O 和 CO_2。

聚乳酸材料作为微球制剂已有很多的应用报道，Panusa 等制备的甲基强的松龙 PLGA 微球关节腔注射剂，与注射剂用甲基强的松龙相比，可延长药物在关节腔内的作用时间，维持药物浓度。Koppolu 等制备了具有缓释及靶向功能的复合微球，由 N－异丙基丙烯酰胺磁性纳米粒聚结成核心，再用 PLGA 进行包裹，这种微球的特点是可装载两种不同的药物，实现复式载药。聚乳酸微球可用作蛋白类药物的载体，将药物用聚乳酸材料包裹到微球内，使蛋白得到保护而延长其稳定性，通过对聚乳酸材料的修饰控制其降解，可避免蛋白质在肠道中失活而保证蛋白类药物的活性。Kim 等对艾塞那肽（Exenatide，Ex）进行修饰（Pal－Ex）后作为模型药物，以 PLGA 为载体、HP－β－CD 作致孔剂，再以白蛋白进行表面修饰，制备 PLGA 多孔微球。这种多孔结构不仅提高了微球的释放性能，而且改善了其吸入后在肺部的沉积效果。Seju 等制备了奥氮平－PLGA 纳米粒，并将其作为鼻腔给药的载体，结果显示纳米粒对鼻腔黏膜无刺激性，对黏膜组织无损伤。体内外的研究结果说明药物以 Fick's 扩散方式进行释药，体外释放中具有双相释放的特性，但体内释放中未见类似释放行为，可能是 PLGA 与鼻腔黏膜组织的屏障作用相互影响导致的。Gao 等以开环聚合法制备 PLGA－PEG－PLGA 三聚体复合温敏凝胶，该复合水凝胶明显提高了多西紫杉醇的释放度，对接种 A－549 肺癌细胞的裸鼠进行肿瘤内注射后发现，其抗癌活性是静脉注射的三倍，且释放时间延长，作用长达三周以上，大大减少了多次给药的不便，降低了毒副作用。

3.5　药用高分子制品

3.5.1　丙烯酸酯压敏胶

丙烯酸酯压敏胶（acrylate resin pressure sensitive adhesive，acrylate PSA）是以丙烯酸、丙烯酸羟烷基酯为主要成分，配合其乳化剂在过硫酸铵引发下共聚而制得的，其结构式如图 3－16 所示。

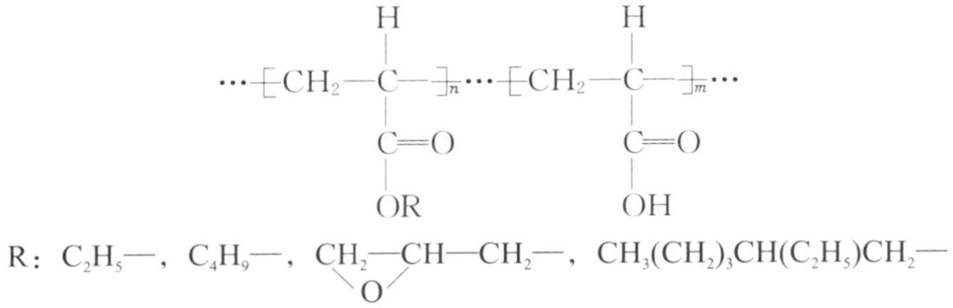

$$\cdots \left[CH_2 - \underset{\underset{OR}{\overset{\displaystyle C=O}{|}}}{\overset{\displaystyle \overset{H}{|}}{C}} \right]_n \cdots \left[CH_2 - \underset{\underset{OH}{\overset{\displaystyle C=O}{|}}}{\overset{\displaystyle \overset{H}{|}}{C}} \right]_m$$

$$R： C_2H_5-，C_4H_9-，CH_2-CH-CH_2-，CH_3(CH_2)_3CH(C_2H_5)CH_2-$$

图 3－16　丙烯酸酯压敏胶的结构式

常用单体有丙烯酸丁酯、丙烯酸－2－乙基己酯、甲基丙烯酸缩水甘油酯以及丙烯酸和丙烯酸乙酯等。可采用乳液聚合法和溶液聚合法制备丙烯酸酯压敏胶。

3.5.1.1　乳液聚合

一种水分散型丙烯酸酯压敏胶处方如下：

丙烯酸－2－乙基己酯	352.0 份
丙烯酸	4.4 份
醋酸乙烯酯	83.6 份
聚氧乙烯壬基酚（97% 氧乙烯单位）	22.4 份
醋酸钠	1.0 份
亚硫酸氢钠（10% 水溶液）	0.9 份
过硫酸铵（10% 水溶液）	0.45 份

将除过硫酸铵外的所有组分混合并搅拌制成均匀乳液，加入过硫酸铵溶液，维持在60℃~75℃聚合3 h，再继续加热1 h，即得固含量约为46%的压敏胶乳液。

3.5.1.2　溶液聚合

将96份丙烯酸－2－乙基己酯与4份丙烯酸、248份醋酸乙酯混合，以过氧化苯甲酰作为引发剂，在通氮气流下，维持55℃缓慢搅拌6 h，后续加79份醋酸乙酯和适量引发剂，再于60℃条件下保持5 h，即得固含量约为23%的压敏胶乳液。

丙烯酸酯压敏胶在常温下具有优良的压敏性和黏合性，不需加入增黏剂和抗氧化剂，极少引起过敏和刺激；具有优良的耐光性、抗老化性和耐水性，长期存放压敏性无明显降低。丙烯酸酯压敏胶与橡胶类压敏材料相比，内聚力较低，抗蠕变性弱，但乳液聚合制得的压敏胶的分子量较大，其内聚力较溶液聚合制得的有所提高。

采用涂布后长时间加热的方法可以使丙烯酸类压敏胶在分子间实现交联，从而提高内聚力，但此法常受涂布基础材料的影响，因此，可以通过添加辅助成分实现低温短时间的交联。例如，聚合型压敏胶溶液可使用少量甲基丙烯酸缩水甘油酯之类的多官能团单体，或与适量聚酰胺树脂混合，使压敏胶内聚力与压敏黏合性以及黏合力之间保持平衡。丙烯酸酯压敏胶的剥离强度为1.76~17.64 N/cm，在低温下黏性可能有所下降。相对而言，非极性表面的黏合力比硅橡胶压敏胶略低。丙烯酸酯压敏胶可用作皮肤黏结制剂的胶黏材料，适度交联的丙烯酸酯压敏胶也可用在经皮给药系统中以控制药物释放的速度。

3.5.2　硅橡胶压敏胶

硅橡胶压敏胶（silicone pressure sensitive adhesive，silicone PSA）是由低黏度聚二甲基硅氧烷（12~15 Pa·s）与硅树脂在溶液中经缩聚反应制成的分子量较大的体型聚合物。

缩合中的交联可以发生在线型硅氧烷链之间、硅树脂与线型大分子之间或硅树脂与硅树脂之间，压敏胶的性质受硅树脂与硅橡胶的比例以及硅烷醇基的含量等影响，用作黏结的有机硅压敏胶，硅树脂的质量分数为50%~70%。压敏胶的黏着力随硅烷醇基数量的减少而降低，但化学稳定性随之提高。

硅橡胶压敏胶的软化点与皮肤温度相近，故在正常体温下具有良好的流动性、黏附性和柔软性。此外，硅橡胶压敏胶分子中硅氧烷链段自由内旋转，链段的运动及较低的分子间作用力导致了自由容积大，有利于水蒸气和药物的渗透，并降低了对皮肤的封闭效应。硅橡胶压敏胶的黏附性受硅树脂与硅橡胶比例等多种因素的影响。美国Dow Coming公司生产的医用级硅橡胶压敏胶（Dow Coming 355 silicone PSA）对不锈钢平板的黏着强度为5.8 N/cm，表面剥离强度为4.9×10^{-2} N/cm（5 g/cm）；BIO－PSA Q7－2920硅橡胶压敏胶适用于胺类药物。硅橡胶压敏胶无毒，无刺激性，大鼠口服的LD_{50}为25.5 g/kg，家兔皮下的$LD_{50} > 0.2$ g/kg，因此，硅橡胶压敏胶适合用作皮肤黏结制剂的黏着材料，也可用于控制某些药物的经皮渗透速度。

3.5.3　聚异丁烯类压敏胶

聚异丁烯是一种具有固有黏性的均聚物，是由异丁烯在氯化铝 Lewis acid 类催化下经阳离子聚合而成的。

在聚异丁烯的碳氢主链上，反应部位相对较少，仅端基含不饱和键，因此较稳定，不受温度的影响，对动植物油的耐受性强，不易发生化学反应。聚异丁烯是线型无定形聚合物，溶于烃类溶剂，黏性受分子量、分子卷曲程度和交联度的影响。通常可满足黏结需要，但其对极性基材的黏性较弱，可通过加入树脂或增黏剂予以克服。分子量较小的聚异丁烯是黏性半固体，在压敏胶中起增黏作用并改善黏胶层的柔韧性，提高对基材的润湿性；分子量较大的聚异丁烯可增加压敏胶的内聚强度和剥离强度。可以通过采用不同分子量和不同配比的聚合物以及添加适量增黏剂、增塑剂和填充剂等方法扩大聚异丁烯的使用范围。聚异丁烯类压敏胶可作为皮肤黏结制剂的黏着材料。

3.5.4　离子交换树脂

离子交换树脂具有酸性或碱性基团，可与主链以共价键结合，根据其可解离的反离子电性，可分为阳离子交换树脂和阴离子交换树脂。阳离子交换树脂中聚合物链上的酸性基团常为 SO_3^{2-}、COO^-、PO_3^{2-} 等负电性基团；阴离子交换树脂中聚合物链上的基团为 NH_3^+、NH_2^+、NH^{2+} 等正电性基团。聚合物链的结构是决定树脂的物理性质、生物相容性和交换容量等的主要因素。无机化合物、多糖和有机化合物都可用作聚合物链结构的前体，在药剂中应用最广泛的是合成有机离子交换聚合物。丙烯酸或甲基丙烯酸在交联剂存在时形成羧酸型阳离子交换树脂，二乙烯基苯（Divinylbenzene，DVB）为常用的交联剂；苯乙烯也可与 DVB 共聚交联形成树脂，经过磺化处理后用氢氧化钠中和制成；酚基聚胺型树脂则用缩聚法生产。

3.5.4.1　离子交换树脂的重要特征参数

（1）交换容量。

交换容量是指树脂交换反离子的能力，包括聚合物链结构中所有荷电基团或可能荷电基团的总交换能力，表示方法分为重量交换容量（mmol/g 干树脂）和体积交换容量（mmol/mL 湿树脂）。在与药物结合时，发挥作用的仅为能够与药物结合的基团。因此，实际有效的交换容量不仅受聚合度的影响，而且受聚合物结构的影响。

（2）酸碱强度。

该指标与聚合物链结构上的有机或无机酸碱基团有关。磺酸、磷酸和羧酸的 pKa 值分别为 <1、2~3 和 4~6；季胺、叔胺和仲胺基团的 pKa 值分别为 >13、7~9 和 5~9。聚合物的酸或碱强度对树脂载药量及药物在胃液或肠液中释放的速度影响较大。

（3）交联度、粒径、孔隙率和溶胀度。

水化速度和溶胀度是影响离子交换树脂交换容量和交换速度的重要因素。离子交换树脂的交联度增加，孔隙率下降，溶胀度减小，药物交换慢。离子交换树脂的粒径为数十至数百微米，溶胀后可增至 1 mm。减小树脂的粒径能够增大树脂的比表面积，显著减少树脂与溶液达到交换平衡的时间。

3.5.4.2 离子交换树脂的应用

AMBERLITE™ IRP64 药用级阳离子交换树脂在《美国药典》中的名称为 POLACRILEX RESIN，中国进口药品注册名为波拉克林，主要用作碱性（阳离子）药物的载体，可用于掩盖药物的不良气味、增加难溶性药物溶出、改善药物稳定性等，并已成功应用于提高维生素 B_{12} 的稳定性以及尼古丁的缓释。其优点为可口服，毒性小，无刺激性，但过量服用会影响体内电解质平衡。药用波拉克林离子交换树脂的理化性质见表 3-12。

表 3-12　药用波拉克林离子交换树脂的理化性质

树脂名称	类型	功能基团	聚合物骨架	树脂粒径（目）	药剂学应用
IRP-69	强酸型	$SO_3^- Na^+$	Polystyrene-DVB	100~500	阳离子型/适于碱或盐
IRP-64	弱酸型	$COO^- H^+$	Methacrylic acid-DVB	100~500	阳离子型/适于碱或盐
IRP-88	弱酸型	$COO^- K^+$	Methacrylic acid-DVB	100~500	片剂崩解剂
IRP-58	弱碱型	$NH_2 NH_2$	Phenolic Polyamine	100~500	阴离子型/适于酸或盐
IRP-67	弱碱型	$N(CH_3)_3^+ CL^+$	Polystyrene-DVB	100~500	阴离子型/适于酸或盐

将阳离子（或阴离子）型药物与阴离子（或阳离子）树脂交换会生成药物—树脂复合物。此复合物口服后，依靠胃肠道中存在的钠、钾、氢或氯离子将药物置换出来，释放到胃肠道中发挥疗效。例如，用强阳离子聚苯乙烯磺酸钠树脂（IER）制备氢溴酸右美沙芬的树脂复合物，氢溴酸右美沙芬和 AMBERLITE 树脂间的离子交换载药过程如图 3-17 所示，阳离子树脂结构中可交换的钠离子被带正电荷的药物离子置换，最初在树脂表面，然后逐步在树脂核内部进行置换。树脂微粒中被置换的钠离子与药物微粒中带负电荷的溴离子相结合，形成溴化钠副产物。

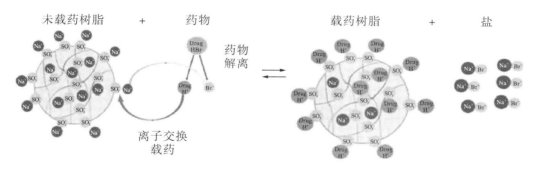

图 3-17　氢溴酸右美沙芬和 AMBERLITE 树脂间的离子交换载药过程

用于本项研究的两个不同粒度等级的离子交换树脂 AMBERLITE IRP-69 和 IRP-476 的粒度分布，相比于较粗粒度的 AMBERLIE IRP-476 树脂和较细粒度的 AMBERLITE IRP-69 树脂，能够提供更快速的载药速率。在 1 : 1（W/W）的药物与树脂比例下，20 h 后 IRP-69 可实现 78% 的载药。相比之下，IRP-476 仅为 53%。较小的树脂粒径不仅能够提供更大的比表面积，而且能够更容易地进入药物微粒可交换位点，获得更快速的载药速率。

3.5.5　聚合物水分散体

水分散体包衣的发展主要依赖于聚合物的品种和质量。20 世纪 70 年代，Rohm Pharma 公司率先推出了 Eudragit 系列；20 世纪 80 年代初，FMC 公司开始生产乙基纤维素水分散体（ethylcellulose water dispersion），随后 Colorcon 公司开发出另一种乙基纤维素水分散体 Surelease。

固体制剂包衣可达到稳定药物、缓释及肠溶等目的；水溶性的羟丙甲纤维素和需用有机溶剂溶解的邻苯二甲酸醋酸纤维素等都是常用的薄膜包衣材料，用适宜溶剂溶解后通过适宜的工艺对固体制剂实施包衣。有机溶液对包衣的最大问题是有机溶剂易燃易爆，具有挥发性和毒性，以及由此引发的一系列其他问题。采用水作为包衣溶剂虽可避免有机溶剂的上述缺点，但适用范围窄。虽然可将虫胶、羟丙甲纤维素酞酸酯（HPMCP）等聚合物溶解在酸性或碱性溶液中，但此法不适用于对酸碱敏感的药物。包衣液中聚合物的固体含量偏低，包衣过程费时耗能，是有机溶剂和水溶剂包衣的共同局限。

聚合物水分散体（aqueous polymer dispersions）是指以水为分散介质，聚合物以直径为 10 nm~1 μm 的胶状颗粒悬浮的非均相系统，具有良好的物理稳定性，其外观呈不透明的乳白色，故也称为乳胶（latex）。分散液的固体含量可达 30%，且显示出低黏度性质，既完全避免了有机溶剂的使用，又有效提高了包衣液浓度，缩短了包衣时间，适用于各种固体制剂包衣，也适用于所有薄膜包衣工艺及设备，包括口服控释制剂。利用水分散体包衣的技术简称水性包衣技术（aqueous coating techniques），由于包衣液处于热力学与动力学的相对平衡状态，对外界的温度、pH 和离子强度等的变化非常敏感，因此，水性包衣技术的工艺配方会直接影响聚合物水分散体的成膜过程与释药行为。目前，国内外已收载了醋酸纤维素酞酸酯（cellulose acetate phthalate，CAP）、乙基纤维素（ethyl cellulose，EC）和甲基丙烯酸共聚物（methacrylate copolymer，MACP）等的水分散体。

3.5.5.1　水分散体的制备

制备聚合物的水分散体技术包括乳液聚合、乳液－溶剂蒸发法、相转变法和溶剂转换法等。

（1）乳液聚合。

将纯化后的单体与水、引发剂、表面活性剂和稳定剂混合，形成以单体为内相的O/W乳液，充 N_2 除去空气，加热搅拌，可制备 Eudragit NE30D、L30D。例如，利用甲基丙烯酸甲酯和丙烯酸丁酯制备胃崩型聚甲基丙烯酸树脂胶乳液的典型处方如下：

甲基丙烯酸甲酯	2.2 kg
十二烷基硫酸钠	0.058 kg
丙烯酸丁酯	1.87 kg
过硫酸钾	0.016 kg
水	8.85 kg

（2）乳液－溶剂蒸发法。

将聚合物溶解在与水不相溶的有机溶剂中，制得聚合物溶液为油相的 O/W 初乳，超声振荡或匀乳器制备亚微乳滴，聚合物水胶溶液在连续搅拌下加热，可以同时减压，蒸发溶剂即可，可制备 Aquacoat、醋酸纤维素。例如，一种醋酸纤维素酞酸酯水胶乳液的处方如下：

醋酸纤维素酞酸酯（CAP）	60 kg
邻苯二甲酸二乙酯（DEP）	20 kg
醋酸乙酯	460 kg
异丙醇	460 kg
吐温	适量
水	适量

先将水、吐温与DEP混合，再缓慢加入CAP的醋酸乙酯－异丙醇溶液，在中等强度下搅拌1 h，即得粒径为130 nm的乳液，该乳液在加热搅拌下蒸发溶剂即得水性胶乳液。虽然采用乳液－溶剂蒸发法较乳液聚合法简便，但粒径均大于乳液聚合法所得的胶乳粒。

（3）相转变法。

聚合物中加入油酸制成胶体，加入稀碱液，搅拌形成水在聚合物中的分散体，再加入碱液，发生相转变，形成聚合物在水中的胶乳液，可制备聚合物水分散体。具体步骤是：预先加热熔融聚合物或以少量溶剂溶解聚合物使之凝胶化，同时加入适量长链脂肪酸与之共溶或共融，混合物经挤出机、乳匀机或胶体研磨使其形成均匀稠厚的胶体后，缓慢加入少量碱性水溶液，在搅拌下逐渐形成水在聚合物胶体中的分散胶体。随着更多碱液的加入，体系发生相转变，即形成胶体在水中的分散体，直至胶乳液形成。需要注意的是，在该过程中，加入长链脂肪酸，如油酸、月桂酸或亚油酸，有助于胶体的分散；在混合物中加入碱液，即生成肥皂类表面活性剂，对乳胶液起到分散和稳定的作用。

（4）溶剂转换法。

聚合物溶解在与水互溶的有机溶剂中，搅拌下将聚合物溶液与水混合或将水加入聚合物溶液中，混合并除去有机溶剂，可制备 Eudragit RS30D、RL30D。

3.5.5.2　包衣成膜的机理

聚合物水分散体包衣的成膜机理不同于有机溶剂包衣，在有机溶剂聚合物系统包衣时，薄膜形成的过程经历从黏稠性液体到黏弹性固体的转变，聚合物与溶剂的相互作用及溶剂的挥发情况决定了干燥衣膜的性质。水分散体的成膜过程可分为三个阶段（如图 3-18 所示）：第一步，包衣液雾化液滴在底物表面沉降并铺展；第二步，水分不断蒸发使聚合物粒子越来越靠近，包围在胶乳粒子表面的水膜不断缩小而产生高的表面张力，从而促进粒子进一步靠近；第三步，具有残留能量而使高分子链自由扩散，在最低成膜温度以上时，产生黏流现象而使粒子间相互融合，相邻粒子间聚合物分子链交叉扩散，形成连续的包衣膜。第三步也称膜愈合过程，是水分散体包衣成膜的关键步骤。

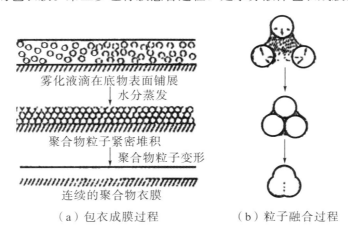

雾化液滴在底物表面铺展

水分蒸发

聚合物粒子紧密堆积

聚合物粒子变形

连续的聚合物衣膜

（a）包衣成膜过程　　　　　（b）粒子融合过程

图 3-18　聚合物水分散体包衣成膜机理

水分散体颗粒在成膜前构成紧密球体堆积层，这时堆积层水含量相当于颗粒间隙的空间体积，因此它在成膜过程中的收缩小于溶液成膜，能形成致密的薄膜，膜的渗透性甚至小于相应的有机溶剂形成的薄膜。缓释包衣实践发现，用水分散体包衣工艺，树脂的包覆量往往少于对应的有机包衣液，但能达到同样的缓释效果。

3.5.5.3 水分散体的性质

（1）黏度的影响。

水分散体中聚合物以微小胶粒形式存在，黏度受分子量的影响；而有机溶液中聚合物以分子形式存在。在包衣过程中，固含量会随溶剂挥发而持续提高，水分散体的黏度仍可保持不变；而有机溶剂包衣则使黏度很快增加。水分散体用作包衣液的一个特殊优点是在高固体含量下的低黏度，这意味着包衣时间可有效缩短，避免出现粘片和粘锅现象。

（2）粒径的影响。

水分散体中粒子间存在较强排斥作用，包衣过程需一定作用力驱动粒子相互聚集，并变形融合而成膜。主要有两种作用力机制：①聚合物和水的界面张力；②水分蒸发期间粒子间产生的毛细管压力。毛细管压力（P）与聚合物粒径（r）之间存在密切关系，即

$$P = \frac{2y}{r}$$

式中，y 为水的表面张力。

可见粒径越小，毛细管压力越大，有利于促进粒子的变形融合。一般认为粒径小于 5 μm 时均可成膜。对于粒径较大的包衣系统，如混悬液包衣（5～50 μm），毛细管压力较小，不足以克服粒子的变形阻力，因此不能通过变形融合机制成膜，而主要基于热凝胶化成膜机制。

（3）温度的影响。

一般来说，水分散体包衣时，物料温度应高于最低成膜温度 10℃～20℃。最低成膜温度（MFT）是指水分散体形成连续性衣膜的最低温度。在 MFT 以下，聚合物粒子不能变形融合而成膜。多数水分散体 MFT 较高，难以单独成膜。通常加入增塑剂降低 MFT，也可与 MFT 较低的品种（如丙烯酸树脂 Eudragit NE30D）混合应用，改善成膜性能。

（4）增塑剂的影响。

水分散体包衣方法中，增塑剂不仅可改善衣膜的机械性能，还具有软化聚合物粒子、促进其融合成膜的重要作用。根据溶度参数相似原则或对游离膜进行热机械分析（TMA）选择增塑剂种类。增塑剂用量可通过测定 MFT 来合理选择，以 Eudragit 树脂为例，Eudragit L30D、RL30D、RS30D 需 10％～20％柠檬酸三乙酯（TEC）用量，Eudragit L100、S100 则至少需 40％～50％TEC 用量，增塑剂用量过低时不能完全克服胶乳粒变形的阻力，会导致不连续的薄膜衣形成；用量过高则易导致胶乳粒子凝集、衣膜发黏和流动性差等问题。Eudragit NE30D 的 MFT 为 5℃，因此无须增塑剂即可包衣成膜。

传统工艺中常用增塑剂基本适用于水分散体，但应注意水分散体通常需要更多的增塑剂用量以及部分增塑剂的反常现象，例如，PEG 对 Eudragit RS30D、RL30D 无增塑

效果，不能降低 MFT；疏水性增塑剂，如邻苯二甲酸二丁酯（DBP）、柠檬酸三丁酯（TBC），会升高 Eudragit L30D 的 MFT。

3.5.5.4　水分散体的应用

丙烯酸树脂产品主要有肠溶型材料 L、S 型以及缓释型材料 RL 型和 RS 型等。丙烯酸树脂类包衣材料具有成膜性能好、各型号间混合相容性好、可配制水分散体使用等优点。特别是肠溶性聚合物与其他包衣材料混合时，可对衣膜的理化性质和释药行为进行更精细、更广泛的调整，能得到单一包衣材料难以达到的效果，在脉冲释药系统制备时应用较多。M. Zahirul 和 I. Khan 应用肠溶性材料 Eudragit L100−55 和 Eudragit S100 制备了一种美沙拉嗪包衣脉冲释放片。制备方法：先单独配制 Eudragit L100−55 和 Eudragit S100 的水分散体溶液（需分别加入 1 mol/L 的 NaOH 或 NH₄OH 中和部分酸性基团），再将配制好的水分散体溶液以不同的比例混合，加入增塑剂柠檬酸三乙酯及抗黏剂滑石粉后，流化床底喷法包衣，片床温度控制为 32℃～35℃。体外释药测定显示，混合包衣液的组成及包衣增重影响脉冲包衣片体外释药。制备的包衣膜具有 pH 敏感性，在不同的 pH 介质条件下，迟滞时间不同。Eudragit L100−55 和 Eudragit S100 的比例为 1∶5，包衣增重 10% 时，在 pH＝6.5 的释放介质中，时滞约为 1.5 h。通过调整包衣处方中 Eudragit L100−55 和 Eudragit S100 的比例，可获得 pH 在 5.5～7.0 范围内的特定区段定位释药的性质。

Yas ser El-Malah 等应用肠溶材料 Eudragit L30D−55 和缓释材料 Eudragit NE30D 组合制备了一种盐酸维拉帕米包衣脉冲释药微丸。王爱明等应用 Eudragit L30D−55、Eudragit L100 与 Eudragit S100 的混合物作为包衣材料，制备了阿莫西林 pH 依赖型多脉冲包衣微丸。Eudragit L30D−55 制备的包衣微丸前 2 h 释放量＜10%，而后 1 h 释放量＞75%；Eudragit S100/L100（比例 6∶1）包衣微丸前 4 h 释放量在 10% 以下，而后 1 h 释放量不低于 75%。两种释药行为的微丸组合使用可发挥阿莫西林最佳的抗菌治疗效果。张子薇等应用低渗透型 Eudragit RS30D 为包衣材料，成功制备了一种马来酸依那普利脉冲微丸，体内时滞约 4 h。微丸丸芯中含有机酸和药物，口服进入体内后，在溶解初期，水通过丙烯酸树脂包衣层渗透入系统中，溶解的有机酸与包衣聚合物发生相互作用，使包衣层的通透性增加，水更易渗透进去；水的流入使系统内的药物溶解，产生压力使包衣膜出现微孔，药物从孔道快速释放。

应用乙基纤维素水分散体包衣技术制备了 5−氨基水杨酸（5−ASA）结肠定位脉冲释放小丸。以乙基纤维素水分散体（Surelease）和直链淀粉为控释包衣材料，邻苯二甲酸二乙酯为增塑剂，制备混合包衣液，使用流化床包衣设备控制床内和出口温度分别为 35℃ 和 30℃，采用底喷法包衣，包衣后 60℃ 热处理 8 h，制成酶控释型结肠定位脉冲释放小丸。制备的小丸在模拟胃肠道上部介质中不释药，在模拟结肠介质条件下 3 h 释药 80% 以上，10 h 内释药完全，具有脉冲释药特征。释药时滞由衣膜厚度和衣膜处方组成决定。增加衣膜厚度处方中 Surelease 的用量可延长时滞。释药机理表明，衣膜中的直链淀粉被结肠菌酶特异性降解而使衣膜破裂释药。

水分散体包衣技术避免了有机溶剂包衣过程中遇到的安全性和环境污染等问题，具有很多优势。随着研究的不断深入及新材料、新设备的出现，水分散体包衣技术在口服制剂释药系统研究中必将获得广泛的应用。

3.5.6　两性离子聚合物

近年来，两性离子聚合物是在同一单体侧链上同时含有阴、阳离子基团的高分子材料，因其水化能力强，在生物制药领域得到广泛应用。两性离子聚合物的阳离子基团类型主要有四种，即季铵盐阳离子、季磷盐阳离子、吡啶鎓离子和咪唑鎓离子；阴离子基团类型主要有三种，即磺酸根负离子、羧酸根负离子和磷酸根负离子。阴、阳离子基团之间的两两组合可以构建出不同的两性离子，其中以季铵盐阳离子与不同类型的阴离子组合得到的磺酸甜菜碱（sulfobetaine，SB）、羧酸甜菜碱（carboxybetaine，CB）和磷酰胆碱（phosphorylcholine，PC）的应用最为广泛。CB、SB、PC 这三种常见的两性离子基团各有其独特的性质。Jiang 等总结比较了 SB 和 CB 基团在水化作用、离子相互作用、自缔合方面的差异，指出 SB 基团的水化层能够保留较多数量的水分子，其与离子间的相互作用和阳离子类型无关，并且具有一定程度的自缔合行为；而 CB 基团的水化层可以延长单个水分子的保留时间，其与离子间的相互作用和阳离子类型有关，并且具有较弱的自缔合行为。此外，SB 基团具有不易受溶液 pH 影响的特点，CB 基团具有可进一步功能化修饰、易于进行蛋白质固定等优点，而 PC 基团是磷脂分子的重要组成部分，是生物膜的主要组分。根据聚合物主链骨架与侧链两性离子基团合成的先后顺序，两性离子聚合物的合成方法主要分为以下两种：

第一种是前体聚合物的两性离子功能化，又称间接合成法。间接合成法是先将侧链带有叔胺基团的单体进行聚合形成前体聚合物，再利用叔胺基团与不同小分子化合物间的反应引入两性离子基团，如图 3—19 所示，其中 SB 型两性离子基团的引入可以通过叔胺与烷基磺酸内酯发生开环反应，常用的磺酸内酯为 1,3—磺酸丙内酯或 1,4—磺酸丁内酯。还可以通过预先合成带有活性端基的两性离子小分子，然后利用端基与聚合物侧链上的基团反应制备得到两性离子聚合物。例如，利用带有巯基的两性离子基团与侧链含有烯烃或炔基官能团聚合物之间的 "thiol—ene" 或 "thiol—yne"，如图 3—19（a）（b）所示；利用点击化学反应得到两性离子聚合物，如图 3—19（c）所示；也可以先制备出带有保护基团的聚合物前体，再采用脱保护得到两性离子聚合物，如羧酸甲酯化的两性离子聚合物前体，通过酯键的水解得到目标产物，如图 3—19（d）所示。间接合成法的优势在于前体聚合物的制备较容易，聚合过程可控且聚合物表征较为方便。然而，邻基效应可能会影响后续两性离子化反应的动力学，且两性离子的功能化率很难达到 100%。

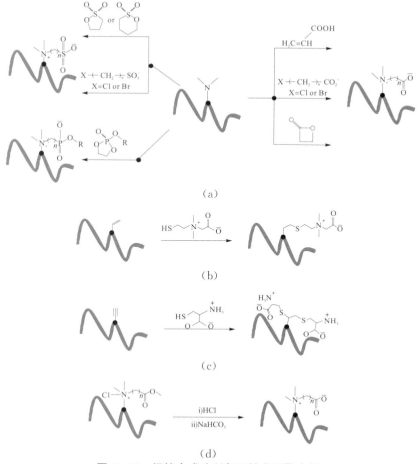

（a）

（b）

（c）

（d）

图 3-19　间接合成法制备两性离子聚合物

　　第二种是直接用两性离子聚合物单体进行聚合，又称直接合成法。直接合成法所用的两性离子单体一般通过含有叔胺基团的单体与小分子的反应获得，之后通过两性离子单体的自由基聚合来制备得到聚合物。该方法能耐受许多类型的官能团以及少量水，对于本身具有一定吸湿性的两性离子单体而言是较为合适的一种聚合方法。近年来，活性可控自由基聚合法（controlled radical polymerization，CRP）被广泛应用到两性离子聚合物的合成中，如原子转移自由基聚合法（atom transfer radical polymerization，ATRP）和可逆加成-断裂链转移自由基聚合法（reversible addition-fragmentation chain transfer，RAFT）等。需要注意的是，该方法主要适用于烯烃类的两性离子聚合物单体。当然，随着合成工艺的不断完善，两性离子型聚合物在生物制药工业中的应用将具有更大的潜力。

参考文献

[1]《中国药典》2005—2020 版，药用辅料部分.

[2]《美国药典》(USP-NF)(35 版)—国家处方集（30 版），2012.

[3] 欧盟药品管理局人用药品委员会（CHMP）指南，2006.

[4] Mansoori Y, Atghia S V, Zamanloo M R, et al. Polymer-clay nanocomposites: Free-radical grafting of polyacrylamide onto organophilic montmorillonite [J]. European Polymer Journal, 2010, 46: 1844-1853.

[5] 蔡青，钟浩，张倩. 乳液聚合法制备单分散性 PS 磁性微球的研究 [J]. 塑料工业，2007，35 (4): 12-15.

[6] Raymond C R, Paul J S, Marian E Q. Handbook of Pharmaceutical Excipients [M]. 6th ed. London: Pharmaceutical Press, 2009.

[7] 吴建荣，张倩. PVA/SA 复合水凝胶的制备及药物缓释规律的研究 [D]. 成都: 四川大学，2006.

[8] 彭瑾，张倩. PLA-PEG-PLA 载药缓释微球的研究 [D]. 成都: 四川大学，2005.

[9] 刘善峰，徐爱霞，李叶桓，等. 氟比洛芬聚丙烯酸树脂 RL/RS 固体分散体的制备 [J]. 药学研究，2014，33 (3): 155-157，161.

[10] 罗明生，高天惠. 药剂辅料大全 [M]. 2 版. 成都: 四川科学技术出版社，2006.

[11] 大森英三. 丙烯酸酯及其聚合物 [M]. 朱史榮，译. 北京: 化学工业出版社，1973.

[12] 潘祖仁. 高分子化学 [M]. 北京: 化学工业出版社，1986.

[13] Blomberg E, Claesson P M, Froberg J C. Surfaces coated with protein layers: a surface force and ESCA study [J]. Biomaterials, 1998, 19: 371-386.

[14] Hyosuk K, Hong Y Y, Ick C K, et al. Theranostic designs of biomaterials for precision medicine in cancer therapy [J]. Biomaterials, 2019, 213 (8): 119-207.

[15] Shulin H, Michael J, Antonios G M, et al. Injectable biodegradable polymer composites based on poly (propylene fumarete) crosslinked with poly (ethleneglycol)-dimethacrylate [J]. Biomaterials, 2000, 21 (23): 2389-2394.

思考题

1. 聚丙烯酸树脂的型号有哪些？简述聚丙烯酸钠的制备、性质与应用。

2. 简述交链聚丙烯酸钠的结构和性质、卡波姆的种类及在制备市场中的应用。

3. 简述肠溶型树脂的成膜机理，分析溶解性、渗透性对应用的影响。

4. 药用聚乙烯醇的分子量、平均聚合度及醇解度的范围是什么？

5. 聚乙烯醇的常见性质有哪些？水溶液有什么特性？

6. 简述 PVP 分子量、聚合度与特性黏度之间的关系。

7. 写出聚丙烯酸、聚甲基丙烯酸甲酯、聚苯乙烯、聚对苯二甲酸乙二醇酯、聚乙二醇、聚乳酸和聚乙烯基吡咯烷酮的结构式及单体名称。

8. 简述药用生物可降解聚乳酸/乳酸－羟基乙酸共聚物的反应机理，举例说明缓释、控释制剂的应用。

9. 简述药用高分子辅料在现代制剂工业中的重要性。

10. 高分子材料作为药用载体材料的必要条件是什么？

11. 聚合物的水分散体包衣与有机溶剂包衣技术相比有何特点？

第4章

高分子溶液及力学性能

高分子溶液对药用高分子辅料的制备工艺有重要影响，由于涉及药物制剂生产过程与性能，因此，在了解药用高分子材料之后，有必要就高分子的物理化学性质进行讨论。本章涉及高分子溶液、高聚物的溶解性、高分子水凝胶、高分子的分子量及其分布、聚合物的力学状态、高分子材料的力学性能等，这几乎关系到药用高分子材料在药剂学中的每一环节。

4.1　高分子溶液

高分子溶液是指高聚物溶于低分子溶剂而形成的二元或多元体系。在稀溶液中，高分子以无规线团状态孤立地分散在溶剂分子中，当达到某一浓度时，高分子链开始相互接触并相互覆盖，这时溶液就从稀溶液变成亚浓溶液。当浓度进一步增大时，高分子链之间相互缠结形成了浓溶液，高分子浓溶液的重要性在于它的实际应用，如高分子溶液的成膜、溶液纺丝、塑料增塑等，在高分子材料工业中占有非常重要的地位。研究高分子稀溶液涉及孤立大分子结构和分子物理性质，可以得到大分子的形态、尺寸、电荷量、高分子链段之间以及链段与溶剂分子之间相互作用的信息，从而加深人们对高分子结构与性能基本规律的认识。

高分子溶液是真溶液，为热力学平衡体系，可用热力学方法来研究。曾经有学者提出理想溶液的学说，当溶质溶于溶剂时：①假设两者的分子大小几乎相等，则溶解前后没有体积的变化；②假设溶解是完全没有热量变化的过程，则溶剂分子间、溶质分子间和溶质与溶剂分子间的作用力相等，这样的溶液称为理想溶液。然而，高分子溶液的特点是溶质分子与溶剂分子的尺寸有极大的差异，其表现出一种非理想性。

Flory-Huggins 从液体的晶格模型出发，应用统计热力学的方法推导出高分子溶液的混合熵、混合焓等热力学性质的表达式。假设高分子的溶解过程与两种溶液相混合的过程相似，液体中分子的排列是相当规整的，则可以近似地采用一个晶格模型来描述，如图 4-1 所示。

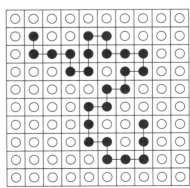

（a）理想溶液：○溶剂分子，●溶质分子　　（b）高分子溶液：○溶剂分子，●—●溶质分子

图 4-1　溶液的晶格模型

在晶格中每个格子可以容纳一个溶剂分子，每个高分子占有 x 个相连的格子，x 为高分子与溶剂分子的摩尔体积比，也就是把高分子看作由 x 个链段组成；高分子链是柔性的，所有的构像具有相同的能量；溶液中高分子链段是均匀分布的，即链段占有任意格子的概率相等。高分子溶液的混合熵 ΔS_M 是指体系混合前后熵的变化，即

$$\Delta S_M = S_{(溶液)} + S_{(溶剂)} + S_{(取向高分子)} \qquad (4-1)$$

纯溶剂只有一个微观状态，其相应的熵值为零，高聚物的熵与所处的状态有关，如高聚物的晶态、取向态等，其熵值都有不同。由 N_1 个溶剂分子和 N_2 个高分子组成的微观状态数，等于在 $N = N_1 + xN_2$ 个格子内放置 N_1 个溶剂分子和 N_2 个高分子的排列方式总数。

应用晶格模型推导高分子溶液的混合焓时，只是考虑了最临近一对分子之间的相互作用，这时混合过程中高分子溶液的混合焓 ΔH_M 为

$$\Delta H_M = ZN_1\varphi_2\Delta W_{12} \qquad (4-2)$$

式中，Z 为晶格的配位数，ΔW_{12} 表示一个溶剂分子和一个高分子链段接近时能量的变化。由 Flory 理论可知，$\varphi_1 = \dfrac{N_1}{N_1 + xN_2}$，$\varphi_2 = \dfrac{xN_2}{N_1 + xN_2}$，$\varphi_1$ 与 φ_2 均为体积分数。

若 $x_1 = \dfrac{Z\Delta W_{12}}{kT}$，则式（4-2）变为

$$\Delta H_M = x_1 kT N_1 \varphi_2 \qquad (4-3)$$

式中，x_1 为高分子—溶剂相互作用参数，$x_1 kT$ 表征高分子与溶剂混合时相互能量的变化。

如果高聚物的溶解过程是在等温、等压下进行的，则高分子溶液的 Gibbs 混合自由能为

$$\Delta G_M = \Delta H_M - T\Delta S_M \qquad (4-4)$$

Flory-Huggins 高分子溶液理论为高分子溶液性质的定量研究开辟了重要的途径，根据理论推导的 ΔS_M，ΔH_M，ΔG_M 可以用实验结果加以验证，由这个模型理论可知，高分子—溶剂相互作用参数 x_1 应该是与高分子溶液浓度无关的参数，但是由高分子溶液蒸气压的测量，可以获得相互作用参数 x_1，除了个别体系，都与理论有所偏离。在晶格模型理论的推导中忽略了一个实际问题，即极性溶液中高分子链段分布的不均匀性，晶格理论采用了一些不合理的假设，特别是高分子链段均匀分布的假定是不符合实际情况的，因为高分子稀溶液中高分子链是一个疏散的链球，散布在纯溶剂中，如图 4-2 所示，每个链球都占有一定的体积，称为排斥体积，这是晶格模型理论与实际发生偏差的主要原因。

图 4—2　高分子稀溶液中的链球

通过上面的讨论，可以总结出高分子溶液的特点如下：

（1）高聚物溶解过程比小分子慢得多，一般需要几小时、几天甚至几周，需要有足够的溶解时间才能得到均匀的高分子溶液。

（2）高分子溶液黏度比纯溶剂大得多，这是因为高分子的长链结构所受内摩擦阻力大，且分子链间可能发生缠结。

（3）高分子溶液是真溶液，这是由于聚合物溶解可自发进行，溶解后聚合物以分子形式均匀分散在溶剂中，溶解、沉淀是热力学可逆的，浓度不随时间而变，处于热力学稳定状态。它与胶体的唯一相似点在于其分子尺寸范围与胶体分子相同。

（4）高分子溶液与理想溶液有很大的差别，其原因是聚合物重复单元与溶剂分子间作用不等，所以 $\Delta H_M \neq 0$；高分子是具有柔性的长链分子，每个分子本身可以采取许多种构象，因此，高分子在溶液中的排列方式比相同数目的小分子溶液的排列方式多，其混合熵大于理想溶液的混合熵。

（5）高分子溶液的性质依赖于分子量，而聚合物的多分散性又使溶液性质的研究复杂化。

4.2　高聚物的溶解性

4.2.1　溶胀与溶解

高聚物的溶解是一个缓慢的过程，分为两个阶段：一是溶胀，二是溶解。溶胀是指溶剂分子扩散进入分子内部，使其体积增大的现象。它是高分子化合物特有的现象，其原因在于高分子与小分子的分子尺寸悬殊，分子运动速度相差很大，溶剂分子的运动速度较快，高分子向溶剂分子的扩散速度很慢。因此，高分子溶解时首先是溶剂小分子进入大分子内部，撑开小分子链，增大分子链的体积，形成溶胀的聚合物。若高聚物与溶剂分子之间的作用力大于高聚物分子间的作用力，溶剂量充足时溶胀的高聚物可继续进入溶解阶段，随着溶剂分子的不断渗入，溶解的高聚物逐步分散成真溶液。高分子在良溶剂中的溶解如图4-3所示。高分子在良溶剂中溶解时被充分溶剂化而处于伸展状态。在不良溶剂中，由于高分子溶剂化不充分，分子链卷曲，处于紧密状态。溶胀是高分子溶液形成的重要阶段，溶胀进行的快慢不仅与温度有关，而且与高聚物的分子量、支化度、溶剂有关。分子量越大，支化度越高，溶胀越慢。体型分子（如酚醛树脂、硫化橡胶）由于网格结点的束缚，只能溶胀，不能溶解。

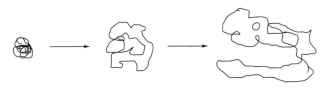

图 4-3　高分子在良溶剂中的溶解

高聚物的聚集态分非晶态和晶态。非晶态高聚物的分子堆砌比较松散，分子间的相互作用较弱，因而溶剂分子比较容易渗入高聚物内部，使之溶胀和溶解。晶态高聚物由于分子排列规整、堆砌紧密、分子间相互作用力很强，以致溶剂分子渗入内部非常困难，因此晶态高聚物的溶解要困难得多。非极性晶态高聚物聚乙烯PE在室温很难溶解，往往要升温至其熔点附近，待晶态转变为非晶态后才可溶；而极性的晶态高聚物在室温就能溶解，原因在于极性晶态高聚物的非晶相部分与强极性溶剂接触，会产生发热效应，晶格被破坏而溶解。

4.2.2　溶解的热力学

高分子溶液是真溶液，为热力学平衡体系，可以用热力学原理解释溶解和溶胀的概念。溶解是指高聚物自发地溶于溶剂中，必须符合 Gibbs 混合自由能小于零，该过程自由进行的必要条件为

$$\Delta G_M = \Delta H_M - T\Delta S_M < 0 \qquad (4-5)$$

式中，ΔS_M 为混合熵，kJ/mol；ΔH_M 为混合焓，kJ/mol；T 为溶解时的绝对温度，K。

式（4-5）表明溶解取决于 ΔH_M 和 ΔS_M 两个因素。而 ΔH_M 取决于溶剂对高聚物溶剂化作用，ΔS_M 取决于高聚物与溶剂体系的无序度。溶解是高聚物分子的无序排列过程，极性高聚物溶于极性溶剂中时，溶解过程是放热，即 $\Delta H_M < 0$，则 $\Delta G_M < 0$，溶解可自发进行；非极性高聚物的溶解一般是吸热反应，即 $\Delta H_M > 0$，故只有当 $|\Delta H_M| < T|\Delta S_M|$ 时，才能满足式（4-5）的条件，这里只有通过升高温度 T 或减小 ΔH_M，才有可能使溶解过程自发进行。根据经典的 Hildebrand 溶度公式，混合焓为

$$\Delta H_M = V_{1,2}(\delta_1 - \delta_2)^2 \Psi_1 \Psi_2 \qquad (4-6)$$

式中，$V_{1,2}$ 为溶液的总体积，mL；δ 为溶度参数，$(MPa)^{1/2}$；Ψ_1 为溶剂体积分数，Ψ_2 为溶质体积分数。

式（4-6）只适用于非极性的溶质与溶剂的混合过程，溶度参数（solubility parameter）δ 的数值应等于内聚能的平方根，即

$$\begin{cases} \delta_1 = \left(\dfrac{\Delta E_1}{V_1}\right)^{1/2} \\ \delta_2 = \left(\dfrac{\Delta E_2}{V_2}\right)^{1/2} \end{cases} \tag{4-7}$$

式中，ΔE 为内聚能，J；V 为体积，cm^3。

高聚物的溶度参数可用黏度法或溶胀度法测定，根据实际情况选用。

黏度法是将高聚物溶解在各种溶度参数与高聚物相近的溶剂中，分别在同一浓度、温度下测定这些高聚物的溶液的特性黏度，高聚物在良溶剂中的特性黏度最大，故把特性黏度最大时所用的溶剂的 δ 值看作该高聚物的溶度参数。

溶胀度法是在一定温度下，将交联度相同的高分子放在一系列溶度参数不同的溶剂中溶胀，测定其平衡溶胀度。高聚物在溶剂中的溶胀度各异，只有当溶剂的溶度参数和高聚物的溶度参数相等时溶胀最好，此时的高聚物溶胀度最大。因此，可定义溶胀度最大的溶剂所对应的溶度参数为该高聚物的溶度参数。常见高聚物和溶剂的溶度参数见表 4-1。

表 4-1　常见高聚物和溶剂的溶度参数

高聚物名称	溶度参数 [（MPa）$^{1/2}$]	溶剂名称	溶度参数 [（MPa）$^{1/2}$]
聚乙烯	16.2	甲醇	29.6
聚丙烯	16.6	乙醚	15.7
聚氯乙烯	19.8	丙醇	24.4
聚乙烯醇	25.8~39.0	醋酸乙酯	17.5
聚碳酸酯	19.4	正己烷	14.9
聚甲基丙烯酸甲酯	19.4	正十六烷	16.4
纤维素	32.1	环己烷	16.8
海藻酸钠	—	二甲基亚砜	26.6
壳聚糖	—	吡啶	23.3
红细胞膜	—	水	47.8

4.2.3　溶剂的选择性

如何选择适合溶解高分子材料的溶剂是药物制剂过程中常见的问题，例如，制备薄膜包衣液或控释包衣膜，用何种溶剂来调节膜的孔径大小，药物与溶剂的相容性，都需要遵循高聚物的一些溶剂选择规律。

4.2.3.1 溶度参数相近原则

对于一般的非极性、非晶态高聚物及弱极性物质，选择溶度参数与高聚物相近的试剂，高聚物能很好地相容。例如，天然橡胶 $[\delta=17.0\ (\mathrm{PMa})^{1/2}]$ 溶于甲苯 $[\delta=18.2\ (\mathrm{PMa})^{1/2}]$ 和 CCl_4 $[\delta=17.6\ (\mathrm{PMa})^{1/2}]$，而不溶于乙醇 $[\delta=26.0\ (\mathrm{PMa})^{1/2}]$。一般来说，高聚物与溶剂两者的溶度参数相差 +1.5 以内是可以溶解的，可以用溶度参数作为选择溶剂的参考数据。

在溶解高聚物时，有时使用混合溶剂效果更好，混合溶剂的溶度参数可由下式计算：

$$\delta = \Psi_1\delta_1 + \Psi_2\delta_2 \tag{4-8}$$

式中，Ψ_1 和 Ψ_2 分别为两种溶剂的体积分数，δ_1 和 δ_2 分别为两种纯溶剂的溶度参数。因此，可以通过式（4-8）调节混合溶剂的溶度参数，使混合溶剂的溶度参数与高聚物相近，达到良好的溶解性能。

对于非晶态极性高聚物，不仅要求溶剂的溶度参数与高聚物相近，而且要求溶剂的极性与高聚物接近，才能使之溶解，如聚乙烯醇是极性的，它可溶解于水中而不溶于苯中。

4.2.3.2 高聚物溶剂化原理

高聚物和溶剂的溶度参数相近，有时也不一定能很好相容，例如，聚氯乙烯和二氯甲烷的溶度参数都为 19.8 $(\mathrm{MPa})^{1/2}$，但却不能互溶，聚氯乙烯只能溶于环己酮 $[\delta=16.8\ (\mathrm{MPa})^{1/2}]$ 中。其原因是溶剂与溶质相互接触时，分子间产生相互作用力，当作用力大于溶质分子时分离，并溶于溶剂中，这种现象称为溶剂化原理。高分子链上的功能基包含有弱亲电性、强亲电性及氢键性高分子。因此，溶剂能和给电子高分子进行溶剂化而易于溶解，给电子溶剂能和亲电子性高分子进行溶剂化作用而利于溶解，溶剂与高分子之间容易形成氢键的也利于溶解。

在实际选择溶剂时，除了遵循上述原则使高聚物能够溶解，还要根据使用的目的、安全性、工艺要求和成本等多方面进行综合选择。例如，成膜和薄膜包衣的溶剂，应选择挥发性溶剂；作增塑剂用的溶剂，则要求挥发性小，以便长期保留在高聚物中。

4.2.4 高分子凝胶

4.2.4.1 凝胶的结构

高分子凝胶（gel）是指溶胀后呈三维网状结构。高聚物分子间相互联系，形成空间的网状结构，而在网状结构的空隙中又填充有液体介质，这样一种分散系统称为凝胶。根据高分子交联键性质的不同，凝胶可以分为化学凝胶和物理凝胶。

化学凝胶是指大分子通过共价键连接形成网状结构的凝胶，一般通过单体聚合后再化学交联制得，这类化学键交联的凝胶不能溶融和溶解，结构非常稳定且是一种不可逆凝胶。聚丙烯酰胺（PAM）凝胶的显微结构如图 4−4 所示。单体丙烯酰胺经聚合并交联后获得聚丙烯酰胺水凝胶。

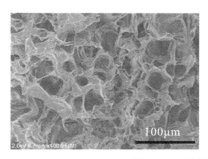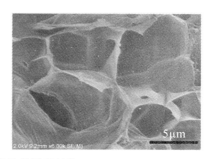

图 4−4　PAM 凝胶的显微结构

物理凝胶是指大分子间通过非共价键形成网状结构，通常为氢键或范德华力相互连接。只要温度等外界条件改变，交联点就会被破坏，凝胶可重新形成链状分子并溶解形成溶液，这一过程称为凝胶的溶胶过程。因此，物理凝胶又称可逆凝胶，如明胶溶液冷却后形成凝胶，聚乙烯醇水溶液冷却至一定温度也形成凝胶。根据凝胶中含水量的多少，可以分为冻胶和干胶。高分子溶液转变成为凝胶的过程称为凝胶作用。

影响凝胶的主要因素有浓度、温度和电解质。每种高分子溶液都有形成凝胶的最小浓度，小于这个浓度则不能形成凝胶，大于这个浓度可加速形成凝胶；温度越低，分子形状越不对称，越容易形成凝胶。电解质对凝胶的影响比较复杂，既有促进作用，又有阻滞作用，其中阴离子起主要作用。

4.2.4.2　凝胶的性质

（1）溶胀性。

溶胀性是指凝胶吸收液体后自身体积明显增大的现象，这是弹性凝胶的重要特性。凝胶的溶胀分为两个阶段：第一阶段是溶剂分子进入凝胶中与大分子相互作用形成溶剂化层，此过程很快，伴有放热效应和体积膨胀现象；第二阶段是液体分子继续渗透，这时凝胶体积大大增加，可达到干凝胶的数倍甚至几十到几百倍。溶胀性的大小可用溶胀度（swelling capacity）来衡量，溶胀度是指一定温度下单位质量或体积的凝胶所吸收液体的最大量，可表达为

$$Q = \frac{m_2 - m_1}{m_1} \quad 或 \quad Q = \frac{V - V_0}{V_0} \tag{4-9}$$

式中，Q 为溶胀度，m_1，m_2 分别为膨胀前、后凝胶的质量，V_0，V 为溶胀前、后凝胶的体积。

影响溶胀度的主要因素包括液体的性质、温度、电解质及 pH。液体的性质不同，

溶胀度有很大差异。温度升高可加快溶胀速度，一般符合一级动力学过程。电解质对溶胀度的影响主要是阴离子部分，其影响作用与胶凝作用的顺序相反。pH 对溶胀度的影响比较复杂，要视具体高聚物而论，如蛋白质类的高分子凝胶，介质的 pH 在等电点附近时溶胀度最小。

（2）脱水收缩性。

溶胀的凝胶置于低蒸气压下保存，溶剂分子缓慢地从凝胶的空隙中分离出来的现象称为脱水收缩。脱水收缩是凝胶内结构形成以后，链段间的相互作用继续进行的结果，链段运动相互靠拢，使网状结构更为紧密，凝胶中的部分液体从孔隙中被挤出，导致溶剂挥发改变了凝胶的性质。凝胶脱水收缩使表面形成干燥、紧密的外膜，继续干燥形成干胶，如明胶片、阿拉伯胶粒等。从孔隙特性来看，均值凝胶具有相对微小的孔隙，无溶剂时体积较小，但能保持最初的几何形状，聚（N－异丙基丙烯酰胺）PNIPAAm 水凝胶的脱水动力学曲线如图 4－5 所示。PNIPAAm 具有较大的孔隙，干胶结构不塌陷，仍存在较大的空隙。

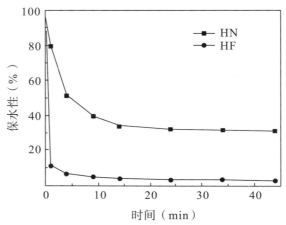

图 4－5　PNIPAAm 水凝胶的脱水动力学曲线

（3）触变性。

触变性是指物理凝胶受外力（如振荡、搅拌和摩擦等机械力）作用后网状结构被破坏而变成流体，外部作用停止后又恢复成半固体凝胶结构。这种凝胶与溶胶相互转化的过程称为触变性（thixotropy）。其原因是这些凝胶的网状结构不稳定，振荡时易破坏，静置时又重新形成凝胶，具有一定的屈服值（yield value），即具有弹性和黏性。对于不同种类的凝胶，往往能同时表现出弹性和黏性。

（4）透过性。

凝胶与液体性质相似，可以作为扩散介质。在低浓度凝胶中，水分子或离子是可以自由通过的，扩散速度与在溶液中几乎相同。凝胶浓度和交联度增大时，物质扩散速度将变小，由于胶黏度增大时凝胶骨架空隙变小，小分子物质透过凝胶骨架时会受到凝胶骨架孔道的影响。

4.3　高分子水凝胶

　　水凝胶是一种经适度交联而具有三维网状结构的新型功能高分子材料，如果构成交联聚合物的单体具有亲水性，则该交联聚合物能够吸收水分，成为水凝胶。水凝胶含水量高、柔软，具有橡胶般的黏稠性和无毒性，广泛应用于医药及卫生领域。

　　在适当条件下，如改变温度和受力状态、加入电解质，将引发化学反应，高分子溶液或溶胶中的分散相颗粒在某些部位上互相联结形成空间网状结构，而分散介质充满空间网状结构空隙，转变为一种半固体状态的"冻"后失去其流动性，这种"冻"被称为凝胶，介质为水的凝胶称为水凝胶。在药物制剂中，水凝胶的种类多样，包括天然亲水性高分子和合成带极性基团的高分子材料，都可以在一定条件下形成水凝胶。

4.3.1　水凝胶的成型方法

　　最早发现聚乙烯醇水溶液凝胶化现象的是 20 世纪 30 年代的曾根康夫等。聚乙烯醇（PVA）是由聚醋酸乙烯酯醇解而成的一种水溶性聚合物，因分子链的侧链带有极性羟基，可以通过一定工艺加工成型为水凝胶。PVA 水凝胶具有高弹性、透过性和柔韧性，化学性质稳定，易于成型，无毒、无副作用，与人体组织有良好的相容性，减小了对周围细胞和组织的机械刺激，因此可广泛用于伤口敷料、缓释药物载体、人工软骨假体等。

4.3.1.1　化学交联法

　　化学交联法是较早提出的成型方法，可以增强水凝胶。通过加入戊二醛、硼酸、环氧氯丙烷、苯二亚甲基醛、甲醛等固化剂，与分子中的羟基发生醇醛缩合形成交联点，可使水凝胶的力学强度和硬度大大提高。化学交联法方便易行，反应迅速，成型时间短，但是容易产生由于交联剂分散不均而导致的交联结构不完善等问题。另外，这些醛类固化剂都具有生物毒性，尤其是残留在体系内的未参与反应的固化剂通过一般方法很难除去，植入体内后会渗入周围组织，引起炎症反应，这大大降低了化学交联水凝胶的生物相容性。这些缺点使得化学交联法制备水凝胶在医学方面有很大的缺陷，限制了该方法的应用。

4.3.1.2　物理交联法

　　物理交联法就是通过放射线和紫外光的照射使水凝胶进行交联的一种方法。聚乙烯醇水凝胶可作为医用材料，但需要解决的问题主要有含水量高时的力学性能不佳，如何提高弹性模量，又能长久地维护保水性和优良的光学性能，这需要对水凝胶交联网络结构、保水的机理有深入的研究，找到微观结构与宏观性能的关系。有人利用 γ 射线辐照 PVA 的水溶液，再经过两次脱水—热处理过程制得了不同结晶度的 PVA 水凝胶。实验表明，经过脱水—热处理过程的 PVA 水凝胶的机械性能得到了一定程度的加强。

4.3.1.3　反复冷冻—熔融法

反复冷冻—熔融法在医学方面已经得到广泛应用。将水溶液在−50℃～−20℃和室温下反复冷冻—熔融，使材料内部形成微晶区作为物理交联点，由此得到三维网状结构，使水凝胶的力学强度得到明显提高。力学性能随水溶液中固体含量、冷冻—熔融次数的增加而增加，并且与升温速率、冷冻温度等因素有关。

4.3.2　pH 敏感性水凝胶

1980 年，Tanaka 首次提出陈化后的丙烯酰胺凝胶具有 pH 敏感性，这引起了人们极大的兴趣，随后有关 pH 敏感性水凝胶的报道越来越多。这类水凝胶的溶胀或去溶胀是随 pH 的变化而发生变化的。一般来说，具有 pH 响应性的水凝胶都是通过交联而形成大分子网络，网络中含有酸性或碱性基团，随着介质 pH、离子强度的改变，这些基团发生电离，导致网络内大分子链段间氢键的解离，引起不连续的溶胀体积变化。

pH 敏感性高分子水凝胶材料在细胞分离、固定化酶、控制释放药物及靶向药物等领域的应用研究日益活跃，并显示出较好的应用前景。当用于酶等生物活性分子固定化时，可通过控制条件实现均相反应和异相分离的有效统一，而当用于药物控制释放研究时，又可随相变而用于不同场合，这将使其在生物活性分子及生物医用高分子研究中具有重要意义。在 pH 敏感性水凝胶中经常加入一些酶来改变水凝胶局部微小环境的 pH，如葡萄糖氧化酶，能将葡萄糖转化为葡萄糖酸而降低局部的 pH，从而影响 pH 敏感性水凝胶的膨胀。pH 敏感性水凝胶可以被包封到胶囊或硅树脂基质中来调节药物的释放，在硅树脂基质体系中，PAA 和 PEO 形成半 IPN，不同的水溶性和分配性质的模型药物（包括水杨酰胺、烟酰胺、可乐定和泼尼松龙等）的释放模式均与水凝胶的膨胀有关：当 pH＝12 时，网络的膨胀率低，药物的释放有限；当 pH＝6.8 时，网络离子化，膨胀率高，药物释放。另外，pH 敏感性水凝胶还被用于制备生物传感器和渗透开关。pH 敏感性水凝胶所固有的局限性在于其不具有生物降解性，使用后需从体内取出，在口服给药中，其非生物降解性并不是问题，但在植入给药系统或植入型生物传感器中是较为严重的问题。因此，需要开发可生物降解性的 pH 敏感性聚合肽类、蛋白质和聚糖类水凝胶。

4.3.3　温度敏感性水凝胶

1984 年，Tanaka 提出了聚（N−异丙基丙烯酰胺）PNIPAAm 水凝胶具有温度敏感性特征，在低温下溶胀，在高温下收缩，其特点是存在一个温度转变区域——低临界相变温度或低临界溶解温度（LCST），当水凝胶在低于这一温度时凝胶溶胀，超过该温度时体积迅速收缩。此后，关于温度敏感性水凝胶的报道日渐增多，但主要集中在聚（N−异丙基丙烯酰胺）类水凝胶。在 NIPAAm 中加入其他单体，如甲基丙烯酸丁酯（BMA）形成共聚物，可以调整其低临界溶解温度，进而改善材料的一些性能。在 NIPAAm 中加入疏水性的 BMA 可以增加凝胶的机械强度，用这种水凝胶使吲哚美辛在低温时释药，高温时停止释药。通过调整甲基丙烯酸烷基酯的长度，可以调整表面的收缩。研究表明高分子基质中的药物在关闭状态时，即使没有药物释放，也从内部扩散到表面，重新形成较高的药物浓度梯度。张先正等使用丙烯酰胺（AAm）与 NIPAAm 共聚合成了具有快速温度敏感性的水凝胶，亲水单体 AAm 的加入提高了整个凝胶网络的亲水/疏水比，其与水分子形成的氢键数目增加，需要较多能量才能破坏这些氢键，故可通过改变 AAm 含量来提高水凝胶的低临界溶解温度。许多研究表明，有些水凝胶的溶胀比随温度的升高而增加，反之则降低，表现为热胀性。这种特性对于水凝胶的应用，尤其在药物的控制释放领域的应用有重要意义。王昌华等提出了经共价交联的聚丙烯酰胺存放一段时间，在 42％丙酮−水混合溶剂中，随温度升高，在 25℃附近溶胀比发生突变，并增至约 10 倍。温度敏感性水凝胶 NIPAAm 及其衍生物的临床应用也有其本身的局限性，如合成水凝胶的单体和交联物不具有生物相容性，即可能具有毒性、致癌性、致畸性，而且 NIPAAm 及其衍生物不能生物降解。因此，在用于临床前还需要进行大量的毒理学实验，并进一步开发新型生物相容性、生物可降解性水凝胶。

4.4　高分子的分子量及其分布

4.4.1　高分子的分子量的特点

高分子的分子量及其分布是高聚物最基本的参数之一，在药物制剂研究中，为了控制产品的性能，往往需要事先获得这些参数。聚合物是药用高分子材料的主要组成部分，聚合物的许多性能都与分子量有关，如聚合物的熔体黏度、抗拉强度、模量、冲击强度和耐热、耐腐蚀性都与高分子的分子量和分布有关。由于聚合反应的因素影响，导致高分子的分子量及其结构总是不均匀，大多数聚合物是由不同分子量的分子链段组成的，因此，把聚合物分子量的这种性质称为多分散性。对于聚合物的多分散性的描述，最直观的方法是利用统计学形式来表达（分子量分布函数或分布曲线）。因此，聚合物的分子量是用统计方法计算的，对于同一种聚合物，可能有不同的平均分子量。

4.4.2 分子量及其分布

4.4.2.1 聚合物的平均分子量

除天然聚合物外，合成聚合物都是以单体经过聚合反应而制得的。每个聚合物分子都是由数目很大的单体分子加成或者缩合而成的，所以合成聚合物的分子量比单体大千百倍甚至百万倍。一般高聚物试样内包含有许多高分子，这些高分子的分子量可以分布在相当大的范围内，试样中可以包含尚未聚合的单体、含不同数目未聚合单体的低聚物以及聚合度不同的高分子。应用的统计方法不同，即使对用一个试样，也可以有许多不同种类的平均分子量。例如，一个高聚物试样中含有 N_1 个分子量为 M_1 的分子，N_2 个分子量为 M_2 的分子，N_3 个分子量为 M_3 的分子，$\cdots$，N_{i-1} 个分子量为 M_{i-1} 的分子，N_i 个分子量为 M_i 的分子，我们就可以根据定义算出它的各种平均分子量。下面是四种最常用的平均分子量的定义。

数均分子量
$$\overline{M}_N = \frac{\sum N_i M_i}{\sum N_i} = \frac{\sum W_i}{\sum \dfrac{W_i}{M_i}} \tag{4-10}$$

重均分子量
$$\overline{M}_w = \frac{\sum N_i M_i^2}{\sum N_i M_i} = \frac{\sum W_i M_i}{\sum W_i} = \sum_i W_i M_i \tag{4-11}$$

Z 均分子量
$$\overline{M}_Z = \frac{\sum N_i M_i^3}{\sum N_i M_i^2} = \frac{\sum W_i M_i^2}{\sum W_i M_i} \tag{4-12}$$

黏均分子量
$$\overline{M}_\eta = \left[\frac{\sum N_i M_i^{1+\alpha}}{\sum N_i M_i} \right]^{\frac{1}{\alpha}} \tag{4-13}$$

式中，W_i 是分子量为 M_i 的组分的重量，α 是特性黏数－分子量方程中的常数。

很显然，同一个试样应用不同的统计方法所计算出来的不同种类的平均分子量的数值是不同的。一般情况下，多分散样品的平均分子量有以下次序：$\overline{M}_Z > \overline{M}_w > \overline{M}_\eta > \overline{M}_N$。

4.4.2.2 聚合物的分子量分布

聚合物的分子量分布是指试样中各种分子量组分在总量中所占的分量，它可以用一条分布曲线或一个分布函数来表示。例如，当高聚物试样中分子量为 M_1，M_2，M_3，$\cdots$，M_i 的各组分在总重量中所占的重量分数分别为 W_1，W_2，W_3，$\cdots$，W_i 时，就可以用对应的 W 和 M 作图，得到分子量分布曲线。用重量分数（分子数分数也一样）对分子量作图的分布曲线，称为归一化的分布曲线，因为曲线下面的面积总和等于1。分子量分布曲线有两种画法：用重量分数 W 对 M 作图的曲线，称为微分分布曲线；

用累计重量分布对分子量作图的曲线，称为积分分布曲线。由于高聚物的分子量一般在 $10^4 \sim 10^7$ 范围内，这是一个很大的数目，而相邻组分间只差一个单体的分子量，所以可以把分子量分布看作是一个连续变化的函数，用 $f(M)$ 来表示。这样，几种平均分子量的定义也可以写成如下的形式：

$$\overline{M}_N = \frac{1}{\int \frac{f(M)}{M} \mathrm{d}M} \tag{4-14}$$

$$\overline{M}_W = \int f(M) M \mathrm{d}M \tag{4-15}$$

$$\overline{M}_Z = \frac{\int f(M) M^2 \mathrm{d}M}{\int f(M) M \mathrm{d}M} \tag{4-16}$$

$$\overline{M}_\eta = \left(\int f(M) M^\alpha \mathrm{d}M \right)^{1/\alpha} \tag{4-17}$$

4.4.2.3 分子量分布宽度

对于试样间分子量分布宽度的比较，最直接的方法是将实验所得到的分子量分布曲线进行对比。由归一化的微分分布曲线或积分分布曲线，可以很方便地把定性和定量的差异检查出来。这种用分子量分布曲线对比的方法在工厂定型产品的对比中很实用。还有一种更一般化的定量方法，那就是定义一个多分散程度的参数，如用多分散指数来表示。在文献中曾经提出过一些表示多分散度的指数，其中最常用的是重均数均比，即 $\overline{M}_W / \overline{M}_N$。这个比值随分子量分布宽度而变化。在单分散时，$\overline{M}_W / \overline{M}_N$ 等于 1，随着分子量分布变宽，$\overline{M}_W / \overline{M}_N$ 逐渐变大。目前实验能够合成 "单分散" 试样的 $\overline{M}_W / \overline{M}_N$ 为 $1.02 \sim 1.1$，而一般多分散试样重均数均比值为 $1.5 \sim 3.0$，分子量分布比较宽的聚乙烯，$\overline{M}_W / \overline{M}_N$ 可以达 $20 \sim 30$ 甚至更高。用 $\overline{M}_W / \overline{M}_N$ 来表示多分散度是很方便的，可从实验得到的分子量分布曲线分别计算 $\overline{M}_W$ 和 $\overline{M}_N$。在某些情况下，当分子量分布中高分子尾端或低分子量尾端对性能影响比较大时，可以用累计分布曲线中 90% 处的分子量与 50% 处的分子量比值 M_{90}/M_{50}，或 50% 处的分子量与 10% 处的分子量比值 M_{50}/M_{10} 来表示多分散度。前者对高分子量尾端较敏感，后者对低分子量尾端较敏感。选择何种指数来表示分布宽度，可以根据具体情况来决定。

4.4.3 分子量分布与聚合物性能

聚合物的分子量是衡量高分子材料的基本参数之一。聚合物的许多物理性质与分子量的大小及其分布有着密切的关系。例如，聚合物溶液或固态聚合物的力学性质（强度、弹性、韧性、硬度和黏度等）与分子量有极大的关系。聚合物的分子量对高分子材料的加工性能也有重要的影响。

一般来说，聚合物的力学性能，如抗张强度、抗冲击强度、弹性模量、硬度和黏合强度，随聚合物分子量的增加而增加，当分子量达到某一程度时，这些性能指标的提高速率减慢，最后趋于某一极限值。而弯曲强度和黏度随分子量的增加而不断提高。

聚合物分子量分布对材料的物理、机械性能也有很大的影响，如材料的抗张强度、抗冲击强度、耐疲劳性以及加工过程中的流动性和成膜性，都与分子量分布有密切的关系。以聚苯乙烯为例，当数均分子量相同时，聚合物单分散指数（HI）越大，分布越宽，样品力学强度越高。

对于高分子材料，并不是说分子量越高，分子量分布越窄，作为药用制剂的辅料就越好，在实际应用中应兼顾高分子材料的使用性能和加工方法，对合成药用高分子材料的类型及其分子量分布加以控制，根据不同类型和规格，按用途实施加工。例如，聚乙烯吡咯烷酮 K15－K90，卡波姆 940、934 或 941，使用时应根据用途加以选择。

4.5　聚合物的力学状态

聚合物是高分子材料的基本组分，其性能包括力学、电学、光学等方面，不同用途的聚合物有相应的性能要求。对于大多数聚合物材料而言，高分子的力学性能最重要。高分子的力学性能是指外加作用力与高分子材料形变之间的关系。力学性能指标包括弹性模量、拉伸强度、弯曲强度、冲击强度和屈服强度等。

4.5.1　高分子的热运动

高分子的热运动比小分子的热运动复杂得多，其特点主要表现在以下三个方面：

（1）热运动单元的多重性。高分子热运动单元可能是侧基、支链、链节、链段或整个大分子等。

（2）分子热运动的时间依赖性。在一定的外力和温度条件下，高分子从一种平衡状态通过分子的热运动达到与外界条件相适应的新平衡态，此过程通常比较缓慢，也称松弛过程。不同聚合物的运动单元不同，松弛时间也不同，一般松弛时间较长会有明显的松弛特性。

（3）高分子热运动的温度依赖性。升高温度一般有两个作用：一是增加分子运动的动能；二是使物质的体积膨胀，加大分子之间的空间，从而有利于运动单元自由迅速地运动。高分子的运动是一个松弛过程，松弛过程的快慢（即松弛时间 τ）与温度有关。温度升高则松弛时间变短，温度降低则松弛时间延长，两者之间有定量的关系。

4.5.2　高分子的力学状态

高分子的力学状态是指物质因外力作用的速度不同而表现出不同的力学性能。非晶态高聚物内部的分子处于不同的运动状态，在宏观上表现为三种力学状态，即玻璃态、高弹态和黏流态，分别对应于三个不同的温度区域。

　　聚合物组成固定时，力学状态的转变主要与温度有关，温度较低时分子热运动能量低，整个分子链和链段都不能运动，只有侧基、链节、短支链等小尺寸单元的运动及键长和键角的变化，基本处于"冻结"状态，相应的力学状态称为玻璃态（glass state），如图 4-6 所示。处于玻璃态的聚合物在力学行为上表现为高模量和小形变。随着温度的升高，热运动能量增加，玻璃态逐渐向高弹态（high elastic state）转变。玻璃态与高弹态之间的转变称为玻璃化转变，对应的转变温度称为玻璃化转变温度（T_g）。当高聚物处于高弹态时，虽然整个高分子链仍不能运动，但分子热运动的能量足以克服主链单键内旋的位垒，链段的运动被激发。在外力的作用下，分子链可从卷曲构象变为伸展构象，宏观上呈现较大的形变。一旦除去外力，分子链又从伸展构象逐步恢复到卷曲构象，宏观上表现为弹性回缩。当温度升到足够高时，高弹态最终转变成黏流态（viscous flow state），开始转变为黏流态的温度称为黏流温度（T_f）。当高分子处于黏流态时，聚合物完全变成黏性的流体，在外力的作用下产生不可逆形变。玻璃态、高弹态和黏流态这三种力学状态不仅在恒定外力下随着温度的变化可表现出来，而且在同一温度下，由于外力作用速率的不同，也能表现出来。对于结晶的高聚物，由于其分子链排列较为规整和紧密，妨碍了链的运动，因此结晶高聚物没有高弹态。但常见的结晶高分子均存在一定的非晶相部分，其表现出的力学状态与高聚物的分子量和结晶度有着较为密切的联系。

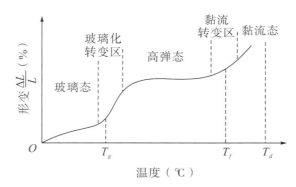

图 4-6　聚合物的温度—形变曲线

4.5.3　高分子的热转变温度

4.5.3.1　玻璃化转变温度

　　聚合物从玻璃态到高弹态之间的转变，称为玻璃化转变，对应的转变温度称为玻璃化转变温度（glass transition temperature），用 T_g 表示。T_g 与高分子材料的使用性能有着十分密切的联系，是高分子使用时耐热性能的重要指标。例如，塑料在使用时应处于玻璃态，T_g 是非晶态塑料使用的上限温度；对于橡胶，使用时应处于高弹态，T_g 是其应用的下限温度。

高分子链的柔性来源于主链单键的内旋,凡能减小高分子链柔性的因素,如在主链中引入苯基、联苯基、萘基等芳杂环增加主链的刚性,或引入极性基团、交联、结晶或取向等,都会使 T_g 升高;如果在主链中引入 $-Si-O-$ 键或加入增塑剂等增加高分子链的柔性,则会使 T_g 降低。含有共轭双键的聚合物由于分子链不能内旋,呈现出极大的刚性,T_g 很高;主链含孤立双键或三键的聚合物,虽然双键或三键本身不能旋转,但其相邻的单键空间位阻变小而更容易旋转,T_g 都较低;主链上带有庞大侧基时,空间位阻使内旋势垒增加,T_g 增高,若侧基是柔性链,侧基越大,柔性越大,T_g 降低。

聚合物间极性基团或氢键的相互作用使链段运动困难,T_g 升高。增加分子链上极性基团的数量能提高 T_g,但在极性基团的数量超过一定值后,极性基团间的静电斥力超过引力,反而导致分子间距离增大,T_g 降低。交联点密度越大,相邻交联点间的平均链长越小,T_g 越高。分子量较小时,T_g 随分子量的增大而升高,但当分子量足够大时,T_g 则与分子量无关。通过共聚物单体配比的改变可以连续改变共聚物的 T_g。加入增塑剂可使高分子的 T_g 降低,加入增塑剂比共聚的方式能够更有效地降低 T_g。升温速度、外力作用的速度和频率对 T_g 也有影响。

4.5.3.2 黏流温度

聚合物由高弹态转变为黏流态时的温度称为黏流温度(viscous flow temperatuer),用 T_f 表示。这种处于流体状态的聚合物称为熔体。熔体的大小分子处于紊乱状态,链段之间相互缠结,流动时产生内摩擦力而进行黏性流动,大多数聚合物就是利用黏流态下的流动行为来进行加工成型的,因此,掌握聚合物的黏流温度和黏流行为对高分子材料的加工成型是很重要的。

聚合物的熔体流动性可以用剪切黏度和熔融指数来表征。在一定温度下,熔融状态的聚合物在一定的负荷下,单位时间内经特定毛细管孔挤出的重量称为熔融指数。熔融指数是聚合物流动性的一种量度,熔融指数越大,流动性越大,黏度越小。分子量较高的聚合物有较大的流动阻力,比分子量较小的聚合物容易缠结;反之,分子量较低的聚合物流动阻力较小,黏度较小,熔融指数较大。因此,熔融指数可以衡量同一类型聚合物的分子量大小。

4.6 高分子材料的力学性能

了解高分子材料的力学性能对药物制剂的开发研究至关重要,下面仅对药物固体剂型加工中有关的主要高分子力学性能进行介绍。

4.6.1　应力与应变

高分子材料在受外力作用而又不产生惯性位移时，物体受相应外力所产生的形变称为应变（state）。材料宏观变形时，其内部产生与外力相抗衡的力，称为应力（stress）。材料的受力方式不同，发生形变的方式也不同，对于各向同性的材料，有三种形变类型，即拉伸、剪切和压缩。聚合物的机械行为可以由应力—应变曲线来表征，如图 4-7 所示，曲线初始部分是直线，表明遵守胡克定律，θ 角的正切为弹性模量，Y 点为弹性极限，Y 点以后是蠕变过程，B 点为断裂点。

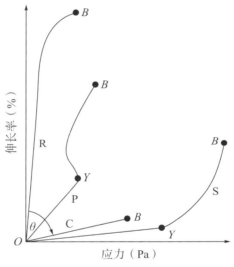

R—橡胶；P—聚乙烯；C—玻璃；S—钢

图 4-7　应力—应变曲线

对于理想的弹性固体，应力与应变成正比，服从胡克定律，其比例常数称为弹性模量。如聚乙烯的弹性模量为 2×10^9，含 20％明胶的胶冻的弹性模量为 2×10^6。弹性模量是单位应变所需应力的大小，表征材料刚度，弹性模量越大，材料越不易变形。拉伸、剪切、压缩的弹性模量分别称为杨氏模量、剪切模量和体积模量。

4.6.2　硬度和强度

硬度是衡量材料表面抵抗机械压力的一种指标。药用高分子材料的硬度常采用压痕测定仪测量，即压头施加的负载力与压头下面积的比值，单位为 Pa（常用 MPa），薄膜包衣中常用贝氏硬度（Brinell hardness）或麦氏硬度（Meryer hardness）来定量。硬度的大小与材料的拉伸强度和弹性模量有关，可作为弹性模量和拉伸强度的一种近似计算。

高分子材料加工过程中常涉及的强度有以下四类：

（1）拉伸强度（tensile strength）。拉伸强度也称拉张强度，是在规定的温度、湿度和加载速度下，在标准试样上沿轴向施加拉伸力，直到试样被拉断为止，为试样断裂前所承受的最大负荷与试样截面积之比。

（2）弯曲强度（bending strength）。弯曲强度是指在规定条件下对试样施加静弯曲力矩，直到试样折断为止的最大载荷，即

$$\sigma_f = \frac{1.5pl_0}{bd^2} \tag{4-18}$$

式中，l_0 为试样的长度，b 为试样的宽度，d 为试样的厚度，p 为最大载荷。

（3）冲击强度（impact strength）。冲击强度是衡量材料韧性的一种指标，即试样受冲击负荷而破裂时单位面积所吸收的能量。对于包装材料、药物传递系统或给药装置系统，冲击强度是重要的指标。

（4）机械强度（mechanical strength）。机械强度除用断裂时所承受的压力来表示外，还应充分考虑应力作用的时间和断裂时的形变值。影响聚合物机械强度的因素主要有以下几个方面：①聚合物的化学结构中的氢键、极性基团、交联、结晶和取向等；②聚合物在一定范围内分子量增大，机械强度增加；③高分子制品的微小裂缝、切口、空穴等都能引起应力集中，从而使局部破裂扩大，造成材料断裂；④温度改变时强度也会发生变化；⑤处于 T_g 以上的线型聚合物，快速受力比慢速受力时强度大；⑥外力作用时间越长，断裂所需的应力越小；⑦增塑剂可减小高分子链间的作用力，降低强度；⑧填料对强度的影响复杂，如在薄膜包衣时，加入适量的滑石粉能够提高强度；⑨机械加工等外界因素也会影响材料的强度。

4.6.3　黏弹性

黏弹性（viscoelasticity）是指聚合物既有黏性又有弹性的性质，实质是聚合物的力学松弛行为，是高分子材料的另一重要性质。在玻璃化转变温度以上，非晶态线型聚合物可表现出明显的黏弹性，理想的黏流体受到外力作用后，形变与时间呈线性关系。理想的弹性体受到外力作用后，瞬间达到平衡形变，形变与时间无关。聚合物的形变是关于时间的函数，但不构成正比线性关系，而是介于理想弹性体和理想黏性体之间。因高分子材料为黏弹性材料，在应力—应变曲线上，黏弹性相当于弹性极限到屈服点的曲线。黏弹性主要表现出蠕变行为，在一定温度和应力的作用下，材料的形变随时间的延长而增加的现象称为蠕变（creep）。聚合物在形变时都有蠕变现象，与应力松弛一样，分子间的黏性阻力使形变和应力需要一段时间才能建立平衡，因此蠕变是松弛现象的另一表现形式。对于线型聚合物，形变可无限进行而不能完全回复，保留一定的永久形变；对于交联聚合物，形变可达到一个平衡值。聚合物的蠕变曲线如图 4-8 所示，定量关系如下：

$$\varepsilon = \varepsilon_\infty(1 + e^{-\frac{t}{\tau}}) \tag{4-19}$$

式中，ε 为应变，ε_∞ 为时间 t 到 ∞ 时的应变，τ 为松弛时间。

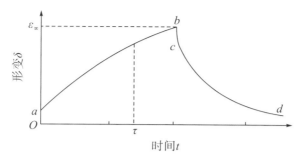

Oab—加外力情况；b—去外力情况；bcd—形变恢复情况

图 4-8　聚合物的蠕变曲线

蠕变还常用蠕变柔量来描述，即

$$C = \frac{1}{E} = \frac{\varepsilon}{\sigma} \qquad\qquad (4-20)$$

式中，C 为蠕变柔量，又称柔性，是单位应力所引起的形变；E 为材料抵抗形变的能力，即单位形变所需的应力。

蠕变是一种复杂的分子运动行为，聚合物的结构、环境温度及作用力大小等因素都会影响蠕变，其中分子链柔性的影响最大。

在温度和应变恒定的条件下，材料的内应力随时间的延长而逐渐减小的现象称为应力松弛（stress relaxation），可用以下公式来描述：

$$\sigma = \sigma_0 e^{-\frac{t}{\tau}} \qquad\qquad (4-21)$$

式中，σ 为 t 时刻的应力，σ_0 为起始应力，τ 为松弛时间。

当应力的变化和形变相一致时，无滞后现象，每次形变所做的功等于恢复原状时获得的功，没有功的消耗。如果形变落后于应力的变化，则发生滞后损耗现象（hysteresis loss），每一循环变化中都要消耗功，称为内耗（internal loss）。聚合物的内耗大小与聚合物本身的结构有关，同时还受温度的影响。

4.7　药用高分子材料的性能

高分子材料的渗透性、透气性和胶黏性对于在药物制剂工艺研究中正确使用高分子材料，尤其对于包装材料或药物传递装置，具有重要的意义。

4.7.1　渗透性

液体透过高分子材料的一个表面传递到另一个表面的扩散、吸收和渗出过程，并且是从浓度高的一侧扩散到浓度低的一侧，这种性质称为渗透性（permeability）。液体分子渗透是指溶液首先溶解在聚合物内，然后向低浓度方向扩散，最后从聚合物的另一侧渗出，因此，聚合物的渗透性与液体在其内部的溶解性有关。当溶解度不大时，渗透量遵循 Fick 第一定律。

4.7.2　透气性

气体分子透过聚合物膜的行为称为高分子材料的透气性（gas permeability）。聚合物的渗透性和透气性受聚合物的结构和物理状态的影响较大，可以通过一定的方法来调节聚合物的渗透性和透气性。例如，温度可提高分子链的运动速度，极性基团可增大分子透过的孔道，从而提高渗透性；物质与聚合物的极性越相近，越易透过，分子尺寸大的聚合物透气性小，聚合物链的柔性增大则渗透性提高，聚合物的结晶度越大，渗透性越小，交联使链段的运动受阻，透气性降低；增塑剂可提高分子链的柔性，使透气性增大。

聚合物用于药物传递系统时，释药速率与所采用的高分子材料的渗透性直接相关。一般渗透性越大，释药速率越快；渗透性越小，释药速率越慢。例如，乙烯－醋酸乙烯共聚物的渗透性主要受 T_g 和结晶度的影响，若降低材料的 T_g，可加快释药速率，结晶度增大则降低释药速率。因此，可根据应用要求在制备工艺中控制 T_g 值，从而调节材料的结晶度并控制释药速率，获得满意的效果。

4.7.3　胶黏性

高分子材料的胶黏性在药学中得到广泛应用，例如，透皮给药制剂方面起到了不可或缺的作用。聚合物的胶黏性（adhesion）包含两个方面的行为：一是作为黏合剂使用时的黏合行为，二是被黏合时聚合物的行为。

聚合物的黏合过程：液态胶黏剂向被黏物表面扩散，逐渐润湿被黏物表面，直至胶黏剂与被黏物表面形成面的接触，施加一定的压力或提高温度，产生吸附作用，形成次价键或主价键，黏合性聚合物自身通过物理或化学变化转变为固体，使其黏结固定。聚合物的黏合过程中胶黏剂与被黏物之间主要为次价键结合，此外还有化学键、配位键、静电吸引力和机械啮合力结合等，不同情况下这些结合力的大小比例不同。

中等大小分子量的聚合物具有最佳的黏合强度，粗糙的表面能够提高黏合强度，黏合前通常都要对被黏物表面进行清洁处理，处理的方法会影响黏合强度。另外，黏合过程中升高温度能加强分子的扩散，有利于提高黏合强度。

参考文献

[1] 夏炎. 高分子科学简明教程 [M]. 北京：科学出版社，2001.

[2] 董炎明，张海良. 高分子科学教程 [M]. 北京：科学出版社，2007.

[3] 张倩. 高分子近代分析方法 [M]. 2 版. 成都：四川大学出版社，2015.

[4] 郑俊民. 药用高分子材料学 [M]. 北京：中国医药科技出版社，2000.

[5] 李丽，方亮. 纳米药物载体在经皮给药系统中应用的研究进展 [J]. 沈阳药科大学学报，2010，27 (12)：998−1002.

[6] 程利，王鑫，赵雄燕. 聚乳酸基复合材料的研究进展 [J]. 应用化工，2019，48 (5)：1181−1185.

[7] 刘宇，方志强. 高透明纤维素材料的制备、结构与性能 [J]. 高等学校化学学报，2018，39 (10)：2238−2303.

[8] 郑学晶，王丽，刘捷，等. 微纤化纤维素增强聚合物基复合材料研究进展 [J]. 高分子通报，2015 (8)：43−51.

[9] Moore M A，Wilson C A. A new approach to polymer solution theory [J]. Journal of Physics A：Mathematical and General，1980，13 (11)：3501−3523.

[10] 李涛，陆丹. 利用指数律了解溶液中复杂高分子单链及聚集态结构的形状特征 [J]. 化学学报，2016，74 (8)：640−656.

[11] Yao Y，Wei H，Wang J，et al. Fabrication of hybrid membrane of electrospun polycaprolactone and polyethylene oxide with shape memory property [J]. Composites Part B：Engineering，2015，83 (16)：264−269.

[12] Doppalapudi S，Jain A，Khan W，et al. Biodegradable polymers：an overview [J]. Polymers for Advanced Technologies，2014，25 (5)：427−435.

思考题

1. 聚合物的溶解度及相容性应遵循什么原则？

2. 晶态和非晶态高聚物的分子链的溶解过程有何不同？

3. 简述高分子的分子量的特点。分子量及其分布的测定方法有哪些？

4. 药物制剂力学工程中常见的力学强度有哪些？

5. 影响聚合物实际强度的因素有哪些？

6. 什么是聚合物的黏弹性？其主要表现有哪些？

第5章

药用高分子辅料的结构鉴定

　　药用高分子材料及药用辅料（pharmaceutical excipients）的结构分析与鉴定，在药物制剂的研究中起到至关重要的作用。一般高分子材料结构分析中采用的近代分析方法在天然与合成药用高分子辅料分析中同样适用，这对正确选用药用高分子辅料，指导药物制剂安全性和监管生产工艺都是必不可少的环节。药用高分子辅料在药物成型、保持制剂的质量稳定、提高生物利用度、降低主药不良反应等方面具有重要的作用。辅料对药物应是非活性的，但近年来发生的一些药物不良反应却和辅料及其质量有关。对于一些常用辅料，已经制订了相应的药用标准，但尚存在不完善的情况，如有的控制项目不能全面反映辅料质量，有的鉴别方法缺乏专属性、灵敏性，有的检测方法烦琐、不易操作等。国内还有相当多的药用高分子辅料没有药用标准或质量标准不统一。因此，为了加强药用辅料质量标准研究，规范药用辅料的使用，消除低水平标准给药品安全带来的重大隐患，完善实施药用辅料分类管理并建立快速、简便、准确的鉴定方法是非常有意义的一项任务。本章简要阐述一些常见高分子辅料结构鉴定的近代分析方法，并给出药用高分子辅料的结构表征实例。如果需要深入了解更多的分析技术理论，可参考相关教材。

5.1　红外光谱对药用高分子辅料的表征

　　在各国药典中大多数药物原料药的鉴定均采用红外光谱，在药物制剂里由于辅料的干扰，红外光谱应用较少。但是《美国药典》和《英国药典》中不仅原料药广泛采用红外光谱鉴定，制剂也较多采用红外光谱进行结构表征。为了加快我国药品标准的国际化进程，提高药品标准，更多地开发红外光谱在药物制剂鉴别中的应用，应加大对天然与合成药用高分子辅料的红外光谱研究，以适应现代药剂学及药用高分子辅料的发展。

5.1.1　红外光谱的原理

　　红外光谱（infrared spectroscopy，IR）是一种分子吸收光谱，又称有机分子的振-转光谱。红外光谱根据实验技术和应用的不同，分为近红外区、中红外区和远红外区，由于有机化合物基团的转动频率大多处于中红外区，所以红外光谱中应用最多的是中红外区，它最突出的优点是具有高度的特征性。除光学异构体外，每种化合物都有自己的红外吸收光谱。因此，红外光谱特别适合高分子材料中聚合物的鉴定。任何气态、液态、固态样品均可进行红外光谱测定，这是紫外、核磁、质谱等方法所不及的。一般聚合物的红外光谱至少有十几个吸收峰，可得到丰富的结构信息。红外光谱是研究药用高分子材料结构和组成的重要方法。通常将出现在一定的位置、能代表某种基团的存在、有一定强度的吸收带称为基团的特征谱带。特征谱带极大值的波数称为特征频率。药用高分子辅料中主要成分是聚合物，聚合物含有的原子数目较大，其基本振动自由度较大，通常来说聚合物的红外光谱也将是复杂的，但事实上测得的大多数高分子的红外光谱却是比较简单的。例如，聚丙烯酸树脂的红外光谱并不比丙烯酸复杂，其原因是高分子键由许多重复单元组成，各重复单元中的原子振动几乎相同，其对应的振动频率也相同。聚合物的红外光谱图大致与组成其重复单元的单体的红外光谱图相似，但由于高聚物聚集态结构不同，共聚系列结构的不同会影响谱图，因此聚合物的红外光谱图也有其特殊性，在解谱时要特别注意。

在红外光谱图中，横坐标用波数表示，波数即波长的倒数，吸收光频率范围为 $400\sim4000\ cm^{-1}$。纵坐标一般为透光率，称为透射光谱图；也有纵坐标为吸光度，称为标度光谱图。红外光谱谱带横坐标的位置（即特征频率）是基团和结构分析的定性依据，可为基团的鉴定提供最有效的信息。谱带强度可用于定性和定量计算，谱带形状也能反映分子的结构特性，可帮助辨别各种官能团，如酰胺的 C=O 和烯烃的 C=C，伸缩振动吸收峰均在 $1650\ cm^{-1}$ 附近，但前者易形成氢键，使峰变宽。高分子中每种基团都有特征振动光谱（伸缩振动和弯曲振动）与转动光谱，拥有固有特征频率，因此可用红外光谱进行鉴别。红外光谱除可以对高分子进行定性鉴别外，还可以用于表征高分子链的构型、构象和结晶，从而研究高分子间的氢键的相互作用、共混高聚物的相容性等。红外光谱谱图的质量在很大程度上取决于制样的条件。根据高分子的组成和状态，主要有两种样品制备方法：①溴化钾压片法。将溴化钾和样品按质量比 200∶1 混合后研磨，在一定压力下压成透明薄片。溴化钾极易吸水，所以需要在红外灯下充分干燥后再压片，并且制成薄片后要尽快测试。②薄膜法。可以将聚合物溶液直接涂在氯化钠晶片上，待溶剂挥发后形成薄膜。对于热塑性样品，可采取热压成膜的方法制成适当厚度的薄膜。

5.1.2　红外光谱鉴定的专属性

设置红外光谱鉴定项目是为判定待测物质的真伪提供确证信息，鉴定方法应保证具有尽可能好的专属性，保证结构类似的活性物质和辅料能被区分开来。因此，每个鉴定方法的建立都是重要依据。如何提高鉴定方法的专属性，进而提高药品的标准，是近年来药品质量标准建立所面临的一个严峻挑战，受到国际广泛关注。红外光谱是理想的鉴定方法，不仅能体现官能团的信息，而且能体现化合物的整体物态信息，有较强的专属性，能很好地区分结构相似的化合物。因此，红外光谱是药品质量标准中用于鉴别药品真伪最有效、最快速的方法，其专属性远强于 HPLC 等色谱法。ICH Q6A 指导原则认定红外光谱是专属性反应，USP 附录分光光度鉴定部分明确指出只用红外光谱一项试验进行真伪鉴别是可靠的，《欧洲药典》也认为红外光谱是一种令人满意的用于鉴定非电离有机化合物的独立方法，各国药典普遍采用红外光谱作为原料药鉴定的首选方法。

近年来，国外药典中红外光谱用作制剂鉴定方法的品种不断增多，尤其是《美国药典》和《欧洲药典》，分别收载了 400 多个采用红外光谱作为鉴定试验标准的制剂。为了提升《中国药典》的国际地位和影响力，提高药品标准的专属性、准确性，增强控制打击掺伪假药的能力，红外光谱用于制剂鉴定是完全必要的。国内对制剂红外光谱鉴定方法的研究也不断升级，例如，利用红外光谱高度专属性的鉴别方法，将硫酸小诺霉素注射液与硫酸庆大霉素注射液准确地区别开来，解决了显色反应薄层斑点的位置等化学鉴定方法难以将两者进行区分的难题，杜绝了利用低价的硫酸庆大霉素注射液冒充高价的硫酸小诺霉素注射液的行为，严把了药品质量关。又如，对抽查市场上流通的不同批次醋酸地塞米松片进行检验，根据《中国药典》的标准进行检验，结果有机氟化物检测反应只有两批不符合规定，但采用 HPLC 法检测含量，则有多个批次不符合规定，经对样品用无水乙醇提取，测定红外光吸收图谱，证明样品中含有贝诺酯，通过红外光谱鉴定有效地检出了伪劣药品，提高了标准的专属性。

5.1.3　红外光谱鉴定的可行性

天然或合成高分子辅料作为成型剂的药物制剂，多数不能直接用红外光谱进行鉴别，必须建立有效的提取、分离方法，将药物与辅料分离，才能用于药物制剂的鉴定。国外和国内药典已经将红外光谱用于药物制剂的鉴定，根据对药物、辅料性质和物性及分离方法的了解，可以借鉴国内外已有药物制剂的红外光谱鉴定标准，设计一套行之有效的实验方法，供在药品研究、生产、质量标准的起草和修订时参考。

5.1.4　红外光谱鉴定的前处理

一般对药物制剂的前处理因制剂不同而异，检测制剂可分成三类：第一类为不加辅料的制剂，如无菌原料直接分装的注射用粉针剂及不加辅料的冻干剂和胶囊剂等其他成品，可直接取样进行红外鉴别；第二类为单方制剂，一般采用简单的提取分离手段就能有效去除辅料，可根据不同剂型的特点选择不同的分离方法，再进行红外鉴别；第三类为复方制剂，一般情况较为复杂。前处理方法可参考已有文献报道的同类品种方法进行，或根据活性成分和辅料的性质选择提取方法。溶剂以易挥发、低毒、非极性的有机溶剂为首选，如乙醚、乙酸乙酯、丙酮、三氯甲烷、二氯甲烷、石油醚、乙醇和甲醇等。也可以参考《药品红外光谱集》中列有该品种的转晶方法或可获得原料药的精制方法，提取溶剂最好选用与转晶方法相同的溶剂或精制溶剂，若首选溶剂不适用，可考虑混合溶剂。一般可采用提取法和萃取法进行前处理。

提取法是指依据活性成分和辅料的溶解度不同，通过选择适合的溶剂，将活性成分和辅料有效分离。首选直接提取法，如冻干制剂的常用辅料均不溶于乙醇和甲醇，用醇提取一般就能获得满意结果；一些液体制剂的辅料只有水，可直接蒸干水分，如非电离有机药物一般采用此法可获得满意的结果。对于多数药品，常用溶剂如水、甲醇、乙醇、丙酮、三氯甲烷、二氯甲烷、乙醚和石油醚等就能基本达到分离效果，非极性溶剂的效果比极性的要好些。

萃取法是指根据药物或辅料成分在二相中溶解度不同，将药物成分与辅料分离的方法。液体或半固体制剂宜选择萃取法，可根据药物成分和辅料性质选用直接萃取法；当有机酸或有机碱的盐类药物等经直接萃取法不能获得满意光谱图时，可采用经酸化、碱化或通过调节 pH 改变溶解度，使药物活性成分与辅料有效分离后再萃取的方法，但需注意选择比较光谱的正确性，注意待检测药物或辅料与标准图谱是否一致。萃取法有时需先用一种溶剂处理，过滤后再用另一种溶剂萃取。一般所选溶剂最好为无水的，过滤时有机层最好用无水硫酸钠处理；抽提后的溶液经过滤后，可选择析出结晶、蒸干、挥干等方法获得有效成分，必要时可经洗涤、重结晶等方法纯化。根据供试品原料的热稳定性选择干燥方法，比如采用冷冻干燥、真空恒温干燥等方法。在提取有效成分前，应尽量去除可能影响药品或辅料红外光谱的部分，例如，对于包衣制剂，应先去除包衣，双层片将二层分开等。

5.1.5　红外光谱在药用高分子辅料中的应用

5.1.5.1　药物制剂中多晶型的分析

通常药物在结晶时受各种因素影响，分子内或分子间化学键发生改变，致使分子或原子在晶格空间排列不同，形成不同的晶体结构，即形成药物的多晶型。同一药物的不同晶型在外观、溶解度、熔点、溶出度、生物有效性等方面都可能会有显著不同，导致药物的稳定性、生物利用度及疗效随之改变，这种现象在口服固体制剂方面表现得尤为明显。由于药物多晶型现象对药品质量与临床疗效具有重大影响，所以对药物存在多晶型的结构需进行鉴别。张小松等建立了几种药物片剂的红外光谱鉴别方法，甲硝唑片和甲硝唑阴道泡腾片选择以无水乙醇作溶剂重结晶，阿昔洛韦片选择以水作溶剂重结晶；甲硝唑片及其对照品的红外光谱图测定取上述重结晶样品，溴化钾压片依法测定红外光谱。取甲硝唑对照品同法测定，结果如图 5-1 所示。图中，A 为甲硝唑片（批号：040817），B 为甲硝唑片（批号：030101），C 为甲硝唑阴道泡腾片（批号：20030228），D 为甲硝唑对照品（批号：100191-200305）。由试验结果可以看出，甲硝唑片与甲硝唑对照品的红外光谱图完全一致，并与国家药典委员会颁布的《药品红外光谱集》第一卷中的甲硝唑标准光谱 112 号图一致，因此，该法可以作为甲硝唑片的鉴别方法之一。

羧甲司坦又名羧甲基半胱氨酸，为黏液调节剂，通过在细胞水平影响支气管腺体的分泌，使痰液的黏滞性降低而易于咳出。临床上用于治疗各种原因引起的痰液黏稠、咳痰困难和痰阻气管等。羧甲司坦原料及其片剂均为《中国药典》收载品种。羧甲司坦原料及其片剂的红外光谱图测定是取上述重结晶样品、溴化钾压片依法测定红外光谱，另取羧甲司坦原料同法测定红外光谱，结果如图 5-2 所示。图中，A 为羧甲司坦片（批号：0301031），B 为羧甲司坦片（批号：021203），C 为羧甲司坦片（批号：20030345），D 为羧甲司坦原料。由试验结果可以看出，羧甲司坦片与羧甲司坦原料的红外光谱图一致，并与国家药典委员会颁布的《药品红外光谱集》第二卷中的羧甲司坦标准光谱 885 号图一致，因此，该法可以作为羧甲司坦原料及其片剂的鉴别方法之一。

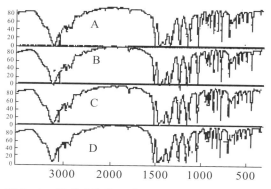

图 5-1　甲硝唑片及甲硝唑阴道泡腾片的 IR 光谱

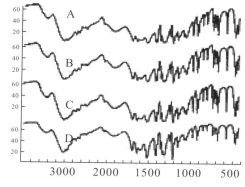

图 5-2　羧甲司坦原料及其片剂的 IR 光谱

　　那格列奈片是一种降血糖药物，它具有 B、H、L 三种晶型，常见的是 B 和 H 两种晶型，进行药物研究和上市的是 H 型，在生产制备过程中转晶工艺有一定难度，为了防止误用或故意造假，鉴别制剂中的晶型很有必要。红外光谱是鉴别晶型的有力工具，但因辅料干扰，直接用于制剂中的晶型鉴别比较困难。林克江等采用一种在线原位消去法，以红外光谱的差谱技术测定消去主药前后的示差光谱，以鉴别其晶型，方法简便、快速、准确。

　　甲氧氯普胺又称胃复安、灭吐灵，为有机合成的普鲁卡因酰胺衍生物，为中枢性镇吐药，广泛应用于临床。甲氧氯普胺片和盐酸甲氧氯普胺注射液为 2005 年版《中国药典》二部收载品种，药典中的鉴别方法为化学反应法和紫外光谱法，方法的专属性不强，而红外光谱鉴别具有专属性强的特点，广泛用于药品真伪的鉴别。刘红莉等建立了甲氧氯普胺片剂及盐酸甲氧氯普胺注射液红外光谱鉴别方法，以三氯甲烷为溶剂对甲氧氯普胺进行提取，经酸化、碱化析出沉淀，经水洗涤至中性干燥后测定红外光谱。结果表明，两种剂型的红外光谱与甲氧氯普胺标准图谱一致。

　　甲睾酮作为一种常用药物有其广泛的适应证，适用于无睾症、睾丸功能不足、月经过多、子宫肌瘤、绝经期综合征及再生障碍性贫血。特别是可以作为绝经后，女性晚期乳腺癌的姑息性治疗药物，现多以片剂口服使用。为了避免不同厂家的甲睾酮片的红外光谱图与标准光谱图的较大差异，何英等进行了一些试验，针对《中国药典》中的甲睾酮片红外光谱的鉴别提取方法进行了补充，增加了水的用量，使制剂充分溶解后过滤，因药物成分不溶于水，滤渣烘干后进一步结晶，取结晶体做红外光谱测定，得到与标准光谱图一致的红外光谱图，消除了不同厂家的生产原料和制剂处方工艺不同对鉴别方法的影响，甲睾酮的纯度在 98% 以上。因此，在药物多晶型分析中，对药物制剂的前处理和药物活性成分的提取，在整个分析鉴定的过程中显得更为重要。当然，药物多晶型分析，如 X 射线衍射法、热分析法、显微法和固体核磁共振法等，也是常用的检测方法，主要根据各检测单位及机构的条件与要求来选择。因红外光谱分析技术的专属性，对药物制剂多晶型的分析仍是人们常用的方法之一。

5.1.5.2　药物制剂中辅料的分析

按照 2010 年版《药品生产质量管理规范》（Good Manufacturing Practice，GMP）第一百一十条规定"应有适当的操作规程或措施，确认每一包装内的原辅料正确无误"，加强辅料的质量和结构鉴定是辅料及药企生产中的重要环节。辅料是药物制剂的重要组分，起到崩解、润滑、黏合、稀释等作用，药物制剂成型时常用的高分子辅料有淀粉类、纤维素类、多糖类等。傅里叶变换红外光谱（FTIR）具有操作简单、灵敏度高、用样少等优点，满建民等利用红外光谱技术研究了淀粉粒有序结构，于宏伟等利用红外光谱研究了玉米粉蛋白质的二级结构。二维相关红外光谱技术的发展提高了红外光谱图的分辨率，刘刚等采用红外光谱及其二维相关红外光谱对三种植物来源淀粉进行了分析鉴定，以期为淀粉掺假及其质量鉴定提供光谱学理论依据。实验步骤：先将莲藕淀粉、红薯淀粉、马铃薯淀粉烘干，保存待测，实验时将样品放入玛瑙研钵中磨为细粉，再加入适量的溴化钾搅磨均匀，然后压片待测。使用红外光谱数据处理软件（OMNIC 8.0）对所采集的红外光谱进行基线校正、五点归一化预处理，利用 Origin 8.5 软件进行原始、去卷积、二阶导数光谱数据处理，利用清华大学的二维相关分析软件进行二维相关光谱数据处理。仅从原始光谱上很难把莲藕淀粉与红薯、马铃薯淀粉区分开来，因此，对 FTIR 原始波谱 1200～900 cm^{-1} 谱段进行去卷积处理，半峰宽设为 18，增强因子设为 2.1。去卷积后此区域出现 8 个红外吸收峰，结果如图 5-3 所示。其中，1157 cm^{-1}、1124 cm^{-1} 和 1106 cm^{-1} 附近的吸收峰为 C—O—C 的伸缩振动和 C—C、C—H 的骨架振动；1081 cm^{-1} 附近的吸收峰是 C—O 的伸缩振动和 C—C 的骨架振动的叠加；1054 cm^{-1} 附近的吸收峰是淀粉结晶区的结构特征，对应于淀粉聚集态结构中的有序结构；1020 cm^{-1} 附近的吸收峰则是淀粉非晶区的结构特征，对应于淀粉大分子的无规线团结构；990 cm^{-1} 附近的吸收峰主要是由于 C—OH 的弯曲振动引起的，对应于淀粉大分子的羟基间所形成的氢键结构；930 cm^{-1} 附近的吸收峰则是葡萄糖环的振动吸收峰。

三种淀粉通过二阶导数光谱加以区别，选用 Savitsky-Golay 方法对淀粉样品的红外光谱进行二阶导数处理，结果如图 5-4 所示，主要区别有：三种淀粉在 1607～1487 cm^{-1} 范围内差距较大，莲藕淀粉在 1468 cm^{-1}、1462 cm^{-1} 以及 936 cm^{-1}、923 cm^{-1} 出现双峰，在 1055 cm^{-1} 出现单一吸收峰；红薯淀粉在 1469 cm^{-1}、1456 cm^{-1} 出现双峰，在 1056 cm^{-1}、931 cm^{-1} 出现肩峰；马铃薯淀粉在 1464 cm^{-1} 出现肩峰，在 1057 cm^{-1}、1044 cm^{-1} 以及 935 cm^{-1}、926 cm^{-1} 出现双峰；马铃薯淀粉在 1187 cm^{-1} 出现独有吸收峰。通过以上分析可知，根据 1055 cm^{-1} 波数处的单一吸收峰，可以将莲藕淀粉与红薯、马铃薯淀粉区分开；根据 931 cm^{-1} 处的肩峰，可以将红薯淀粉与其他两种淀粉区分开；根据 1057 cm^{-1}、1044 cm^{-1} 处的双峰，可以将马铃薯淀粉与其他两种淀粉区分开。

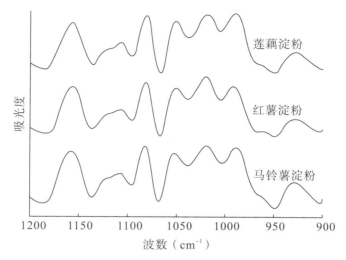

图 5-3　马铃薯淀粉、红薯淀粉和莲藕淀粉的 $1200\sim900\ \mathrm{cm}^{-1}$ 范围内光谱自去卷积结果图

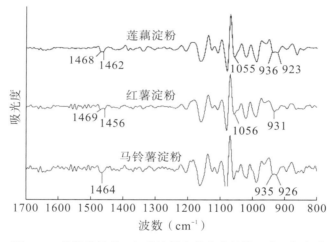

图 5-4　马铃薯淀粉、红薯淀粉和莲藕淀粉的二阶导数光谱

由二维相关红外光谱可以推导出样品分子结构的动态信息，确定官能团之间的相互作用，因此，对淀粉样品的红外光谱进行二维相关处理，结果表明，三种淀粉样品的自动峰和交叉峰差异很大，尤其是在波数 $1500\sim1150\ \mathrm{cm}^{-1}$、$1200\sim860\ \mathrm{cm}^{-1}$ 范围内，吸收峰的强度和位置不同。应用红外光谱、去卷积光谱、二阶导数光谱以及二维相关红外光谱技术不仅可以提供淀粉的分子振动信息，而且可以对不同的淀粉进行很好的区分。因此，红外光谱对于鉴别不同种类的淀粉是一种快速、准确、有效的方法。

5.1.6　近红外光谱在药用高分子辅料中的应用

20 世纪 90 年代，近红外光谱（Near-infrared spectroscopy，NIR）分析技术发展迅速。近红外光谱是指波长介于可见光与中红外区之间的电磁波。近红外光谱是由分子的倍频、合频产生的，频率为 $0.75\sim2.5~\mu m$，近红外光谱分析近年来在药物及辅料分析领域已被广泛应用。近红外光谱分析技术可结合化学计量学方法建立定性模型，对辅料进行判别分析，具有快速、无损的特点。Ali 等采用傅里叶变换近红外光谱成功鉴别了制药工业中常用的羧基乙酸淀粉钠、麦芽糖糊精和无水乳糖等七种药物辅料。Wahl 等以片剂中的两种辅料、活性药物成分（API）为研究对象，研究利用近红外光谱在压片时同步检测药片中辅料含量的可行性，并选用以紫外—可见分光光度法作为标准含量对照法。通过随机抽样对所建模型进行验证，结果证明模型准确度良好。Candolfi 等将近红外光谱分析技术与多元数据分析软件（SIMCA）相结合，建立了药物辅料如淀粉、乳糖、羟丙基甲基纤维素、微晶纤维素、聚乙烯吡咯烷酮等的定性鉴别模型，原始光谱经标准正态变量变换（SNV）或二阶求导光谱预处理，在 95% 和 99% 两种置信度下模型均可达到无错判别。杨海雷应用近红外光谱分析技术对聚乙二醇（PEG 6000）进行快速鉴别，对原始光谱进行多元信号校正（MSC）、二阶导数（13 点 S—G 平滑）预处理后，运用主成分分析（PCA）、Hierarchical 聚类分析（HCA）、马氏距离建立鉴别模型，结果表明所建模型均能快速、准确地鉴别样品是否合格。

5.2 拉曼光谱对药用高分子的表征

拉曼光谱具有分析速度快、样品无须预处理、不破坏样品、灵敏度较高和样品浓度低等优点，已被国内外药典选为鉴别原料药及药用辅料的方法之一。

5.2.1 拉曼光谱的基本原理

拉曼光谱（Raman spectroscopy）是一种散射光谱。1928 年，印度物理学家拉曼在研究液体与气体时观察到一种特殊光谱，发现了光子的散射效应。拉曼光谱是基于光子与分子的非弹性碰撞，遵循拉曼效应原理。1960 年人们发现了激光，将拉曼光谱的激发光源由汞弧灯改为激光光源，大大提高了检测的灵敏度和分辨率，加速了拉曼光谱对有机物质结构的研究进程。拉曼光谱作为研究物质结构、分子振动能级的强有力工具，已有七十多年的历史。与红外光谱相比，拉曼光谱的谱峰清晰尖锐，样品无损失，无须对样品进行前处理，对水的信号干扰较小，分析速度快，对药物具有指纹性，可以应用于分子结构研究。目前，拉曼光谱已被广泛应用于材料科学、生物医学、药物学、无损分析领域、安全检查和刑侦领域等。

拉曼光谱中拉曼位移是鉴定有机物的官能团和化学键的重要依据，分子振动产生拉曼位移也要服从一定的选律，即只有极化率发生变化的振动，在振动的过程中有能量的转移，才会产生拉曼散射，这种类型的振动称为拉曼活性振动。拉曼光谱是红外光谱的补充，分子的极化率变化越大，拉曼散射的强度越大。虽然拉曼光谱和红外光谱同属于分子振动光谱，所测定辐射光的波数范围也相同，但由于这两种光谱分析的机理不同，所以提供的信息是有差异的。红外光谱较为适于分子侧基和端基，特别是一些极性基团的测定，而拉曼光谱对研究共核高聚物的骨架特征特别有效。在研究高聚物结构的对称性方面，对具有对称中心的基团的非对称振动而言，红外是活性的，而拉曼是非活性的；对这些基团的对称振动，红外是非活性的，拉曼是活性的。拉曼光谱在药物辅料，尤其是天然高分子与合成高分子结构表征方面有广泛的应用。拉曼光谱可以用于药物辅料的质量控制及现场快检，《中国药典》《欧洲药典》均已采用。

5.2.2　拉曼光谱的各种技术

20 世纪 70 年代，拉曼光谱取得了飞速的发展，涌现出各种功能和应用的拉曼光谱技术。拉曼光谱仪根据光学系统不同，可以分为色散型激光拉曼光谱仪和傅里叶变换拉曼光谱仪。色散型激光拉曼光谱仪采用光栅分光，常用电荷耦合元件检测器，在低波数段测定精度较高，但是扫描速度比傅里叶变换拉曼光谱仪慢；傅里叶变换拉曼光谱仪使用近红外光源，采用干涉仪分光，常用锗或铟镓砷检测器，测量波段宽、热效应小和检测灵敏度高，但在低波数段测定表现一般。近年来已发展了多种拉曼光谱技术，包括拉曼光谱成像技术、激光共振拉曼光谱技术、透射拉曼光谱技术、空间位移拉曼光谱技术、小型拉曼光谱仪、表面增强拉曼光谱技术等。通过多项技术引入拉曼光谱仪，在联合手段的实施下，大大提高了拉曼光谱技术的灵敏度，缩短了分析时间，减小了样品用量。因此，近年来拉曼光谱分析技术颇受青睐，并且便携式拉曼光谱仪的发展以及光线探针的使用，极大推动了拉曼光谱技术在药品及药用辅料方面的快速分析。

（1）拉曼光谱成像技术。

拉曼光谱除了能够根据特征拉曼频率分辨微量混合物之间的各种化学成分信息，还能够分析出各成分的空间分布信息，这种快速、高精度的拉曼光谱技术就是拉曼光谱成像技术。目前其成像的空间分辨率已达 0.5 nm，使分子内部结构和分子表面的吸附类型得以被人眼所识别。拉曼光谱成像技术已被用于固体药物中活性成分及辅料的颗粒大小、分布和形态的研究，并且通过化学计量学可确定药物中多组分的相对含量。

（2）激光共振拉曼光谱技术。

当激光频率接近或等于分子的电子跃迁频率时，可引起强烈的吸收或共振，导致分子的某些拉曼谱带强度达到正常拉曼谱带的 $10^4 \sim 10^6$ 倍，这就是共振拉曼效应。激光共振拉曼光谱的灵敏度比正常拉曼光谱高，适用于低浓度和微量样品检测，以及生物大分子样品检测。激光共振拉曼光谱技术目前应用于环境污染物的监测、液态煤组分的检测、人工合成金刚石的检测以及蛋白质二级结构的鉴定等。

（3）透射拉曼光谱技术。

透射拉曼光谱技术是一种新型的无损检测技术，具有整体采样、快速无损等优点。透射拉曼光谱的原理是激光束从所探测药物的一侧入射，拉曼光从对面收集，透视模式贯穿整个样品取样，没有二次取样和表面偏差的问题。显微拉曼可以获得药片表面各成分的分布信息，而透射拉曼则能获得整个药片的平均信息，可以对整个药片进行准确的定性、定量分析。透射拉曼光谱还可用于多晶型混合物的定量分析。Aina 等的研究表明透射拉曼光谱可以用于混合物大容量的准确测量，且不受系统性或随机抽样问题的干扰。透射拉曼光谱对于多晶型混合物的定量测定的准确性远远超过传统的后向散射模式。

（4）小型拉曼光谱仪。

近年来由于生物医学、环境监测、科技农业以及工业流程监控等领域的现代化发展，迫切需要分析仪器小型化、轻量化。得益于光纤、光电成像器件以及计算机的飞速发展，小型拉曼光谱仪的出现成为可能。美国的 Ocean Optics 公司和 Photo Research 公司、牛津仪器公司以及国内各高校和研究所相继研制出了小型拉曼光谱仪。小型拉曼光谱仪的成熟和应用为药品快速检测及药品生产过程控制提供了有效的工具。

（5）空间位移拉曼光谱技术。

空间位移拉曼光谱技术是一项新的专利拉曼技术，可以穿透覆盖层检测到高质量的拉曼光谱信号，且无须烦琐费力地取样。它可以明确区分物料和容器的拉曼光谱，实现物料和容器的同时鉴别，从而分析不透明样品内部的化学信息。空间位移拉曼光谱技术能够有效地消除来自表面层的荧光，真正实现药物原料和辅料的快速检测，不但具有拉曼光谱的化学专属性，而且能提供样品深层的信息，这对肿瘤疾病的诊断将有巨大而广阔的应用前景。

（6）表面增强拉曼光谱技术。

表面增强拉曼散射效应（SERS）是指在特殊制备的一些金属良导体表面或溶胶中，吸附分子的拉曼散射信号比普通拉曼散射信号大大增强的现象。表面增强拉曼光谱克服了拉曼光谱灵敏度低的缺点，可以获得常规拉曼光谱所不易得到的结构信息，被广泛用于表面研究、吸附界面表面状态研究、生物大小分子的界面取向及构型和构象研究、结构分析等，可以有效分析化合物在界面的吸附取向、吸附态的变化、界面信息等。

5.2.3 拉曼光谱在药用高分子辅料中的应用

由于拉曼光谱对药物分子的骨架结构、空间排列等的变化极其敏感，所以拉曼光谱在药物固态特征分析方面应用广泛，可以用于药物的成盐结构、水合物、晶型、光学异构体等方面的研究，对药物及辅料的真伪进行定性、定量鉴定。中国食品药品鉴定研究院的尹利辉等用显微拉曼光谱仪对多种常用片剂辅料的拉曼光谱进行了研究，用拉曼光谱测定了 16 种药用辅料，片剂辅料包括阿斯巴甜（批号：20100508）、蔗糖（批号：20090804）、糖粉（批号：20090507）、葡萄糖（批号：20080905）、乳糖羧甲基纤维素钠（批号：20090503）、乙基纤维素（批号：20100706）、微晶纤维素（批号：20100509）、羟丙基纤维素（批号：20100804）、淀粉（批号：20090105）、玉米淀粉（批号：20110308）、倍他环糊精（批号：20100609）、羟甲基淀粉钠（批号：20100608）、糊精（批号：20090704）、微粉硅胶（批号：20110706）、滑石粉（批号：20100602）、硬脂酸镁（批号：20100806），均由南京正大天晴药业股份有限公司提供；药物包括安乃近对照品（批号：002－9003）、肌苷对照品（批号：140703－200401）、甲硝唑对照品（批号：0191－9603）、卡马西平对照品（批号：100142－201004）、盐酸二甲双胍对照品（批号：100664－200602），均由中国食品药品检定研究院提供。实验将同类辅料进行了结构比较分析，采用显微拉曼光谱仪（德国布鲁克公司，激发光波长为 785 nm，物镜 50X，控制样品表面上的激光功率为 $1\sim3$ mW，信号采集时间为 $30\sim60$ s，仪器分辨率为 2 cm^{-1}），通过对片剂的拉曼光谱检测，分析不同种类辅料对药物主成分检测的影响。鉴定结果表明，一般情况下进行片剂拉曼光谱测定，大部分片剂辅料不会对药物主成分的检测造成干扰，这对检测药物活性成分及鉴定辅料真伪起到了借鉴作用，根据辅料的不同可以区别原研药与仿制药。曹玲等建立了羧酸类及其衍生物药用辅料的拉曼光谱定性鉴别方法，收集常用羧酸类及其衍生物药用辅料的拉曼光谱，对拉曼光谱峰进行指认，分析比较了结构和光谱之间的差异。结果表明，拉曼光谱可以给出关于化合物结构的指纹信息，并可和红外光谱相互补充佐证。拉曼光谱的鉴定方法快速、简便、专属性强，可用于羧酸类及其衍生物药用辅料的鉴别。第二军医大学药学院的陆峰、钱小峰等收集了络活喜片剂常用辅料的拉曼光谱，采用相似度算法及特征峰查找待检样品中的辅料，若待检样品中的辅料与原研药中的辅料不同，则判为仿冒药；若待检品中的辅料与原研药中的辅料相同，则采用主成分分析法区分仿冒药与原研药。该方法可快速、准确地鉴别络活喜的真伪性，建立了基于拉曼光谱的鉴别苯磺酸氨氯地平仿冒药的方法。

5.2.4　拉曼光谱在中药领域的应用

中药有效成分的含量与性状的稳定直接影响中药的疗效，因此，加强对各个中药成分的研究有着重要的意义。很多中药材形态相似，加工后形态结构易发生改变，经典植物性状鉴定和显微鉴定等研究方法存在重现性和稳定性差异；分子标记存在方法不够完善、资料不丰富和成本偏高等缺点；色谱法已成为目前中药材鉴定不可或缺的手段，但其样品制备烦琐；红外光谱法检测往往会遇到水的干扰，不适合作煎剂类的检测；拉曼光谱凭借其样品制备简单、不受水的干扰等一系列优点，在中药材鉴定方面有着较强的优越性。

拉曼光谱具有对测试样品状态无要求、无损害、简单快捷，可以对中药进行全组分测定并获取全貌整体信息，对中药混合体系具有不破坏配伍性等优点，因此，在中药检测领域应用广泛。利用拉曼频率振动峰的形状与强度差异，可以测定各种药材的标准谱并进行分类，编制成图谱库和检测系统软件，对药材品种和药材的真伪性进行辨识；拉曼光谱不仅可以对中药进行分类，还可以鉴别中药来源与产地，对药材进行定性、定量分析，对产品进行质量控制。

山药补脾养胃、补肺益肾，是我国重要的药食两用补益中药。随着中医药养生理念的增强，开展山药化学成分研究及实现山药规范化生产具有重要意义。福建中医药大学中西医结合学院等三家单位联合分析测定单味白芍饮片汤剂中的化学成分，分别采集 7 批次白芍饮片、5 批次白芍药材、5 批次赤芍饮片制备所得汤剂的拉曼光谱，并进行初步谱峰归属，分析白芍饮片汤剂与白芍药材汤剂的拉曼光谱，对比白芍饮片汤剂和同属药物赤芍饮片汤剂的拉曼光谱。结果表明，白芍饮片汤剂拉曼光谱在 637 cm^{-1}、

783 cm^{-1}、847 cm^{-1}、981 cm^{-1}、1091 cm^{-1}、1128 cm^{-1}、1336 cm^{-1}、1458 cm^{-1}、1636 cm^{-1}处出现九个拉曼信号；白芍药材汤剂拉曼光谱中的 783 cm^{-1}、981 cm^{-1}、1128 cm^{-1}、1336 cm^{-1}、1458 cm^{-1}五个拉曼峰同样存在于白芍饮片汤剂的拉曼光谱中；633 cm^{-1}、1633 cm^{-1}拉曼峰发生微小频移，而 716 cm^{-1}、737 cm^{-1}、835 cm^{-1}、916 cm^{-1}、1072 cm^{-1}、1271 cm^{-1}、1600 cm^{-1}等拉曼峰消失。此外，白芍饮片汤剂和同属药物赤芍饮片汤剂的拉曼光谱存在较大差异，拉曼光谱能为白芍药材或其他中药汤剂提供一种快速的化学成分检测。黄浩等采用近红外拉曼光谱对山药成分进行分析，并在山药的拉曼光谱的基础上获得了山药拉曼一阶导数谱。拉曼光谱中出现的 477 cm^{-1}、863 cm^{-1}、936 cm^{-1}强峰，可认为是山药的特征峰。对山药的拉曼光谱进行分析，其拉曼谱峰主要归属酰胺类、氨基酸类、蛋白质类、碳水化合物类拉曼光谱的特征，可以粗略判定山药中含有蛋白质、氨基酸、淀粉、多糖等物质，这与已有的山药化学成分研究结果相符。福建师范大学医学光电教育部重点实验室等三家单位利用表面增强拉曼光谱研究了党参中药材不同部位的拉曼光谱、党参煎剂的拉曼光谱以及党参煎剂的表面增强拉曼光谱。如图 5−5 所示，对党参煎剂表面增强拉曼光谱和普通拉曼光谱进行比较分析，在谱线 A 中 729 cm^{-1}处出现的拉曼峰归属于丙二烯硫醚的 C—S 伸缩振动，其相对拉曼强度非常强；617 cm^{-1}处出现的拉曼峰归属于 N−乙基乙酰胺的酰胺Ⅳ振动；位于 955 cm^{-1}的强振动峰归属于 2,2−二甲基的反对称伸缩振动；位于 1003 cm^{-1}的谱线归属于丙酰胺的伸缩振动；位于 1320 cm^{-1}的谱线归属于 1,2−二烷基环丙烷的环振动；位于 1165 cm^{-1}的谱线归属于磺酸烷基酯对称 SO$_2$ 伸缩振动，而普通拉曼光谱 B 没有检测到谱峰信息。

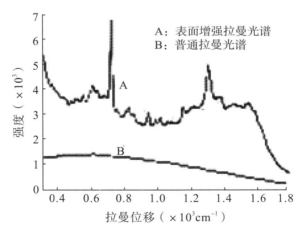

图 5−5　党参煎剂表面增强拉曼光谱与普通拉曼光谱比较

　　表面增强拉曼光谱可以为党参煎剂或其他中药生产、质量监控提供一种直接、快速、准确的检测新方法。华南师范大学利用激光拉曼光谱技术并结合二阶导数拉曼光谱，对人参、峨参、北沙参、桔梗进行了鉴别，人参及其伪品均在拉曼光谱中出现了 1460 cm^{-1}、1130 cm^{-1}、1086 cm^{-1}、942 cm^{-1}、483 cm^{-1}等拉曼位移峰，可以判断出在人参及其伪品中都含有糖类物质，但利用拉曼位移峰的差异可将人参及伪品进行区别鉴定。

5.3　高效液相色谱对药用高分子辅料的表征

1903 年，俄国植物学家 M. S. Tswett 发表了题为"一种新型吸附现象及在生化分析上的应用"的研究论文，第一次提出了应用吸附原理分离植物色素的新方法。1906年，他将这种方法命名为色谱法。这种简易的分离技术奠定了传统色谱法的基础。高效液相色谱（High Performance Liquid Chromatography，HPLC）的发展始于 20 世纪 60年代中后期，世界上第一台高效液相色谱仪开启了 HPLC 的时代。HPLC 与经典的液相色谱不同，具有高分辨率、高灵敏度，速度快，色谱柱可反复利用，在分离的同时测定性质上十分相近的物质，能够分离复杂混合物中的微量成分。高效液相色谱技术自20 世纪 60 年代末起就应用非常广泛，几乎遍及定量、定性分析的各个领域，由于流动相可选择的范围宽、固定相的种类繁多、不受样品挥发性的限制，所以可以分离热不稳定和非挥发性及各种分子量范围的物质。通过与试样预处理技术相配合，HPLC 技术在生物化学、食品分析、医药研究、环境分析、无机分析等领域得到了广泛的应用。

HPLC 技术作为现代药品检验的重要手段，在药用辅料检验中也发挥着重大作用。通常辅料被认为是生理惰性、化学惰性，但诸多药物不良事件与药用辅料紧密相关。人们尤其关注药用辅料的安全性和质量，严格科学的质量标准需选择一些灵敏度高、专属性强的检测方法。2005 年版《中国药典》收载的辅料品种为 72 个；2010 年版《中国药典》收载的辅料品种为 132 个，其中新增品种 DL－苹果酸、富马酸、明胶空心胶囊、大豆磷脂、蛋黄卵磷脂等均应用 HPLC 技术检查有关物质，胆固醇、麦芽糖等均应用 HPLC 技术测定含量。从《中国药典》的修订可以看出，我国药用辅料品种迅速增加，药用辅料的检测标准逐渐完善，这必将推动 HPLC 在药物辅料中的表征与鉴定。

5.3.1　HPLC 的分类

HPLC 有多种分类方法，按照液相色谱分离原理，主要分为以下四类：第一类为分配色谱法，在液—液分配色谱中流动相与固定相都是液体；第二类为吸附色谱法，是以固体吸附剂作为固定相，液—固吸附色谱是依据所测样品在固定相上的吸附作用的不同进行分离；第三类为离子交换色谱法，通过离子交换原理和液相色谱相结合对溶液中的阳离子和阴离子进行测定；第四类为空间排斥色谱法，即凝胶色谱法，主要适用于大分子（即高分子）的分离鉴定。按照固定相的不同，可分为高效凝胶色谱、疏水性高效液相色谱、反相高效液相色谱、高效离子交换液相色谱、高效亲和液相色谱和高效聚焦液相色谱等。

5.3.2 HPLC 的分离原理

下面按照分离机理来阐述 HPLC 的分离原理。

（1）分配色谱法。

分配色谱法是液相色谱法中应用最广泛的一种，它类似于溶剂萃取，溶质分子在液相即固定相和流动相之间按照它们的相对溶解度进行分配。一般将分配色谱法分为液液色谱和键合液相色谱两类。液液色谱的固定相是通过物理吸附的方法将液相固定相涂于载体表面，在液液色谱中，为了尽量减少固定相的流失，选择的流动相应与固定相的极性差别很大，因此，人们将固定相为极性、流动相为非极性的液相色谱称为正相液相色谱，相反的称为反相液相色谱。键合液相色谱的固定相是通过化学反应将有机分子键合在载体或硅胶表面上，目前，键合固定相一般采用硅胶为基体，利用硅胶表面的硅醇基于有机分子之间成键，即可得到各种性能的固定相。一般来说，键合的有机基团主要有疏水基团和极性基团。疏水基团有不同链长的烷烃（C8 和 C18）和苯基等；极性基团有丙氨基、氰乙基、二醇和氨基等。与液液色谱类似，键合液相色谱也分为正相键合液相色谱和反相键合液相色谱。在分配色谱中，对于固定相和流动相的选择，必须综合考虑溶质、固定相和流动相三者之间分子的作用力才能获得好的分离。三者之间的相互作用力可用相对极性来定性地说明，分配色谱主要用于分子量低于 5000 特别是1000以下的非极性小分子物质的分析和纯化，也可用于蛋白质等生物大分子的分析和纯化，但在分离过程中容易使生物大分子变性失活。

（2）吸附色谱法。

吸附色谱又称液—固色谱，顾名思义，就是把固定相作为固体吸附剂，这些固体吸附剂一般是一些多孔的固体颗粒物质，在它的表面上通常存在吸附点，因此，吸附色谱是根据物质在固定相上的吸附作用不同来进行分离的。常用的吸附剂有氧化铝、硅胶、聚酰胺等有吸附活性的物质，其中硅胶的应用最为普遍。吸附色谱具有操作简便等优点，最适于分离那些溶解在非极性溶剂中、具有中等相对分子质量且为非离子性的试样，还特别适于分离几何异构体。

（3）离子交换色谱法。

离子交换色谱是利用被分离物质在离子交换树脂上的离子交换容量不同而使组分分离。一般常用的离子交换剂的基质有三大类，即合成树脂、纤维素和硅胶，作为离子交换剂的有阴离子交换剂和阳离子交换剂，它们的功能基团有—SO_3H、—COOH、—NH及—N^+R。流动相一般为水或含有有机溶剂的缓冲液。离子交换色谱特别适于分离离子化合物、有机酸和有机碱等能电离的化合物以及能与离子基团相互作用的化合物，被广泛地应用于生物领域的分离，如氨基酸、酸蛋白质和维生素等。

（4）凝胶色谱法。

凝胶色谱的分离原理与以上类型的液相色谱分离原理不同，它是基于试样分子的大小和形状不同来实现分离的。在凝胶色谱中，流动相可根据载体和试样的性质，选用水和有机溶剂为流动相。若采用水为流动相，称为凝胶过滤色谱（GFC）；若采用有机溶剂为流动相，称为凝胶渗透色谱（GPC）。凝胶色谱是利用多孔填料柱将溶液中的高分子按大小分离的一种色谱技术。其分离原理：较大的高分子渗透进入多孔填料孔洞中的概率较小，首先被淋洗出来；较小的高分子容易进入填料孔洞，而且滞留时间较长，从而后淋洗出来。由此得出高分子大小随保留时间（或保留体积）变化的曲线，即分子量分布色谱图，利用标准曲线可求出样品的重均分子量、数均分子量以及多分散系数。凝胶渗透色谱是分子量测定的常用方法，可以用来快速测定平均分子量及分子量分布，并可用于制备窄分布的聚合物试样。多孔填料是凝胶色谱柱的关键部分，交联聚苯乙烯凝胶、多孔硅胶多用于有机溶剂，交联葡聚糖凝胶、交联聚丙烯酰胺凝胶和琼脂糖凝胶多用于水体系及生物大分子测定。在凝胶色谱分析中，必须选择待测高分子试样分子量范围的色谱柱，凝胶色谱分辨力高，不会引起凝胶和试样变性，可用于分离相对分子质量大于 $2\times10^3\sim2\times10^6$ 的聚合物，如合成聚合物、天然产物和低聚物等，但其不适于分离相对分子质量相似的试样。相关理论可以参考凝胶色谱分析的有关专著。

从应用的角度讲，以上四种基本类型的液相色谱法实际上是相互补充的。对于相对分子质量大于 2000 的物质的分离主要选用凝胶色谱；对于相对分子质量小的离子化合物的分离选用离子交换色谱；对于极性小的非离子化合物选用分配色谱；对于要分离非极性物质、结构异构，以及从脂肪醇中分离脂肪族氢化合物等最好选用吸附色谱。HPLC 作为物质分离的重要工具，在各个方面都取得了很大的发展，出现了许多新型的色谱。在分配机制方面，亲和色谱是根据另一类分配机制进行分离的新型色谱，是利用生物大分子与其相对应特异识别能力进行分离的一种色谱技术，其具有选择性高、操作条件温和的特点。在流动相方面，超临界流体色谱以超临界流体为流动相，混合物在超临界流体色谱上的分离原理与气相色谱及液相色谱一样，即基于各化合物在两相间的分配系数不同而得到分离，具有比气相色谱和液相色谱更广泛的应用范围。在固定相方面，高分子手性固定相实现了手性药物的分离，同时为了使物质的检测更加准确方便，出现了各种 HPLC 联用技术，例如 HPLC－MS 结合了 HPLC 对样品的高分离能力和MS 能提供相对分子质量与结构信息的优点，在药物及辅料分析等领域提供了可靠的鉴定手段。

5.3.3　HPLC 的分离特点

HPLC 是根据混合物中各个组成成分在固定相和流动相之间的分配比例的不同，实现成分之间的分离的。高效液相色谱仪根据检测器的不同，分为紫外检测器、示差检测器、蒸发光散射检测器、二极管阵列检测器和荧光检测器等，适用于不同特点混合物的分析，扩大了 HPLC 的分析范围，使此方法的应用更加广泛。此外，可以通过改变流动相的种类和配比、调节流动相的酸碱度达到改善色谱峰峰型的目的，进一步提高HPLC 的分离效果，提高检测的灵敏度，保证检测结果的准确性。HPLC 检测器可以保证被分离物质的完整性，作为分离、纯化的手段，可与质谱仪联用，为药品质量鉴定提供更加可靠、方便的检测方法。因此，HPLC 与经典的液相色谱相比，有如下特点：①流动相在高压下的流速加快，大大缩短了分析时间；②采用细颗粒（一般直径为 5～

$10~\mu m$）填料，传质快，使柱效大幅度提高；③检测器灵敏度较高，能连续测定各组分；④用尺寸小的封闭式可重复使用的色谱柱，能在一根柱上进行数百次的进样操作；⑤特别适合那些沸点高、极性强、热稳定性差的化合物，如生化物质和药物、离子型化合物、热不稳定的天然物质等；⑥对样品检测容易，而且是定量的，这对制备和获得目标组分较为有利。

应该指出，HPLC 是随着科学技术的发展而发展起来的，可以作为一种稳定的分离技术广泛应用于制药领域及其他多个领域。据统计，已知化合物的 70%～80% 都可用于液相色谱法进行分析，理论上适用于高沸点、热稳定性差及分子量较大的化合物的分析。随着技术的不断完善，自动化、高效能、高灵敏度、高选择性等已经逐渐成为 HPLC 技术的主要发展方向。

5.3.4　HPLC 在药用高分子辅料中的应用

（1）药品有效成分含量的检测。

HPLC 是药品有效成分含量检测的常用分析方法。当需要测定合成药或制剂药品的含量时，通常除主成分外还含有其他杂质和附加成分，通过 HPLC 检测，可以消除药物或制剂中共存成分间的干扰。天然药物通常具有较复杂的成分，有效成分也可能是多种多样的，由于成分的彼此影响，不同的检测方法结果差别较大。例如，有报道罗汉果的有效成分主要采用比色法定量检测，但是检测结果的偏差较大，采用 HPLC 检测，就可以避免成分间的干扰，达到良好的准确性。陈维军等进行了详细的研究，证明 HPLC 能有效分离各成分，检测结果准确。

（2）药品辅料对质量干扰的检测。

缬沙坦胶囊为 2010 年版《中国药典》收载的品种，采用辅料聚维酮 K30（PVP－K30）为胶囊壳添加剂。聚维酮即聚乙烯吡咯烷酮－K30，是一种非离子型高分子化合物，其分子式为（C_6H_9NO）$_n$，重复单元相对分子质量为 111.143；胶囊壳由药用明胶加辅料精制而成，其主要成分为明胶，明胶为组成相同而相对分子质量分布很宽的多肽分子混合物，相对分子质量一般为几万至十几万。中国食品药品检定研究院的何兰等使用 Shimadzu LC－10AT 高效液相色谱仪，依据 2010 年版《中国药典》中缬沙坦胶囊的质量标准，采用 Inertsil ODS－4（250 mm×4.6 mm，5 μm）色谱柱，以乙腈－水－冰醋酸（500：500：1）为流动相，流速为 1.0 mL/min，检测波长为 225 nm，对八个生产厂家 175 批样品进行有关物质检查，其中四个厂家的供试品溶液中均检出一种未知物质，其相对保留时间约为缬沙坦主峰的 0.14 倍。为了确证供试品溶液中未知物质的来源，首先要确定其组成，进而与辅料聚维酮 K30 及胶囊壳的成分进行比对。实验工作中分别采用 IR、^{1}H－NMR 及 LC－MS 等技术相互佐证，分析论证该未知物质的组成。利用 IR 鉴别从 PVP－K30 溶液和缬沙坦胶囊样品溶液中洗脱收集相对保留时间一致的物质，将收集的溶液在室温干燥，得到干燥残留物进行 IR 鉴别，结果表明，供试品溶液中未知物质均与 PVP－K30 对照品的 IR 图谱一致。通过 HPLC、IR、^{1}H－NMR 及 LC－MS 检测技术，证实了样品溶液中的未知物质为辅料 PVP－K30。辅料干扰质量控制，这在药物质量鉴定中时有发生。如药用辅料阿司帕坦对格列吡嗪分散片质量控制的影响、辛伐他汀片及滴丸有关物质检测受稳定剂干扰等，因此，加强药物辅料的检测，将降低产品质量带来的风险。针对药物质量检测受辅料的干扰，药用辅料标准体系应不断完善。

（3）药用辅料质量标准对比研究。

近年来，临床上由辅料引起的不良反应越来越多，如邻苯二甲酸酯类污染药品事件等，辅料对药品安全性的影响更应引起重视。聚乙烯醇（PVA）作为一种重要的药用辅料，我国从 20 世纪 60 年代中期开始工业化生产，20 世纪 80 年代广泛应用于医药领域。除 2010 年版《中国药典》收载外，USP（36 版）、EP（7.0 版）均收载该品种。其主要用于制作微型胶囊的囊材、膜剂和涂膜剂的成膜材料。PVA 对人体无毒、无副作用，对皮肤无刺激性，具有良好的水溶性和生物相容性，目前已经成为世界上产量最大的水溶性聚合物。为了加强聚乙烯醇对药品的安全性，必须严格控制 PVA 工业生产中的有害元素、PVA 的醇解度和残留溶剂，四川抗菌素工业研究所和四川省食品药品检验检测院对比 2010 年版《中国药典》与 USP（36 版）、EP（7.0 版）质量标准，从砷盐、皂化值、残留溶剂等多方面进行实验论证，为提高 PVA 质量标准和药品安全性提供了依据。

泊洛沙姆（poloxamer）为聚氧乙烯－聚氧丙烯共聚物，其中聚氧乙烯链具有相对亲水性，聚氧丙烯链具有相对亲油性，因此，作为一种非离子型高分子表面活性剂，在药物制剂中主要用作乳化剂和增溶剂。泊洛沙姆 188 是泊洛沙姆系列辅料中具有较佳乳化性能和安全性的品种，因其独特的理化性质而受到广泛关注。作为注射用辅料，泊洛沙姆 188 比口服辅料有更高的质量要求，中国药科大学的王猛等对辅料泊洛沙姆平均分子量、不饱和度以及游离 EO、PO、二噁烷和有机挥发物等方面进行了对比研究，泊洛沙姆 188 可作为增溶剂、乳化剂以及基因药物的载体。2005 年版《中国药典》和 USP（28 版）均收载了泊洛沙姆 188 作为药用辅料，通过对其质量标准的比较可以看出，《美国药典》比《中国药典》多了游离氧化乙烯（EO）、氧化丙烯（PO）、二噁烷和有机挥发物四个检查项目。此外，对于平均分子量和不饱和度的要求《美国药典》更为严格。因此，《中国药典》的泊洛沙姆 188 仅作为口服用辅料，要作为注射用辅料必须对其作进一步精制。

（4）药用辅料中杂质的方法研究。

聚山梨酯 20、40、60 和 80 是一类非离子表面活性剂，常作为稳定剂、乳化剂、润湿剂、增溶剂应用于药物制剂中。2015 年版《中国药典》主要通过测定酸值、皂化值、羟值、过氧化值、乙二醇和二甘醇、环氧乙烷和二氧六环等杂质来控制聚山梨酯系列药用辅料的质量。然而，在研究聚山梨酯 20 和 80 的过程中还发现其含有甲醛和乙醛等醛类杂质。据世界卫生组织（WHO）公布的信息，甲醛和乙醛均为一级致癌物质，甲醛可引起哺乳动物细胞核基因突变、染色体损伤和断裂，乙醛会直接破坏细胞 DNA 结构、诱发基因突变，对造血干细胞的影响尤为显著，甚至可能直接癌变。值得注意的是，聚山梨酯 20 和 80 在注射剂中应用广泛，加大了注射剂的风险，例如，市售单克隆抗体制剂中约 80％的品种含有聚山梨酯 20 或聚山梨酯 80，其产生的甲醛和乙醛等小分子杂质会加速蛋白质的聚集，继而诱发过敏反应。因此，建立聚山梨酯系列药用辅料中甲醛和乙醛的含量检测方法，对于提高药物制剂尤其是高风险制剂的有效性和安全性是十分必要的。

当前，药典标准中药用辅料醛类杂质的检查方法多为滴定法、比色法和 UV 法，这些方法专属性差，均为半定量方法，无法准确测定醛的含量，不利于对药用辅料进行安全性评估。中国食品药品鉴定研究院的孙会敏等采用 HPLC 柱前衍生化法对聚山梨酯类辅料中醛类杂质的含量进行了测定，讨论了过氧化值与甲醛和乙醛总含量之间的相关性，提出在聚山梨酯系列药用辅料的质量标准中补充醛类检查项目的必要性。实验表明，该 HPLC 柱前衍生化法简单、准确、灵敏、专属性好，适用于聚山梨酯类药用辅料中甲醛和乙醛的定量测定，对其他聚氧乙烯类药用辅料中醛类杂质的检测也具有参考价值。另外，考虑到甲醛和乙醛的毒性大，而国内外药典标准中均未对聚山梨酯系列药用辅料中的醛类杂质进行控制，都是通过控制过氧化值来限定油脂的氧化程度。虽然醛类杂质也是因氧化反应产生，但是过氧化值能否反映存在的醛类杂质，实验结果未见报道。

供试品溶液的配制：精密称量 0.5 g 聚山梨酯类样品，加入 1.0 mL 乙腈溶解样品，再加入 2.0 mL 2,4-DNPH 溶液混匀，室温反应 60 min 后转入 10 mL 棕色容量瓶中，加乙腈稀释至刻度，即得供试品溶液用于 HPLC 测定。空白对照溶液不加入聚山梨酯类样品或衍生化试剂，其余步骤同以上操作。色谱分离条件：色谱柱：CAPCELL PKA DD-C8 柱（4.6 mm×150 mm，5 μm）；流动相 A：水，流动相 B：乙腈；梯度洗脱条件见表 5-1；进样量：10 μL；流速：1.0 mL/min；检测波长：360 nm；柱温：30℃。色谱分析中采用外标法计算各批次聚山梨酯类样品中甲醛和乙醛的含量，并计算甲醛和乙醛总含量，结果见表 5-2，所有样品均检出甲醛和乙醛，而且不同厂家和同一厂家不同批次样品的醛含量差异较大，说明生产厂家并未控制聚山梨酯类化合物可能产生的醛类杂质，这必将增加有关药物制剂的安全性风险。

表 5-1 分析聚山梨酯类辅料 HPLC 流动相梯度洗脱条件

t（min）	Molile phase A（%）	Mobile phase B（%）
0	65	35
11	20	80
15	0	100
16	65	35

表 5-2　聚山梨酯 20、40、60、80 中的甲醛和乙醛含量及其过氧化值

Samples	Manufactures	Batch number	Grade	Formaldehyde ($\mu g/g$)	Acetaldehyde ($\mu g/g$)	Total content of formaldehyde and acetaldehyde ($\mu g/g$)	Peroxide value (not more than 10)
Polysorbate 20	A[1]	20170309-1K	For injection	10.1	40.1	50.2	8
		20170424K	For injection	22.2	21.0	43.2	1
		20170209-2K	For injection	7.7	40.4	48.1	1
		20170212K	Non-for injection	42.7	19.2	61.9	2
		20170401K	Non-for injection	42.1	19.0	61.1	3
		20170501	Non-for injection	5.4	16.8	22.2	2
	B[1]	0000162391	For injection	2.6	536.4	539.0	3
		209590	Non-for injection	11.3	354.4	365.7	2
		K23591	Non-for injection	1.6	314.2	315.9	1
	C[1]	F0248 AH312	Non-for injection	Not detected	9.8	9.8	2
		F0121 AH112	Non-for injection	Not detected	9.4	9.4	1
		F0222 AH112	Non-for injection	9.4	11.4	20.8	2
Polysorbate 40	D[1]	C1727075	Non-for injection	15.3	77.3	92.5	1
		H1526077	Non-for injection	24.1	68.4	92.4	4
	E[1]	20170420	Non-for injection	593.1	562.3	1155.4	4
		20170823	Non-for injection	70.0	428.2	498.2	5
		Tw20170115	Non-for injection	128.3	297.2	425.5	1
	F[1]	M5UJIPG	Non-for injection	Not detected	32.7	32.7	1
		U8FRIDS	Non-for injection	Not detected	32.5	32.5	1
Polysorbate 60	G[1]	A1720111	Non-for injection	2.3	89.0	91.3	2
		E1529029	Non-for injection	3.3	92.5	95.8	2
	H[1]	Tw20170115	Non-for injection	11.4	64.0	75.4	12
		Tw20170420	Non-for injection	11.4	740.5	751.9	6
		Tw20170823	Non-for injection	9.2	411.9	421.1	3
	I[1]	KPRTJBQ	Non-for injection	5.5	36.5	42.0	1
	J[1]	10197531	Non-for injection	117.4	29.8	147.2	6
Polysorbate 80	K[1]	20160101-3	For injection	23.4	26.2	49.5	13
		20170501	For injection	5.3	18.0	23.3	6
		20170529-2K	For injection	5.2	18.2	23.4	8
		20160105	Non-for injection	9.3	21.4	30.7	3
		20160403	Non-for injection	10.2	21.3	31.5	5
		20160303	Non-for injection	8.0	21.2	29.2	1

Samples	Manufactures	Batch number	Grade	Formal dehyde (μg/g)	Acetal dehyde (μg/g)	Total content of formaldehyde and acetaldehyde (μg/g)	Peroxide value (not more than 10)
Polysorbate 80	L[1]	309363	For injection	39.2	Not detected	39.2	9
	M[1]	2017041201	For injection	38.1	66.1	104.2	15
		2017042001	For injection	83.7	2.7	86.5	13
		2017041901	For injection	2.2	58.1	60.3	3
	N[1]	20161026P	For injection	50.7	6.8	57.5	1
		20161110P1	For injection	19.0	Not delected	19.0	1
		20161213P	For injection	25.4	Not detected	25.4	1
	O[2]	20100503	Non-for injection	Not detected	5.9	5.9	20
	P[2]	20100402	Non-for injection	Not detected	7.8	7.8	23
	Q[2]	20100305	Non-for injection	Not detected	12.9	12.9	18

注：（1）表示有效期内产品，（2）表示过期产品。

表5-2说明，除三批过期样品外，三十九批有效期内样品中，四批样品过氧化值超过10，其余样品的过氧化值均小于10。因此，从总体上来看，按照《中国药典》中聚山梨酯类辅料过氧化值的规定，大多数样品的氧化程度未超过限度值，符合质量标准的要求。在聚山梨酯系列药用辅料样品中，甲醛和乙醛总含量与过氧化值的相关性研究表明，同一厂家聚山梨酯样品的过氧化值越大，其甲醛和乙醛总含量越高，但是不同厂家的产品之间不存在这种关系。因此，应在聚山梨酯系列药用辅料质量标准中单独增加醛类检测项目，并对过氧化值检测项目作进一步探索。

5.4 其他技术对药用高分子的表征

5.4.1 X射线衍射法在药用辅料中的应用

X射线衍射法（XRD）在药学研究领域中分为单晶X射线分析（SXRD）和粉末X射线分析（PXRD）。单晶X射线分析主要应用于化学、生物药物和食品研究中，它可以独立完成全新的或复杂的化学药物分子结构测定，也可以完成生物药物分子、受体或复合物等大分子的结构测定。粉末X射线分析主要应用于化学药物和中药研究，是一种定性或定量的分析技术，可用于化学药品的纯度、晶型、稳定性以及药物制剂中原料药含量和晶型变化等的检测。

5.4.1.1　单晶 X 射线分析

　　单晶 X 射线分析可以从天然产物中获得低含量的化合物，SXRD 只需要一颗单晶体，就可直接使用单晶 X 射线分析仪独立完成化合物的全部结构测定，一般不再需要借助 NMR、MS 等信息。单晶 X 射线分析不仅可以解决未知化合物的结构测定，还可以帮助药物制剂研究者完成疑难结构的测定，对已知化合物结构进行确证，对错误的分子结构进行修正，最终为药物制剂学家提供准确的药物及辅料分子三维结构和立体化学结构数据。

　　共晶在固体药物制剂中是常见的现象，最简单的例子就是药物分子与溶剂、结晶水分子以共晶方式存在，共晶分子结构可以由异构体形成，也可以由不同结构分子形成。在药物与辅料研究中，确切地了解共晶的组成成分以及它们实际存在的比例是至关重要的。单晶 X 射线分析对药物中的共晶样品可以给出准确、定量的分析结果。

　　分子绝对构型的测定应用 SXRD 可获得药物分子的绝对构型，特别是全新骨架类型的药物分子的绝对构型。测定药物分子的绝对构型常用的方法有：①应用反常散射法测定分子绝对构型。利用分子中所含原子（特别是重原子）的 X 射线反常散射（色散）效应，可以准确地测定分子构型。②不含重原子的分子绝对构型测定。抗疟新药青蒿素的分子绝对构型测定就是利用非重原子 C、O 的反常散射效应实现的。因为 C、O、N 原子的反常散射效应弱，故在 X 射线衍射实验中需要采用 CuKα 辐射，以准确地测量反常散射点对的衍射数据。③利用分子中已确认的局部构型信息确定分子绝对构型。对于非新骨架的分子，根据文献或波谱数据，可以确定其局部取代基的构型，参照可确定待测化合物分子的绝对构型。④引入手性溶剂确定分子绝对构型。在进行化学药物样品的重结晶过程中，选择引入手性试剂，如 D 或 L−酒石酸等，形成共晶的单晶体，从单晶 X 射线分析所得共晶组分的立体结构图中，以手性试剂的已知构型为参照，即可获得待测分子的绝对构型。

5.4.1.2　粉末 X 射线分析

　　X 射线照射的样品不是一颗单晶体时，相应的 X 射线衍射图像将由许多小晶粒随机取向，形成各自独立的单晶 X 射线衍射图像，应用粉末 X 射线衍射仪，记录相应的粉末 X 射线衍射谱线，形成晶态锐峰或非晶态弥散峰的 X 射线衍射图谱。每种单一化合物组分应具有自身专属的指纹性粉末 X 射线衍射图谱，可以凭借粉末 X 射线衍射图谱准确地识别化合物，即进行物相分析。

　　1972 年，美国将化学药物的粉末 X 射线衍射列入药典，2000 年版《中国药典》对创新类化学药物中的原料药及其制剂也要求附有粉末 X 射线衍射对照图谱。在化学药物的制药研究过程中，粉末 X 射线衍射技术主要应用于固体状态下单一化合物的鉴别与晶型确定、晶态与非晶态物质判断、多种化合物辅料组成的多相组分分析；在中药及其制剂研究中，由于中药的源头物质中药材来自动物、植物、矿物体，它们中绝大多数都含有大量化学组分，为复杂的多相体系，例如丸、散、膏、丹、颗粒、胶囊等剂型的成药，因此不能沿用化学药物使用的粉末 X 射线方法中的物相分析方法，为此，近年来建立了 X 射线衍射傅立叶指纹图谱分析法。

单一化合物的 PXRD 的形成取决于组成分子的化学元素和分子在晶胞中的排列方式，为标识粉末 X 射线衍射图谱，通常使用两个主要参数：表示衍射线在空间分布的衍射角（2θ）或晶面间距（d），衍射线的强度（I/I_0）。对于给定的单一晶型化合物，PXRD 具有专属性和指纹性。相同化合物的不同晶型，因分子在空间的对称排列规律不同，它们的衍射图谱有明显差异。

添加各种辅料或赋形剂而制成药物制剂后，需要应用粉末 X 射线衍射分析技术鉴别药物制剂中原料药的晶型稳定性及含量，建立药物制剂的对照粉末 X 射线衍射图谱，用于以相同配方、相同工艺生产的不同生产厂家、不同生产批号药品的质量控制。朱砂为硫化物类矿物辰砂，味甘、性微寒，具有清心镇惊、安神、明目、解毒的功效。南京中医药大学药学院与雷允上药业有限公司联合建立朱砂药材及饮片 XRD Fourier 指纹图谱，采用 PXRD 测定 XRD Fourier 指纹图谱，同时进行模糊聚类法分析和相似度评价，共建立了 11 个共有峰为特征指纹信息的 13 批朱砂药材和 17 批朱砂饮片的 XRD Fourier 指纹图谱分析法，药材与饮片的 XRD Fourier 特征图谱峰无明显差异，XRD Fourier 指纹图谱分析法可用于朱砂药材及饮片的鉴定与分析。北京化工大学的乐园、陈建峰等采用 PXRD/SXRD 分析青蒿素原料药、超细粉体及辅料 HPMC、PVP，获得 X 射线衍射分析谱图，如图 5-6 所示，青蒿素原料（raw ART）在 2θ 为 7.4°、11.95°、14.8°、17.5°、20.15°、20.7°、22.2°处均存在强的衍射峰，为结晶态物质。对比谱图可发现，超细粉体（ultra-fine ART）也存在衍射峰同为结晶态物质，但衍射峰明显变宽，峰强变弱甚至消失，出峰位置也发生偏移，这可能是由于青蒿素经微粉化颗粒尺寸显著减小，导致峰形变宽、结晶度降低和峰强变弱。此外，药物超细颗粒被无定形药物辅料羟丙甲纤维素（HPMC）、聚乙烯吡咯烷酮（PVP）承载包覆，对青蒿素特征衍射峰的出峰位置及峰强产生了一定的影响。

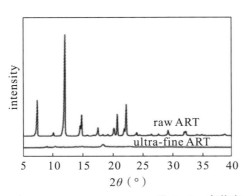
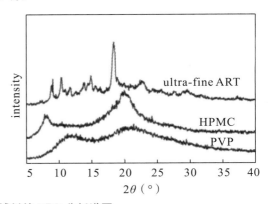

图 5-6　青蒿素与辅料的 XRD 分析谱图

当 X 射线照射到经机械粉碎后的中药材样品上时，药材中的几十种化学成分将产生各自独立的粉末 X 射线衍射图谱，它们的叠加就形成一幅表示该中药材整体结构特征的粉末 X 射线衍射指纹图谱。中药材的 XRD Fourier 是由衍射图谱的几何拓扑规律与特征峰构成的，将通过性状显微宏观鉴定的中药材，经 X 射线衍射实验转换为一幅在衍射空间以图形、数值表示的专属粉末 X 射线衍射指纹性图谱，可以实现对中药材的鉴定、分类与质量控制。通过对牛黄解毒丸、牛黄解毒片、金水宝等 40 余种中成药进行粉末 X 射线衍射分析，可以建立对中成药产品的识别、鉴定与质量控制方法，以及高含量组分的标识，这表明 XRD 在药物、制剂及辅料方面具有广阔的应用前景。

5.4.2 热分析在药物辅料中的应用

热分析（Thermal Analysis，TA）是测量在程控温度下物质的物理性质与温度依赖关系的一类技术。热分析技术主要用于反映高分子材料的相变，如利用差热分析（Differential Thermal Analysis，DTA）和差示扫描量热法（Differential Scanning Calorimetry，DSC）研究高分子的玻璃化转变温度、熔融和结晶行为；利用热重分析（Thermogravimetric Analysis，TG 或 TGA）研究高分子的热分解、热氧化降解，对水分和挥发组分等进行定量分析；利用动态力学分析（Dynamic Mechanical Analysis，DMA）表征力学松弛和分子运动对温度或频率的依赖性。

我国在药物辅料开发方面有一定的能力，除传统辅料外，已能批量生产微晶纤维素、乙基纤维素、羧甲基纤维素、低取代羟丙基纤维素、羟丙基甲基纤维素、丙烯酸树脂、羧甲基淀粉钠、聚乙二醇、蔗糖脂肪酸酯和 β-环糊精等，但数量、种类和质量与国外相比仍有较大差距，主要表现为老牌辅料、生产力低、品种少、规格不齐全、辅料应用研究较少和观念上不够创新。特别是肠溶辅料品种少，应用的主要为肠溶型丙烯酸树脂和醋酸纤维素酞酸酯。而纤维素混合醚及醚酯是一类重要的天然高分子材料，有羟丙基甲基纤维素（HPMC）、羟丙基甲基纤维素酞酸酯（HPMCP）、醋酸羟丙基甲基纤维素酞酸酯（HPMCAP）、羟丙基甲基纤维素偏三苯甲酸酯（HPMCT）、醋酸羟丙基甲基纤维素琥珀酸酯（HPMCAS）、醋酸羟丙基甲基纤维素马来酸酯（HPMCAM）等，因其含有多种羟烷基、烷氧基、含羧基或不含羧基酯的混合醚酯，这些功能性基团赋予天然纤维素衍生物优良性质，其柔韧性、抗湿性、溶解性、安全性、pH 敏感性、成膜性、增稠性等得到调制和改善，从而极大地拓展了纤维素辅料应用的领域。

HPMCAS 是 HPMC 的醋酸和琥珀酸混合酯，是以 HPMC 为原料，与醋酐、丁二酸酐酯化得到的一种性能优良的肠溶包衣材料；HPMCAP 是 HPMC 的醋酸和酞酸混合酯，是采用醋酐、邻苯二甲酸酐对 HPMC 进行结构修饰得到的。因为 HPMCAS、HPMCAP 的分子中没有不稳定的乙酰基，所以具有良好的贮藏稳定性，作为肠溶包衣材料，两者具有成膜性、可塑性，并且可少用或不用增塑剂，从而减少增塑剂的加入对人体的不良影响，这一点是 HPMCAS、HPMCAP 最突出的优点。北京理工大学的邵自强等对 HPMCAS、HPMCAP 纤维素衍生物进行了开发性研究，因 HPMCAS、HPMCAP 在高温下的热稳定性是一个重要的性能，掌握热稳定性对现代制药工艺具有指导意义。通过热重分析（TG）发现，HPMCAS 在 200℃以下对热稳定，在 270℃左右开始快速失重，丁二酰基的含量越高，产物越稳定；HPMCAP 在 150℃以下对热稳定，在 260℃左右开始快速失重，邻苯二甲酰基的含量越高，产物越稳定。两者与HPMCAP（152℃）和醋酸纤维素酞酸酯（124℃）的热重分析相比较有更高的稳定性。对 HPMCAS、HPMCAP 在内的混合醚酯进行开发和研究，有利于在药片、药丸、颗粒药、胶囊等固体药型以及注射剂、液体药剂、滴眼剂和控释、缓释剂等剂型上应用，同时对《中国药典》在热分析纤维素衍生物方面提出鉴定标准。北京化工大学的陈建峰、乐园采用反溶剂重结晶法进行了青蒿素超细粉体的制备研究，通过红外光谱、X 射线衍射、DSC 分析、比表面积测试对原料药及产品的特性进行了综合表征，青蒿素经反溶剂重结晶过程与辅料 HPMC 间产生一定的氢键作用，超细粉体产品的结晶度及熔点降低，比表面积增至原料药的 26.4 倍。青蒿素原料药、超细粉体及相应物理混合物的 DSC 结果如图 5-7 所示。青蒿素原料药的熔点为 155.2℃，超细粉体中药物的熔点为 149.1℃，物理混合物中药物的熔点为 154.5℃，此外，青蒿素超细粉体及物理混合物的吸热熔较原料药均显著降低。经对比分析发现，超细粉体及物理混合物中无定形辅料 HPMC、PVP 的存在使粉体吸热熔显著降低，但其对于药物熔点的降低作用不明显，而超细粉体中的青蒿素经微粉化颗粒尺寸显著减小，是导致药物熔点降低的主要原因。

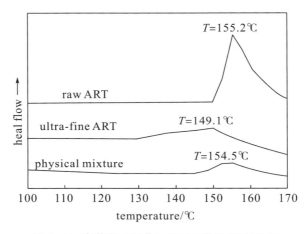

图 5-7　青蒿素原料药与超细粉体的 DSC 分析

5.4.3　显微分析在药物辅料中的应用

从药用高分子材料出发，显微分析技术在药用辅料的应用包括光学显微镜、扫描电子显微镜（Scanning Electron Microscope，SEM）、透射电子显微镜（Transmission Electron Microscope，TEM）、偏光显微镜（Polarized Light Microscope，PLM）、原子力显微镜（Atomic Force Microscope，AFM）等。

扫描电子显微镜（SEM）是利用电子束与样品表面相互作用产生不同的信号，如二次电子、背射电子等进行成像和材料表面结构分析，二次电子用于观察样品的表面形貌，具有很强的立体感。在药用辅料的研究中，SEM 是研究淀粉颗粒形貌的主要方法，使用 SEM 能够很好地观察到淀粉的表面形貌，样品检测前无须进行预处理，直接取微量样品粉末粘附于双面导电胶或者取微量样品悬浮液滴于铝箔片上固定样品，然后置于离子溅射仪中进行喷镀金或碳，给样品镀上一层导电薄膜，避免二次电子在样品表面累积而降低图像质量。例如，王绍清等运用 SEM 观察比较多种淀粉的颗粒形貌，结果表明，淀粉植物来源不同，颗粒大小和形貌也会相异，如图 5-8 所示，淀粉颗粒形态有球形、椭球形、肾形和多面体形等，颗粒大小从几微米到 $100~\mu m$，颗粒结构有单粒和复粒，因此得出淀粉颗粒与淀粉来源在形貌上具有相似性。例如，马铃薯淀粉颗粒形状像马铃薯的椭球形；若是豆类淀粉颗粒，则呈肾形，与豆类外貌相似；大米、糯米和紫米等米类淀粉颗粒均呈多面体形；部分淀粉颗粒在形貌上具有独特性，如棒形的莲藕淀粉、铁饼形的 A 型小麦淀粉等。根据淀粉的微观形貌，可以对淀粉种类进行鉴定。

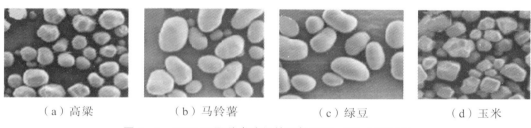

（a）高粱　　　　　（b）马铃薯　　　　　（c）绿豆　　　　　（d）玉米

图 5-8　SEM 不同种类淀粉的颗粒形貌（$M=1000$ 倍）

透射电子显微镜（TEM）是利用电子束代替光源，用电磁透镜代替光学显微镜中的聚光镜进行成像，分辨率可达 0.2 nm。TEM 的电子只能穿过小于 100 nm 的厚度，所以 TEM 的样品是很薄的切片（利用超薄切片机获得）或很小的颗粒，可用来观察材料或细胞内部的细微结构，以及纳米粒子的大小和形态。另外，由于电子束穿透能力很弱，所以观察时需将样品安放在覆有支持膜的铜网上；对于高分子材料样品，为了获得反差好且清晰的图像，还需对高分子试样进行电子染色，染色常用锇和钌等重金属的氧化物和盐类。TEM 在研究药用高分子时，也常检测淀粉颗粒、淀粉糊以及淀粉衍生物的外貌结构，对于淀粉颗粒形态的分析具有重要作用。例如，Monika 和 Jerzy 在研究天然和水解淀粉颗粒的孔隙特征时，用 TEM 观察了玉米、小麦、大米和马铃薯淀粉水解时的颗粒内部变化，结果表明酶的作用使孔面积增加，活性酶能够通过孔隙进入颗粒内部，由内而外进行水解；孔通道主要是无定形区，所以酶首先水解淀粉无定形区，且与玉米、小麦和大米淀粉相比，马铃薯淀粉颗粒结构更紧密，耐酶性更强。

偏光显微镜（PLM）是在光学显微镜的光学系统中插入了起偏振镜和检偏振器，以单波长光线为光源，检测材料内某些有序结构及折射光学性质，具有双折射性质的物质在偏光显微镜下都能分辨清楚。因为淀粉具有一定的双折射性质，所以 PLM 可用来表征淀粉。淀粉颗粒内部晶体和非晶结构的密度和折射率差异的各向异性将产生极化交叉，呈现偏光十字。例如，杜双奎等在研究蕨根淀粉颗粒形貌及其特性时，用 PLM 观察蕨根、红薯和马铃薯淀粉颗粒，根据淀粉样品不同，偏光十字位置、形状和亮暗程度会有很大差别，由此可以有效地鉴定和检测淀粉样品。结果表明，红薯淀粉颗粒偏光十字位于中央，而蕨根和马铃薯淀粉颗粒的偏光十字位于粒端；同时，在 PLM 下发现山药淀粉颗粒偏光十字处于颗粒边沿。淀粉颗粒偏光十字的变化可定性表征颗粒结晶结构的改变，如果淀粉颗粒内部分子链的有序排列结构遭到破坏，则偏光十字就会消失。Zhu 等在研究超声处理对马铃薯淀粉结构的改变时发现，在 PLM 下观察处理后淀粉颗粒的极化交叉保持不变，如图 5−9 所示，实验中超声处理对淀粉颗粒的晶型结构无影响。

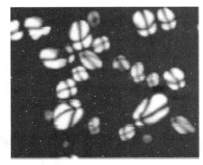

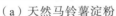

（a）天然马铃薯淀粉　　　　　　（b）超声处理后马铃薯淀粉
图 5−9　天然马铃薯淀粉与超声处理后马铃薯淀粉的偏光显微镜图像

原子力显微镜（AFM）是一种研究物质表面结构的分析方法，将一个对微弱力极敏感的微悬臂一端固定，另一端有一个微小的针尖，其尖端原子与样品表面原子间存在极微弱的排斥力，利用光学检测法或隧道电流检测法，通过测量针尖与样品表面原子间的作用力，获得样品表面形貌的三维信息。AFM 分辨率高，在原子量级上显示物质的表面结构，可观察高分子材料的表面形貌和单链高分子的结构等，具有纳米级的分辨率，可用于对微球颗粒形状、尺寸及粒径分布的观测等。AFM 可用来表征淀粉颗粒表面和内部结构，通过研究淀粉分子链结构，使人们对淀粉有了深入了解。AFM 能够以比光学显微镜更高的分辨率观测表面细节。Baker 等利用接触式 AFM 观察淀粉颗粒内部的纳米结构，发现玉米淀粉颗粒存在放射状结构，脐心周边环绕着 400～500 nm 的生长环，有些颗粒脐心完全暴露，脐心出现不同深度的空洞。M. J. Ridout 等用 AFM 观察玉米和马铃薯淀粉的超微粒的内部结构，如图 5−10 所示。切片颗粒的表面具有纹理外观的球状形貌，尺寸通常为（50±80）nm，如图 5−10（a）中的箭头指示。M. J. Ridout 等通过 AFM 与光学显微镜表征说明，AFM 淀粉颗粒内弹性模量的差异有助于图像的对比度，而且 AFM 图像对颗粒内非晶和结晶区域的位置敏感，可以归因于小块的特征表现为更高的对比度和更高的模量单位，与部分晶体结构一致。研究认为 AFM 提供了新的对比机制，AFM 图像将补充 SEM 和 TEM 数据。同时，淀粉颗粒超微结构图像的方法可用于比较不同植物来源的淀粉，或检测基因突变对淀粉粒结构的影响。SEM、TEM、PLM 和 AFM 可分别用于表征淀粉颗粒外貌、超微结构、结晶结构、颗粒内部结构以及纳米结构，这几种方法都可以用来观察淀粉的外部形貌、立体分布、颗粒堆积等。除了淀粉以外的药用辅料，可以根据具体的实验要求来选择合适的检测方法。

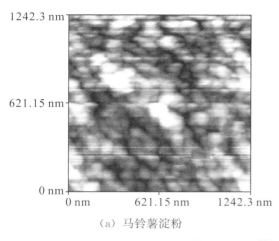

（a）马铃薯淀粉

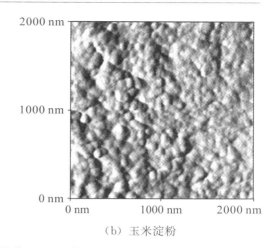

（b）玉米淀粉

图 5-10　颗粒切片的 AFM 图像

2020 年版《中国药典》中药用辅料品种的收载量大幅增加，进一步明确了可供注射用辅料品种和标准。这些标准的制定对提升药用辅料质量，特别是高风险药品的安全性有着积极的促进作用，对弥补我国药用辅料标准短缺、提高药用辅料监管能力、推进药用辅料行业发展有着重要的作用。因此，辅料质量控制应该更加严格，同时加强对药用辅料鉴别、有关物质、杂质、残留溶剂等的控制要求，增订药用辅料功能性指标研究指导原则，注重对辅料功能性控制，使辅料标准更加全面。此外，应根据辅料功能性指标的不同，形成系列化、规格化的标准，以满足制剂生产的需求。

参考文献

[1] 武慧超，杜守颖，陆洋，等. 药用辅料羟丙基甲基纤维素在制剂中的应用 [J]. 中国实验方剂学杂志，2013，19（17）：360-365.

[2] 张倩. 高分子近代分析方法 [M]. 2 版. 成都：四川大学出版社，2015.

[3] 曹玲，石蓓佳，王玉. 常用羧酸类及其衍生物药用辅料的拉曼光谱鉴别 [J]. 药物分析杂志，2010，30（3）：484-490.

[4] Amsden B，Turner N. Diffusion characteristics of calcium alginate gels [J]. Biotechnology & Bioengineering，1999，65（5）：605-613.

[5] Degardin K，Roggo Y，Margot P. Understanding and fighting the medicine counterfeit market [J]. J Pharm. Biomed Anal.，2014，87（1）：167-175.

[6] Deconinck E，Sacre P Y，Courselle P，et al. Chemometrics and chromatographic fingerprints to discriminate and classify counterfeit medicines containing PDE-5 inhibitors [J]. Talanta，2012，100（10）：123-133.

[7] Kalyanaman R，Dobler G，Ribick M. Near-infrared（NIR）spectral signature development and validation for counterfeit drug detection using portable spectrometer [J]. Am Pharm Rev，2011，14（4）：98-104.

[8] 王正熙. 聚合物红外光谱分析与鉴定 [M]. 成都：四川大学出版社，1989.

［9］李荣生，王玉，黄朝瑜，等. 药品红外光谱鉴别中常见问题及分析［J］. 中国药品标准，2012，13（5）：326－330.

［10］《国内外药品标准对比分析手册》编委会. 国内外药品标准对比分析手册［M］. 北京：化学工业出版社，2003.

［11］王绯，姜连阁，白政忠. IR 法用于药物制剂鉴别的可行性［J］. 中国药品标准，2011，12（5）：325－328.

［12］刘彩君，尹利辉，张雁. 几种常用片剂辅料的拉曼光谱分析［J］. 中国药师，2012，15（8）：1086－1089.

［13］张小松，周琳. 几种药物片剂的红外光谱鉴别研究［J］. 实用药物与临床，2005，8（6）：12－15.

［14］刘怡菲，齐艳梅，冯俊霞，等. 玉米粉蛋白质二级结构的红外光谱研究［J］. 中国牛奶，2015（1）：1－4.

［15］孟峡，刘媛. 红外光谱酰胺Ⅲ带用于蛋白质二级结构的测定研究［J］. 高等学校化学学报，2003，24（2）：226－231.

［16］任静，刘刚，欧全宏，等. FTIR 结合 DWT 鉴别研究六种不同植物来源的淀粉［J］. 湖北农业科学，2016，55（5）：1277－1280.

思考题

1. 简述红外光谱与拉曼光谱的异同点。
2. 举例简述近红外光谱在高分子辅料结构鉴定中的应用。
3. 简述 XRD 在药品及药用辅料研究领域中的特点及应用实例。
4. 举例说明热分析法对高分子辅料的应用。
5. 结合实例阐述天然与合成药用辅料的近代分析方法的鉴定意义。

第6章

药物的缓释与控释制剂

6.1 概述

通常来说，药物的剂型可分为注射剂和片剂两种，但这两种剂型并不适用于所有药物。注射剂和片剂药物在进入血液循环以后，会使血药浓度迅速升高，且起伏很大，出现"峰谷"现象。血药浓度达到高峰时，可能产生毒副作用；低谷时可在治疗浓度以下，以致不能显现疗效。缓释与控释制剂可较持久地传递药物，减少用药频率，避免或减小血药浓度峰谷现象。1995 年版《中国药典》对缓释与控释制剂的定义已有明确规定：缓释制剂（sustained-release preparations）指用药后能在较长时间内持续释放药物，以达到长效作用的制剂，其中药物释放主要是一级速率过程。对于注射剂，药物释放可持续数天至数月；口服剂的持续时间根据其在消化道的滞留时间，一般以小时计。控释制剂（controlled-release preparations）指药物能在预定时间内自动以预定速率释放，使血药浓度长时间恒定维持在有效浓度范围的制剂。广义地讲，控释制剂包括控制药物的释放速率、方向、时间，肠溶制剂、靶向制剂、透皮吸收制剂等都属于控释制剂的范畴。狭义地讲，控释制剂一般指在预定时间内以零级或接近零级速率释放药物的制剂。常规、缓释、控释制剂血药浓度与时间的关系如图 6-1 所示。

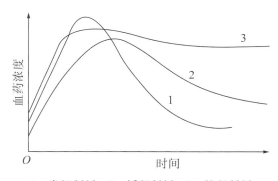

1—常规制剂；2—缓释制剂；3—控释制剂

图 6-1 血药浓度与时间的关系

近年来，缓释与控释制剂有了很大发展。其主要具有以下特点：

（1）对于半衰期短或需要频繁给药的药物，可以减少给药次数，如常规制剂每天给药 3 次，制成缓释或控释制剂可改为每天给药 1 次，这样可以大大提高病人服药的顺应性，特别适用于需要长期服药的慢性病患者（如心绞痛、高血压、哮喘等）。

（2）使血药浓度平稳，避免"峰谷"现象，有利于降低药物的毒副作用，特别是对于治疗指数较窄的药物。根据关系式 $\tau \leqslant t_{1/2}(\ln TI / \ln 2)$（其中 TI 为治疗指数，$t_{1/2}$ 为药物的半衰期，τ 为给药间隔时间），若药物 $t_{1/2}=3$ 小时，$TI=2$，用常规制剂要求每 3 小时给药 1 次，一天要服 8 次才能避免血药浓度过高或过低，这显然是不现实的，若制成缓释制剂或控释制剂，每 12 小时服一次，既方便又能保证药物的安全性和有效性。

（3）可减少用药的总剂量，因此可用最小剂量达到最大药效。

虽然缓释与控释制剂具有上述优越性，但并不是所有药物都适合，如剂量很大（>1 g）、半衰期很短（<1 小时）、半衰期很长（>24 小时）、不能在小肠下端有效吸收的药物，一般情况下不适于制成口服缓释制剂。具有长半衰期的药物，在人体内滞留时间较长，虽然其常规制剂口服后可产生较长时间的药效，但往往也会产生显著的血药峰，制成缓释与控释制剂后，可降低毒副作用。对于口服缓释制剂，一般要求在整个消化道都有药物的吸收，因此具有特定吸收部位的药物制成口服缓释制剂的效果不佳。对于本身溶解度极差的药物，也不一定适合制成缓释制剂。

在选择药物研制缓释制剂时，还需考虑缓释与控释制剂不利的一面。临床应用缓释制剂治疗疾病，对剂量调节的灵活性降低，如果遇到出现较大副反应等特殊情况，往往不能立刻停止治疗。有些国家增加了缓释制剂的品种规格，可以缓解这种缺点，如硝苯地平有 20 mg、30 mg、40 mg、60 mg 等规格。另外，缓释制剂的设计往往基于健康人群的平均动力学参数，当人体处于疾病状态，药物在体内的动力学特性有所改变时，就不能灵活调节给药方案。此外，涉及缓释与控释制剂的生产设备和工艺费用较常规制剂高昂。

缓释与控释制剂可分为定时类缓释与控释制剂、定位类缓释与控释制剂以及定速类缓释与控释制剂三种类型。

定时释放技术又被称为脉冲释放技术。采用定时释放技术研制的缓释与控释制剂可根据人体生物节律释放出患者所需的药量，使药物能够发挥最佳的治疗效果，并可减少药物的毒副作用。通常情况下，药物释放的时间点根据时辰药理学的研究结果来确定，并通过调节缓释与控释聚合物的种类和用量等方式，使得药物在预定的时间点被释放。

定位释放技术是指缓释与控释制剂的定位释放可增加人体特定部位对药物的吸收，使得药物能够浓集于特定部位，从而实现局部治疗。例如，采用定位释放技术研制的缓释与控释制剂可长时间滞留在患者的胃肠道内，增加胃肠道对药物有效成分的吸收，从而更好地治疗胃肠道疾病。采用胃漂浮、胃膨胀、胃生物黏附等技术可实现缓释与控释制剂在胃内滞留的目的；肠道定位给药技术可以避免药物在胃内的强酸环境下降解失活，同时可减少药物对胃的刺激。

定速释放技术是指缓释与控释制剂中的有效成分能够以特定的速率在体内释放，且不受其他因素的影响。缓释与控释制剂的定速释放可以减少患者体内血药浓度明显波动的情况，提高药物治疗的效果，减少毒副作用。

缓释与控释制剂的种类主要包括骨架型缓释或控释制剂（包括亲水凝胶骨架片、蜡质骨架片、不溶性骨架片和骨架型小丸）、包衣型缓释或控释制剂（包括微孔膜包衣片、肠溶膜控释片、膜控释小片、膜控释小丸等）、渗透泵型缓释或控释制剂、胃内漂浮型缓释或控释制剂、植入型缓释或控释制剂等。

6.2　缓释与控释制剂释药原理

6.2.1　溶出原理

药物的释放受其溶出速率的限制，溶出速率慢的药物显示出缓释的性质。根据 Noyes-Whitney 溶出速率公式：

$$\frac{\mathrm{d}C}{\mathrm{d}t} = KS(C_s - C) \qquad\qquad (6-1)$$

因 $K = \dfrac{D}{V}$，所以，K 与 V 成反比关系，溶出介质的量 V 越大，溶出速率常数 K 越小；另外，V 也与药物在溶液主体中的浓度 C 有关，即 V 越大，C 越小，$C_s - C$ 的值越大；若 K 变小，$\dfrac{\mathrm{d}C}{\mathrm{d}t}$ 就很难检测了。通过减小药物的溶解度，降低药物的溶出速率，可使药物缓慢释放，达到长效作用。利用上述原理，为了达到缓释目的可以将药物制成合适的盐或衍生物，用延缓溶出的材料包衣或将药物与具有延缓溶出的载体相混合。具体方法有下列几种：

（1）制成溶解度小的盐或酯。

例如，青霉素的普鲁卡因盐或二苄基乙二胺盐，药效比青霉素钾（钠）盐显著延长。醇类药物经酯化后水溶性减小，药效延长，如睾丸素丙酸酯、环戊丙酸酯、庚酸酯等，一般以油注射液供肌内注射，药物由油相扩散至水相，然后水解为母体药物而产生治疗效果，药效维持时间可延长 2～3 倍。

（2）高分子化合物的难溶盐。

鞣酸为高分子化合物，与生物碱类药物可形成难溶性盐，其药效比母体药物延长，例如 N－甲基阿托品鞣酸盐、丙咪嗪鞣酸盐。鞣酸与增压素形成的复合物的油注射液（混悬液），治疗尿崩症的药效长达 36～48 小时。鞣酸与维生素 B_{12} 形成复合物，B_{12} 的作用时间也延长。聚丙烯酸、磺酸或磷酸化多糖类化合物、多糖醛酸等与链霉素、新霉素、紫霉素均可结合成盐，对淋巴系统具有亲和力。由于淋巴循环缓慢，故这些盐在体内的药效可维持较久。海藻酸与毛果芸香碱结合成的盐在眼用膜剂中的药效维持时间比毛果芸香碱盐酸盐显著延长。胰岛素注射液在人体内的有效时间极短，一般进行皮下注射，每日需注射四次。碱性蛋白如鱼精蛋白可与胰岛素结合成溶解度小的鱼精蛋白胰岛素，加入锌盐成为鱼精蛋白锌胰岛素，可维持药效 18～24 小时或更长。

（3）控制粒子大小。

药物的表面积与溶出速率有关，难溶性药物的颗粒直径增加可使其吸收减慢。例如，超慢性胰岛素中所含的胰岛素锌晶粒甚大（大部分粒径超过 10 μm），故其作用时间可长达 30 多个小时；含晶粒较小（粒径不超过 2 μm）的半慢性胰岛素锌，作用时间则为 12~14 小时。口服药物同样如此。

利用溶出原理制备的骨架类型有两种：

（1）药物包裹溶蚀性骨架。

以脂肪、蜡类等物质为主要基质制成的缓释片，药物溶于或混合于这些基质中，其释放速率与脂肪酸酯水解的难易程度有关，例如棕榈酸甘油酯对磺胺释放速率的影响按单酯、双酯、三酯的顺序递降，因三棕榈酸甘油酯最不易被消化液水解，其释药过程如图6-2（b）所示。

（2）药物包裹亲水性凝胶骨架。

以亲水性凝胶为骨架制成的片剂，在体液中逐渐吸水膨胀，药物逐渐扩散到表面而溶于体液中。常用的亲水性凝胶有甲基纤维素、羧甲基纤维素钠、羟丙基淀粉、PVP、卡波姆等，其释药过程如图 6-2（c）所示。

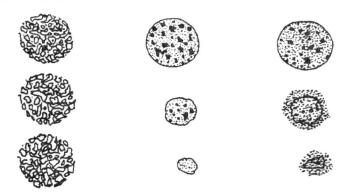

（a）不溶性骨架片　　（b）溶蚀性骨架片　　（c）亲水性凝胶骨架片

图 6-2　三种不同骨架片的释药过程

6.2.2　扩散原理

药物释放以扩散作用为主，可分为以下几种情况：

（1）水不溶性膜材包衣的制剂。

乙基纤维素包括的微囊或小丸就属于这类制剂，其释放速率符合 Fick's 第一定律：

$$\frac{dM}{dt} = \frac{ADK}{L}\Delta C \tag{6-2}$$

式中，$\frac{dM}{dt}$ 为释放速率，A 为面积，D 为扩散系数，K 为药物在膜与囊芯之间的分配系数，L 为包衣层厚度，ΔC 为膜内外药物的浓度差。若 A、L、D、K 与 ΔC 保持恒定，则释放速率就是常数，为零级释放过程。若其中一个或多个参数改变，就是非零级释放过程。

（2）包衣膜中含有部分水溶性聚合物。

乙基纤维素与甲基纤维素混合组成的膜材具有这种性质，其中甲基纤维素属于水溶性聚合物。此种情况可用下式表示：

$$\frac{\mathrm{d}M}{\mathrm{d}t} = \frac{AD}{L}\Delta C \tag{6-3}$$

式中，$\dfrac{\mathrm{d}M}{\mathrm{d}t}$ 为释放速率，A 为面积，D 为扩散系数，L 为包衣层厚度，ΔC 为膜内外药物的浓度差。与式（6−2）相比较，式（6−3）少了分配系数 K，这类药物制剂释放接近零级释放过程。

（3）水不溶性骨架片。

水不溶性骨架片中，药物释放是通过骨架中许多弯弯曲曲的孔道进行的，如图 6−2（a）所示，该过程符合 Higuchi 方程：

$$Q = \left[DS(P/\lambda)(2A - SP)t\right]^{1/2} \tag{6-4}$$

式中，Q 为单位面积在 t 时间的释放量，D 为扩散系数，P 为骨架中的孔隙率，S 为药物在释放介质中的溶解度，λ 为骨架中的弯曲因素，A 为单位体积骨架中的药物含量。

式（6−4）的建立基于以下假设：①药物释放时保持伪稳态（pseudo steady state）；②$A \geqslant S$，即存在过量的溶质；③理想的漏槽状态（sink condition）；④药物颗粒比骨架小得多；⑤D 保持恒定，药物与骨架材料没有相互作用。

假设方程右边除 t 外都保持恒定，则式（6−4）可简化为

$$Q = k_{\mathrm{H}}t^{1/2} \tag{6-5}$$

式中，k_{H} 为常数，即药物的释放量与 $t^{1/2}$ 成正比。

应用扩散原理的膜控型缓释与控释制剂常可获零级速率释药，药物释放速率可通过改变聚合物的性质来实现，以符合各种药物及其临床治疗的需要。其缺点是贮库型制剂中所含药量比常规制剂大得多，因此，任何制备过程中的差错或损伤可因药物贮库的暴露而导致毒副作用。此外，对于植入型给药系统，药物释放完后，必须将不溶性聚合物从体内除去或取出。

对于骨架型缓释与控释制剂，外层骨架中的药物首先接触介质，溶解，然后从骨架中扩散出来。显然，这类缓释与控释制剂骨架中药物粒子的溶出速率必须大于溶解药物的扩散速率。这一类制剂的优点是制备容易，可用于释放大分子量的药物，缺点是药物不呈零级释放。同时，对植入剂型缓释与控释制剂，药物释放后的空骨架必须从体内取出。利用扩散原理达到缓释或控释作用的制剂，主要有包衣、微囊、不溶性骨架片剂、植入剂、药树脂、乳剂等。

（1）包衣：将药物小丸或片剂用阻滞材料包衣，可以一部分小丸不包衣，另一部分小丸分别包厚度不等的衣层，包衣小丸的衣层崩解、溶解后，其释药特性均与不包衣小丸相同，如此可以延长药效，如图 6−3 所示。其所用的阻滞材料有肠溶材料和阻滞剂。

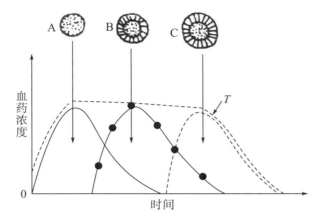

A—不包衣小丸；B—包较薄衣层的小丸；C—包较厚衣层的小丸

图 6-3 不同包衣小丸血药浓度—时间曲线示意图

（2）微囊：使用微囊技术制备控释或缓释制剂是较新的方法。微囊膜为半透膜，在胃肠道中，水分可渗透进入囊内，溶解囊内药物，形成饱和溶液，然后扩散于囊外的消化液中被机体吸收。微囊膜的厚度、微孔的孔径、微孔的弯曲度等决定药物的释放速率。

（3）不溶性骨架片剂：以不溶性高分子塑料为连续相，如无毒聚氯乙烯、聚乙烯、聚甲基丙烯酸甲酯，硅橡胶等为骨架。影响药物释放速率的主要因素有药物的溶解度及骨架的孔率、孔径和孔的弯曲程度。水溶性药物较适于制备这类片剂，因为难溶性药物释放太慢。药物释放完后骨架随粪便排出体外。

这类片剂的制备方法大致如下：①将药物粉末与塑料混匀，加入塑料的有机溶剂润湿、拌匀，制成软材，制粒；②将药物溶于含塑料的有机溶剂溶液中，溶剂蒸发后塑料层就在药物表面形成了保护层，再制粒，压片。

（4）植入剂：植入剂为固体灭菌制剂，是将不溶性药物熔融后倒入模型中形成，一般不加赋形剂，用外科手术埋藏于皮下，药效可长达数月甚至数年。例如孕激素的植入剂。

（5）药树脂：阳离子交换树脂与有机胺类药物的盐交换，或阴离子交换树脂与有机羧酸盐或磺酸盐交换，即制成药树脂，干燥的药树脂制成胶囊剂或片剂供口服用，在胃肠液中，药物再被交换而释放于消化液中。维生素 B_1、维生素 B_2、维生素 B_6、维生素 B_{12}、维生素 C、烟酸、泛酸、叶酸和麻黄碱、阿托品、苯丙胺、异丙嗪等均曾制成药树脂。只有解离型的药物才适用于制成药树脂，离子交换树脂的交换容量甚少，故剂量大的药物不适于制成药树脂。药树脂外面还可包衣，最后制成混悬型缓释制剂。

（6）乳剂：对于水溶性药物，可将其溶液制成水/油型乳剂，以精制羊毛醇和植物油为油相，临用时加入注射液，猛力振摇，即成水/油型乳剂注射剂。在体内（肌内），水相中的药物向油相扩散，再由油相分配到体液，因此有缓释与控释作用。

另外，注射液或其他液体制剂，常用增加溶液黏度以减小扩散速率达到延长药物作用。如明胶用于肝素和维生素 B_{12}，PVP 用于胰岛素、肾上腺素、皮质激素、垂体后叶激素、青霉素、局部麻醉药、安眠药、水杨酸钠和抗组胺类药物等，均有延长药效的作用。1％的 CMC 用于 3％的盐酸普鲁卡因注射液，可使作用时间延长至 24 小时。

6.2.3　溶蚀与扩散、溶出结合

严格地讲，释药系统可以归类为溶出控制型和扩散控制型。生物溶蚀型给药系统的释药特性很复杂。某些骨架系统不仅药物可从骨架中扩散出来，而且骨架本身也处于溶解过程。当聚合物溶解时，药物扩散的路径长度改变，这一复杂性则形成移动界面扩散系统。此类系统的优点是有材料生物溶蚀性能的参与，缺点则是由于影响因素多，此类骨架系统释药动力学很难控制。这是生物溶蚀型缓释制剂制备的一种方法。

制备生物溶蚀型缓释制剂的另一种方法是通过化学链将药物和聚合物直接结合，药物通过水解或酶反应从聚合物中释放出来，此类系统载药量很高，而且释药速率较易控制。

扩散和溶蚀结合的第三种方法是采用膨胀型控释骨架。这类系统是药物溶于聚合物中，聚合物为膨胀型的。首先水进入骨架，药物溶解，从膨胀的骨架中扩散出来，其释放速率在很大程度上取决于聚合物膨胀速率、药物溶解度和骨架中可溶部分的大小。由于药物释放前聚合物必须先膨胀，这类系统通常可减小突释效应。

6.2.4　渗透压原理

利用渗透压原理制成的控释制剂能均匀恒速地释放药物，比骨架型缓释制剂更为优越。现以渗透泵型片剂为例说明其原理和构造（图 6-4）。片芯由水溶性药物与水溶性聚合物或其他辅料制成，外面用水不溶性聚合物包裹（如醋酸纤维素、乙基纤维素或乙烯-醋酸乙烯共聚物等包衣），成为半渗透膜壳，水可渗进此膜，但药物不能。一端壳顶用适当方法（如激光）开一小孔，当与水接触后，水即通过半渗透膜进入片芯，使药物溶解成为饱和溶液，渗透压为 4053～5066 kPa（体液渗透压为 760 kPa）。由于渗透压的差别，药物由小孔持续流出，其量与渗透进来的水量相等，直到片芯内的药物溶解殆尽为止。

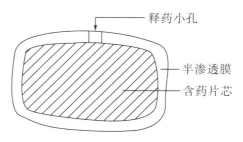

图 6-4　渗透泵型片剂纵切面示意图

渗透泵型片剂片芯的吸水速率决定于膜的渗透性能和片芯的渗透压。从小孔中流出的溶液与通过半透膜的水量相等，片芯中药物未被完全溶解，则药物按恒速释放；当片芯中药物逐渐低于饱和浓度，释药速率逐渐以抛物线的形式徐徐降低。若 $\dfrac{\mathrm{d}V}{\mathrm{d}t}$ 为水渗透进入膜内的速率，K、A 和 L 分别为膜的渗透性、面积和厚度，$\Delta\pi$ 为渗透压差，则

$$\frac{\mathrm{d}V}{\mathrm{d}t} = \frac{KA}{L}\Delta\pi \qquad (6-6)$$

若上式右端保持不变，则

$$\frac{\mathrm{d}V}{\mathrm{d}t} = K' \qquad (6-7)$$

故药物以零级速率释放。

胃肠液中的离子不会渗透进入半透膜，故渗透泵型片剂的释药速率与 pH 无关，在胃中与在肠中的释药速率相等。半渗透膜的厚度、孔径和孔率、片芯的处方以及释药小孔的直径，是制备渗透泵型片剂的关键。释药小孔的直径太小会减小释药速率，太大则释药过快。

此类片剂一般分为两种类型：A 型片芯含有固体药物与电解质，遇水即溶解，电解质可形成高渗透压差。B 型中的药物以溶液形式存在于非渗透性弹性囊内，膜外周围为电解质。两种类型片剂的释药孔都可为单孔或多孔。渗透泵型片剂的优点在于其可传递体积较大，理论上，药物的释放与药物的性质无关；缺点是价格较高，且对溶液状态不稳定的药物不适用。

6.2.5 离子交换作用

由水不溶性交联聚合物组成的树脂，其聚合物链的重复单元上含有成盐基团，药物可结合于树脂上。当带有适当电荷的离子与离子交换基团接触时，通过交换将药物游离释放出来。

$$树脂^+ —药物^- + X^- \longrightarrow 树脂^+ —X^- + 药物^-$$
或
$$树脂^- —药物^+ + Y^+ \longrightarrow 树脂^- —Y^+ + 药物^+$$

X^- 和 Y^+ 为消化道中的离子，交换后，游离的药物从树脂中扩散出来。药物从树脂中扩散的速率受扩散面积、扩散路径长度和树脂刚性（为树脂制备过程中交联剂用量的函数）的控制，如阿霉素羧甲基葡萄糖微球，以 $RCOO^-\,NH_3^+\,R'$ 表示，在水中不释放，置于 NaCl 溶液中，则释放出阿霉素 $R'NH_3^+Cl^-$，并逐步达到平衡。

$$RCOO^-\,NH_3^+R' + Na^+Cl^- \longrightarrow R'NH_3^+Cl^- + RCOO^-\,Na^+$$

这种制剂可用于肝动脉栓塞治疗肝癌，栓塞到靶组织后，由于阿霉素羧甲基葡萄糖微球在体内与体液中的阳离子进行交换，阿霉素逐渐释放，发挥栓塞与化疗的双重作用。

6.3　缓释与控释制剂的设计

6.3.1　口服缓释与控释制剂设计需考虑的因素

6.3.1.1　理化因素

口服缓释与控释制剂设计需考虑的理化因素包括给药剂量大小、药物的 pKa、体内分配系数及稳定性。

（1）给药剂量大小。对口服给药系统的剂量大小有一个上限，一般认为 0.5~1.0 g 的单剂量是常规制剂的最大剂量，这对缓释制剂同样适用。随着制剂技术的发展和异型片的出现，目前上市的片剂中已有很多超过此限，但作为口服制剂，其大小仍不能无限增大，因此对于大剂量的药物，有时可采用一次服用多片的方法降低每片含药量。此外，对于治疗指数窄的药物还必须考虑服用剂量太大可能产生的安全问题。

（2）药物的 pKa。由于大多数药物是弱酸或弱碱性的，而非解离型的药物容易通过脂质生物膜，因此了解药物的 pKa 和吸收环境之间的关系很重要。直观地看，似乎非解离型对药物透过膜有利，但实际上，药物的水溶性一般随着药物转换成非解离型而减小，而通过扩散和溶出机制的给药系统，其药物的释放可能取决于药物在水性介质中的溶解度。考虑到这些剂型必须在 pH 改变的环境中起作用，胃中环境呈酸性，小肠环境则趋向于中性，所以必须了解 pH 对药物释放过程的影响。对许多药物，吸收最多的部位仍是溶解度最小的区域。例如，某药在胃中溶解度最大，在小肠中主要呈非解离型存在，作为常规制剂，药物在胃中溶解，然后在小肠偏碱性的环境中吸收。对溶出型或扩散型缓释与控释制剂，大部分药物以固体形式到达小肠，这意味着药物在释放过程中溶解度可发生几个数量级的变化。

由于药物制剂在胃肠道的释放受其溶出限制，所以溶解度很小的药物（<0.01 mg·mL^{-1}）本身具有内在的缓释作用。吸收受溶出速率限制的药物例子有地高辛、水杨酰胺等。设计缓释制剂时，对药物溶解度要求的下限已有文献报道为 0.1 mg·mL^{-1}。

（3）分配系数。当药物口服进入胃肠道后，必须穿过各种生物膜才有可能在机体的其他部位产生治疗作用。由于这些膜为脂质膜，因此，药物的分配系数对能否有效透过膜起决定性作用。分配系数高的药物，其脂溶性大，水溶性小；而且，这类药物由于能局限于细胞的脂质膜中，通常能在机体内滞留较长时间。分配系数很低的药物，透过膜较困难，从而造成其生物利用度较低。分配效应也同样适用于扩散通过聚合物膜的情况。因此，扩散膜的选择在很大程度取决于药物的分配特性。

（4）稳定性。口服给药的药物要同时经受酸和碱的水解和酶的降解作用。对固体状态药物，其降解速率较慢，因此，对于存在这一类稳定性问题的制剂选用固体状态药物较好。在胃中不稳定的药物，将制剂的释药推迟至到达小肠后再开始比较有利。对在小肠中不稳定的药物，服用缓释制剂后，其生物利用度可能降低，这是由于较多的药物在小肠段释放，使降解药量增加所致。

6.3.1.2　生物因素

口服缓释与控释制剂设计需考虑的生物因素有生物半衰期、胃肠吸收和体内代谢。

（1）生物半衰期。通常口服缓释制剂的目的是在较长时间内使血药浓度维持在治疗的有效范围内，因此，药物必须以与其消除速率相同的速率进入血液循环。药物的消除速率一般以其半衰期（$t_{1/2}$）定量表示。每一种药物有自己特有的消除速率，包括代谢、尿排泄和所有使药物从血液中永久性消除过程的总和。

半衰期短的药物，制成缓释制剂可以减少用药频率，但这是有限的，因为对于半衰期很短的药物，要维持缓释作用，每单位的药量必须很大，必然使剂型本身增大。一般，半衰期小于 1 小时的药物不适宜制成缓释制剂。半衰期长的药物（$t_{1/2}>24\,h$），一般也不采用缓释制剂，因为其本身已有药效较持久的作用。一般情况大多数药物在胃肠道的运行时间从口至回盲肠交接处的时间是 8～12 小时，药物吸收的时间很难超过 8～12 小时；如果可从结肠吸收，则可能使药物释放时间增至 24 小时。

（2）胃肠吸收。药物的吸收特性可大大影响其是否适合制成缓释制剂。由于制备缓释制剂的目的是对制剂的释药进行控制，因此，药物释放速率必须比吸收速率慢很多。如果我们假定大多数药物和制剂在胃肠道吸收部位的运行时间为 8～12 小时，则吸收的最大半衰期近似于 3～4 小时；否则，药物还没有释放完，制剂已离开吸收部位。这相应于最小表现吸收速率常数为 0.17～0.23 h^{-1}，即吸收达 80%～95%。此吸收速率常数是表观速率常数，实际上，本身吸收速率常数低的药物，不太适宜制成缓释制剂。

以上是假定药物在整个小肠以均匀的速率吸收。但许多药物的吸收情况并非如此。如果药物是通过主动转运吸收，或者转运局限于小肠的某一特定部位，制成缓释制剂则不利于药物的吸收。例如，硫酸亚铁的吸收在十二指肠和空肠上端进行，如果缓释制剂在通过这一区域前不释放药物，则不利于吸收。

因此，要制备成缓释制剂，需要设法使其停留在胃中，这样药物可以缓慢释放，然后到达吸收部位。有人将药物与食物同服后观察到有缓释作用。虽然食物的作用变化很大，但已有方法解决这一问题：其中一个方法是将药物制成低密度的小丸、胶囊或片剂即胃内漂浮制剂，它们可漂浮在胃液上面，延迟其从胃中排出。例如，在胃内滞留时间增加，可使血药浓度提高；但是在小肠吸收范围广泛的药物，采用延长胃排空时间的方法则可能没有作用。另一个方法是应用生物黏附材料，其原理是含有黏附性聚合物的制剂对胃表面（主要是粘蛋白）具有亲和性，从而增加其在胃中的滞留时间。生物黏附剂已经用于口服、眼眶和阴道给药等。

对于吸收较差的药物，除了延长其在胃肠道的滞留时间，还可以用吸收促进剂。吸收促进剂能改变膜的性能，已在机体各种组织包括胃肠道内得到证实。此法主要问题是当其保护膜改变时，可能出现毒性问题。

（3）体内代谢。在吸收前有代谢作用的药物制成缓释剂型，生物利用度会降低。大多数肠壁酶系统对药物的代谢作用具有饱和性，当药物慢慢地释放到这些部位，由于酶代谢过程没有达到饱和，使较多量的药物转换成代谢物。例如，阿普洛尔采用缓释制剂服用时，药物在肠壁代谢的程度增加。多巴脱羧酶在肠壁浓度较高，可对左旋多巴产生类似的结果。如果左旋多巴与能够抑制多巴脱羧酶的化合物一起制成缓释制剂，既能使其吸收增加，又能延长其治疗作用。

6.3.2 缓释与控释制剂的设计

6.3.2.1 药物的选择

缓释与控释制剂一般适用于半衰期短的药物，如 $t_{1/2}$ 为 2～8 小时的药物。宜制成缓释制剂的药物有 5－单硝酸异山梨醇（$t_{1/2}=5\,\mathrm{h}$）、茶碱（$t_{1/2}=3\sim8\,\mathrm{h}$）、伪麻黄碱（$t_{1/2}=6.9\,\mathrm{h}$）、普萘洛尔（$t_{1/2}=3.1\sim4.5\,\mathrm{h}$）、吗啡（$t_{1/2}=2.28\,\mathrm{h}$）等。

半衰期小于 1 小时或大于 12 小时的，一般不宜制成缓释或控释制剂。个别情况例外，如硝酸甘油半衰期很短，也可制成每片 2.6 mg 的缓释片，而安定半衰期长达 32 小时，《美国药典》收载有其缓释制剂产品。其他如剂量很大、药效很剧烈以及溶解吸收很差的药物，剂量需要精密调节的药物，一般也不宜制成缓释或控释制剂。下列类型药物适于制备缓释或控释制剂：抗心律失常药、抗心绞痛药、降压药、抗组胺药、支气管扩张药、抗哮喘药、解热镇痛药、抗精神失常药、抗溃疡药、铁盐、KCl 等。抗生素类药物，由于其抗菌效果依赖于峰浓度，故一般不宜制成缓释或控释制剂。

6.3.2.2 设计要求

（1）生物利用度（bioavailability）。缓释与控释制剂的生物利用度一般应为常规制剂的 80%～120%；若药物吸收部位主要在胃与小肠，宜设计每 12 小时服一次，若药物在大肠也有一定的吸收，则可考虑每 24 小时服一次；为了保证缓释与控释制剂的生物利用度，除了根据药物在胃肠道中的吸收速率，控制适宜的制剂释放速率，在设计时，还应选用合适的材料以达到较好的生物利用度。

（2）峰浓度与谷浓度之比。缓释与控释制剂稳态时峰浓度（$C_{\max}$）与谷浓度（$C_{\min}$）之比应等于或小于常规制剂，也可用百分数表示。根据此项要求，一般半衰期短或治疗指数窄的药物，可设计每 12 小时服一次，而半衰期长或治疗指数宽的药物，则可每 24 小时服一次。若设计零级释放剂型如渗透泵型制剂，其峰谷浓度比显著低于常规制剂，这是降低 $\dfrac{C_{\max}}{C_{\min}}$ 的根本办法，此类制剂血药浓度较平稳。

6.3.3　缓释与控释制剂的剂量计算

关于缓释与控释制剂的剂量，一般根据常规制剂的用法和剂量计算。例如，某药物的常规制剂，每日给药 2 次，每次 20 mg，若改为缓释或控释制剂，则可每日给药 1 次，每次 40 mg。这是根据经验考虑的，也可采用药物动力学方法进行计算，但涉及因素很多，计算结果仅供参考。

6.3.3.1　仅含缓释或控释剂量

（1）缓释或控释制剂零级释放。在稳态时，为了维持血药浓度稳定，药物在体内消除的速率必须等于药物释放的速率。设零级释放速率常数为 k_{r0}，体内药量为 X，消除速率常数为 k，则 $k_{r0}=Xk$。因 $X=CV$，则 $k_{r0}=CVk$，其中 V 为表现分布容积，C 为有效浓度。若要求维持时间为 t_d，则缓释或控释剂量 D_m 可用下式计算：

$$D_m = CVkt_d \tag{6-8}$$

例 1：设茶碱 $k=0.0834\ \text{h}^{-1}$，$V=28.8\ \text{L}$，$C=10\ \mu\text{g/mL}$，$t_d=12\ \text{h}$，则

$$D_m=CVkt_d=10\times28.8\times0.0834\times12=288\ (\text{mg})$$

市售产品有 250 mg 与 300 mg 的规格。

（2）缓释制剂为一级释放。因一级动力学释放药物在任何时间的消除速率与该时间体内药物量成正比，即恒比衰减，药物的半衰期（$t_{1/2}$）恒定，当机体具有消除能力时，称为一级消除动力学规律。在稳态时，$D_m k_{r1}=CVk$，故：

$$D_m = \frac{CVk}{k_{r1}} \tag{6-9}$$

式中，k_{r1} 为一级释放速率常数。

（3）近似计算。$D_m=X_0kt_d$，X_0 为常规制剂剂量，则

$$D_m = X_0 \times \frac{0.693}{t_{1/2}} \times t_d \tag{6-10}$$

若 $t_{1/2}$ 不同，t_d 不变，则 D_m 也不同，见表 6-1。

表 6-1　$t_{1/2}$ 与 D_m 的关系

$t_{1/2}$（h）	t_d（h）	D_m
1	12	$8.3X_0$
2	12	$4.15X_0$
4	12	$2.0X_0$
6	12	$1.38X_0$
8	12	$1.03X_0$

6.3.3.2　缓释或控释剂量

以 D_T 代表总剂量，D_i 代表速释剂量，则

$$D_T = D_i + D_m \qquad (6-11)$$

若缓释部分没有时滞，即缓释部分与速释部分同时释放，速释部分一般采用常规制剂的剂量 X_0，此时加上缓释部分，则血药浓度势必过高，因此要进行校正，设达峰时为 T_{max}，则零级释放

$$D_T = D_i + D_m = X_0 - CVkT_{max} + CVkt_d \qquad (6-12)$$

例 2：5-单硝酸异山梨酯缓释胶囊的 X_0=20 mg，k=0.1386 h^{-1}，T_{max}=2 h，t_d=24 h，C=0.2 μg/mL，V=48 L，则

$D_i = X_0 - CVkT_{max}$=20−0.2×48×0.1386×2=17.34（mg）

$D_m = CVkt_d$=0.2×48×0.1386×24=31.93（mg）

故 $D_T = D_i + D_m$=17.34+31.93=49.27（mg）。其中，速释部分占 35.2%。目前，市售产品有总剂量为 50 mg 的品种，其中 30% 为速释部分。

对于一级释放的制剂：

$$D_T = X_0 - D_m k_{rl} T_{max} + \frac{CVk}{k_{rl}} \qquad (6-13)$$

近似计算为

$$D_T = D_i + D_m = X_0 + X_0 k t_d = X_0\left(1 + \frac{0.693}{t_{1/2}} t_d\right) \qquad (6-14)$$

若 t_d 不变，$t_{1/2}$ 不同，则 D_T 也不同，见表 6-2。

表 6-2　t_d 与 D_T 的关系

t_d（h）	$t_{1/2}$（h）	D_T
1	12	$9.3X_0$
2	12	$5.2X_0$
4	12	$3.0X_0$
5	12	$2.66X_0$
6	12	$2.3X_0$
8	12	$2.0X_0$

以上关于剂量的计算可以作为设计时的参考，实际应用时还可以用动力学方法进行模拟设计。

6.3.4　缓释与控释制剂的辅料

辅料是调节药物释放速率的重要物质。制备缓释与控释制剂需要使用适当辅料（赋形剂、附加剂），使制剂中药物的释放速率和释放量达到医疗要求，确保药物以一定速率输送到病灶并在组织中或体液中维持一定浓度，获得预期疗效，并减小药物的毒副作

用。辅料与剂型的发展有密切联系。辅料在常规剂型、缓释制剂、控释制剂及透皮吸收制剂直至靶向给药系统中，越来越显示出它的重要作用。

缓释制剂中起缓释作用的辅料多为高分子化合物，主要有阻滞剂、骨架材料和增黏剂。阻滞剂（retardants）是一大类疏水性强的脂肪、蜡类材料。常用的有动物脂肪、蜂蜡、巴西棕榈蜡、氢化植物油、硬脂醇、单硬脂酸甘油酯等，可延滞水溶性药物的溶解—释放过程，主要用作溶蚀性骨架材料，也可用作缓释包衣材料。肠溶材料亦为一类包衣阻滞材料，在缓释制剂中主要利用其溶解特性产生缓释作用。常用的有醋酸纤维素酞酸酯（CAP）、L及S型丙烯酸树脂。此外，较新的羟丙甲纤维素酞酸酯（HPMCP）和醋酸羟丙甲纤维素琥珀酸酯（HPMCAS）的性能优于CAP。

除上述脂肪、蜡类可用作骨架材料外，还有亲水胶体骨架材料甲基纤维素（MC）、羧甲基纤维素钠（CMC－Na）、羟丙甲纤维素（HPMC）、聚维酮（PVP）、卡波姆、海藻酸盐、脱乙酰壳多糖等。常用的不溶性骨架材料有乙基纤维素、聚甲基丙烯酸酯、无毒聚氯乙烯、聚乙烯、乙烯－醋酸乙烯共聚物、硅橡胶等。

增稠剂是一类水溶性高分子材料，溶于水后其溶液黏度随浓度而增大，根据药物被动扩散吸收规律，增加黏度可以减慢扩散速率、延缓吸收，主要用于延长液体药剂的药效。常用的有明胶、PVP、CMC、PVA、右旋糖酐等。

控释材料多为高分子材料。控释材料它与缓释材料有许多相同之处，但它们与药物结合或混合的方式或制备工艺不同，可表现不同的控速释药特性。不同给药途径所要求的控释制剂的形式不同，所需控释材料的种类、特性也有所不同。具体在各类缓释与控释制剂的制备方法和工艺中讨论。

6.3.5　缓释与控释制剂药物动力学

采用药物动力学模拟的方法为设计和发展缓释与控释制剂提供了可行依据。缓释、控释制剂的释药行为一般分为仅含缓释部分和含速释和缓释两部分。

6.3.5.1　控释制剂为零级释放

无速释部分的情况。假设药物吸收很快，释放过程是限速步骤，并且零级释放，则可建立以下模型：

$$D_m \xrightarrow{k_{r0}} \boxed{X(t)} \xrightarrow{k}$$

则建立以下方程：

$$\frac{dX}{dt} = k_{r0} - kX \tag{6-15}$$

当 $t=0$，$X=0$ 时，

$$C = \frac{k_{r0}}{kV}(1 - e^{-kt}) \tag{6-16}$$

稳态时药物释放速率等于体内的消除速率，当 $t \to \infty$，$e^{-kt} \to 0$，则：稳态时释药浓度 $C_{ss} = \dfrac{k_{r0}}{kV}$。设计时，选用不同的 k_{r0}，用计算机可以模拟出不同的血药浓度与时间的曲线，如图 6-5 所示。

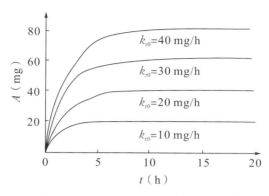

图 6-5　不同释药速率的零级释放曲线

6.3.5.2　控释制剂为零级释放

一级吸收且无速释部分的情况。按条件可以建立下面的模型：

$$D_m \xrightarrow{k_{r0}} \boxed{X_a(t)} \xrightarrow{k_a} \boxed{X(t)} \xrightarrow{k}$$

则可以建立以下方程：

$$\frac{\mathrm{d}X}{\mathrm{d}t} = k_{r0} - k_{r0}\mathrm{e}^{-k_a t} - kX \qquad (6-17)$$

整理解得

$$X = \frac{k_{r0}}{k}(1 - \mathrm{e}^{-kt}) - \frac{k_{r0}}{k_a - k}(\mathrm{e}^{-kt} - \mathrm{e}^{-k_a t}) \qquad (6-18)$$

同样，选用不同的 k_{r0}，k_a 为体内的吸收速率，计算出不同时间的血药浓度模拟曲线，按设计要求确定最适的 k_{r0}。

6.3.5.3　缓释制剂为一级释放

按条件建立以下模型：

$$D_m \longrightarrow \boxed{X_a(t)} \xrightarrow{k_a} \boxed{X(t)} \xrightarrow{k}$$

设药物吸收速率由释放速率控制，用 k_{r1} 代替 k_a，则可以建立下列方程：

$$\frac{\mathrm{d}X}{\mathrm{d}t} = k_{r1} X_a - kX \qquad (6-19)$$

当 $X_a = D_m \mathrm{e}^{-k_{r1} t}$，$t = 0$ 时，$X_a = D_m$，$X = 0$，整理解得：

$$X = \frac{k_{r1} D_m}{k_{r1} - k}(\mathrm{e}^{-kt} - \mathrm{e}^{-k_{r1} t}) \qquad (6-20)$$

不同释放速率常数（k_{r1}）一级释放与吸收模拟的血药浓度曲线如图 6-6 所示。根据设计要求，选择符合需要的释放速率制剂，进行实验研究。

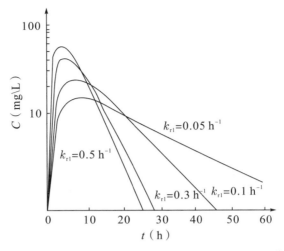

图6—6　不同释放速率常数（k_{r1}）一级释放与吸收模拟的血药浓度曲线

6.3.5.4　缓释制剂为零级释放

此种情况，需要浓度为缓释部分与速释部分之和：

$$C = \frac{k_a F D_i}{V(k_a - k)}(e^{-kt} - e^{-k_a t}) + \frac{k_{r0}}{Vk}(1 - e^{kt}) \qquad (6-21)$$

具有速释与缓释零级单次给药模拟的血药浓度曲线如图6—7所示。

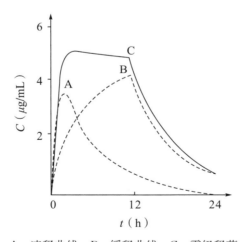

A—速释曲线；B—缓释曲线；C—零级释药
图6—7　具有速释与缓释零级单次给药模拟的血药浓度曲线

若连续多次给药，则出现"尖峰效应"（topping effect）。如图6—8所示，第2次给药后血药浓度不断上升，而此时第1次给药还残留较高的浓度，故在第2次给药时开始出现"尖峰效应"。所以不是任何情况都需要速释部分，多数缓释、控释制剂仅有缓释部分，即前述三种情况。

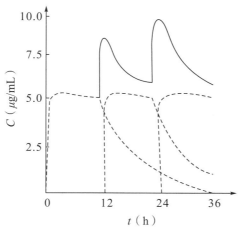

图 6－8　具有速释与缓释多次给药模拟的血药浓度曲线所示的尖峰效应

6.4　缓释与控释制剂的制备工艺

6.4.1　骨架型缓释与控释制剂

6.4.1.1　凝胶骨架片

这类骨架片使用的主要骨架材料为羟丙甲纤维素（HPMC），其规格应在 4000 cPa·s 以上，常用的 HPMC－K4M（4000 cPa·s）和 HPMC－K15M（15000 cPa·s）。HPMC 遇水后形成凝胶。水溶性药物的释放速率取决于药物通过凝胶层的扩散速率，而水中溶解度小的药物，释放速率由凝胶层的逐步溶蚀速率所决定。不管哪种释放机制，凝胶最后都要完全溶解，药物要全部释放，故生物利用度高。在处方中药物含量低时，可以通过调节 HPMC 在处方中的比例及 HPMC 的规格来调节释放速率。在处方中药物含量高时，药物释放速率主要由凝胶层溶蚀所决定，直接压片或湿法制粒压片都可以。除 HPMC 外，还有甲基纤维素、羟乙基纤维素、羧甲基纤维素钠、海藻酸钠等。低分子量的甲基纤维素使药物释放加快，因其不能形成稳定的凝胶层，阴离子型的羧甲基纤维素能够与阳离子型药物相互作用而在肠道中增加药物的释放。

例 3：复方多巴片

处方　左旋多巴　　　　　　　　　　　　　240.0 mg

　　　甘露醇　　　　　　　　　　　　　　23.0 mg

碳酸钙	50.0 mg
羧甲基纤维素	50.0 mg
聚维酮	10.0 mg
羟丙甲纤维素（4000 cPa·s）	110.0 mg
苄丝肼	58.0 mg
富马酸	25.0 mg
滑石粉	12.0 mg
硬脂酸镁	3.0 mg

制备 首先将左旋多巴、甘露醇、碳酸钙、羧甲基纤维素混合均匀，以聚维酮-乙醇溶液为黏合剂制粒，加入羟丙甲纤维素混合为 A 粒。另取苄丝肼、富马酸混合以相同的黏合剂制粒、干燥为 B 粒。将 A、B 两种颗粒混合加滑石粉及硬脂酸镁混匀，压片即得。有些药物的处方，仅用 HPMC 及乳糖就可制得满意的骨架片。

例 4：阿米替林缓释片（50 mg/片）

处方	阿米替林	50 mg
	柠檬酸	10 mg
	HPMC-K4M	160 mg
	乳糖	180 mg
	硬脂酸镁	2 mg

制备 将阿米替林与 HPMC 混匀，柠檬酸溶于乙醇中作润湿剂制成软材，制粒、干燥、整粒，加硬脂酸镁混匀，压片即得。

6.4.1.2 蜡质类骨架片

这类片剂由不溶解但可溶蚀的蜡质材料制成，如巴西棕榈蜡、硬脂醇、硬脂酸、聚乙二醇、氢化蓖麻油、聚乙二醇单硬脂酸酯、甘油三酯等。这类骨架片是通过孔道扩散与蚀解控制释放，部分药物被不能透进水的蜡质包裹。可加入表面活性剂以促进其释放。通常将巴西棕榈蜡与硬脂醇或硬脂酸结合使用。熔点过低或太软的材料不易制成物理性能优良的骨架片。

此类骨架片的制备工艺有三种：第一种是溶剂蒸发，将药物与辅料的溶液或分散体加入熔融的蜡质相中，然后将溶剂蒸发除去，干燥混合制成团块再颗粒化。第二种是熔融，即将药物与辅料直接加入熔融的蜡质中，温度控制在略高于蜡质熔点（约 90℃），熔融的物料铺开冷凝、固化、粉碎，或者倒入一个旋转的盘中使其成型为薄片，再磨碎过筛形成颗粒。在没有加附加剂的情况下，药物释放时间延长，并为非线性释放，若加入 PVP 或聚乙烯月桂醇醚，则呈表观零级释放。用巴西棕榈蜡与 PEG 混合可以制成缓释茶碱片。此外，也可以用胰脂酶与碳酸钙作附加剂，用甘油三酯作阻滞剂，脂酶与水分接触后活化而促进蚀解作用，释放速率由碳酸钙控制（因钙离子为胰酶的促进剂）。第三种是将药物与十六醇在 60℃ 下混合，团块用玉米朊醇溶液制粒。这种工艺制得的片剂释放性能稳定。因为天然蜡与脂质是复杂混合物，熔融过程是必需的。晶型的变化往往使药物释放发生改变。

例 5：硝酸甘油缓释片

处方　硝酸甘油　　　　　　　　　0.26 g（10％乙醇溶液 2.95 mL）

　　　硬脂酸　　　　　　　　　　6.0 g

　　　十六醇　　　　　　　　　　6.6 g

　　　PVP　　　　　　　　　　　3.1 g

　　　微晶纤维素　　　　　　　　5.88 g

　　　微粉硅胶　　　　　　　　　0.54 g

　　　乳糖　　　　　　　　　　　4.98 g

　　　滑石粉　　　　　　　　　　2.49 g

　　　硬脂酸镁　　　　　　　　　0.15 g　　（共制 100 片）

制备　①将 PVP 溶于硝酸甘油－乙醇溶液中，加微粉硅胶混匀，加硬脂酸与十六醇，水浴加热到 60℃，使熔化。将微晶纤维素、乳糖、滑石粉的均匀混合物加入上述熔化的系统中，搅拌 1 小时。

②将上述黏稠的混合物摊于盘中，室温放置 20 分钟，待成团块后，用 16 目筛制粒。30℃下干燥，整粒，加入硬脂酸镁，压片。本品 12 小时释放 76％。开始 1 小时释放 23％，以后呈匀速释放，接近零级。

6.4.1.3　不溶性骨架片

制备不溶性骨架片的材料有聚乙烯、聚氯乙烯、甲基丙烯酸－丙烯酸甲酯共聚物（methyl acrylate-methacrylate copolymer）和乙基纤维素等。此类骨架片在药物释放后整体从粪便排出，在胃肠中不崩解。制备时可以将缓释材料粉末与药物混匀直接压片。如用乙基纤维素可用乙醇溶解，然后按湿法制粒。如制备对乙酰氨基酚缓释片，取对乙酰氨基酚 82 kg，在搅拌下加入 12.4 kg 硬脂酸，加热至 50℃～60℃熔融，加入 10％的乙基纤维素－乙醇溶液 25 kg，搅拌 10～15 min 使成团块制粒。或 35℃～40℃下干燥，整粒，加入硬脂酸镁混匀压片。制剂的控释限速步骤是液体穿透骨架，将药物溶解，然后从骨架的沟槽中扩散出来，故孔道扩散为限速步骤，药物释放符合 Higuchi 方程。其生物利用度取决于药物与缓释聚合物的比例，氯化钾、普鲁卡因等药物均可制成这类缓释片。此类骨架片有时药物释放不完全，会有大量药物包含在骨架中，因此大剂量的药物不宜制成此类骨架片。现在，这类骨架片的应用已不多。

6.4.2　缓释与控释颗粒压制片

缓释与控释颗粒压制片在胃中崩解后类似于胶囊剂，并具有缓释胶囊的优点，同时保留了片剂的优点。下面列举三种不同方法制备这类制剂的例子。

第一种方法是将三种不同释放速率的颗粒混合压片：一种是以明胶为黏合剂制备的颗粒，一种是用醋酸乙烯酯为黏合剂制备的颗粒，还有一种是用虫胶为黏合剂制备的颗粒。药物释放受颗粒在肠液中的蚀解作用控制，明胶制备的颗粒崩解最快，其次为醋酸乙烯酯酯制备的颗粒，虫胶制备的颗粒崩解最慢。

第二种方法是微囊压制片。如将阿司匹林结晶以阻滞剂为囊材进行微囊化，制成微囊，再压制成片。此法特别适用于处方中药物剂量大的情况。

第三种方法是将药物制成小丸，然后再压制成片，最后包薄膜衣。先将药物与乳糖混合，用乙基纤维素水分散体制成小丸，必要时还可用熔融的十六醇与十八醇的混合物进行处理，然后压制成片。再用 HPMC（5 cPa·s）与 PEG400 的混合物水溶液制薄膜衣，也可在包衣料中加二氧化钛，使片剂更加美观。

6.4.3 胃内滞留片

胃内滞留片是指一类能滞留于胃中，延长药物在消化道释放时间，改善药物吸收，提高药物生物利用度的片剂。它一般可在胃内滞留 5～6 小时。此类片剂由药物和一种或多种亲水胶体及其他辅料制成，又称胃内漂浮片，实际上是一种不崩解的亲水性骨架片。为提高滞留能力，可加入疏水性且相对密度小的酯类、脂肪醇类、脂肪酸类或蜡类，如单硬脂酸甘油酯、鲸蜡酯、硬脂醇、硬脂酸、蜂蜡等。加入乳糖、甘露糖等可加快释药速率，加入聚丙烯酸酯 II、III 等可减缓释药。有时还加入十二烷基硫酸钠等表面活性剂以增加制剂的亲水性。

胃内滞留片的制备工艺基本上与一般压制片相同，但必须考虑到片剂成型后有滞留作用的特点，采取相应的措施。首先在选择亲水性胶体及辅料时，尽量选择适应于直接粉末压片或干法制粒压片的材料。若采用湿法制粒压片，不利于片剂的水化滞留。其次在压制片剂时，压力大小对片剂成型后滞留作用的影响也很大。选择压力大小时，应考虑既要使片剂有合适的硬度，又要使压得的片剂内部保持适当的空隙。有利于成型的片剂密度应小于 1，且片剂表面的亲水性高分子颗粒间留有一定的孔隙利于水化。有报道称，地西泮胃内漂浮控释片，以片剂的硬度控制片剂的漂浮作用，片剂（每片含主药 15 mg）硬度小于 1 kg 者，投入后不下沉；硬度为 2～3 kg 者，先下沉后漂浮；硬度大于 3 kg 者，则不易漂浮。但也有报道，研制的维生素 B_6 胃漂浮片（每片含主药 50 mg），密度为 0.813 g/cm³，硬度达 4～6 kg，与一般骨架型控释片相比较，前者仍有较好的漂浮作用，而后者则沉于底部。这些都说明不同的片型大小、亲水胶体等漂浮材料和不同的工艺过程，压力对成型片剂的漂浮作用的影响不同，在研制时需针对实际情况进行选择和调整。

例 6：呋喃唑酮胃漂浮片

处方　呋喃唑酮　　　　　　　　　　　　　　　100 mg

十六烷醇　　　　　　　　　　　　　　70 mg

HPMC　　　　　　　　　　　　　　　43 mg

丙烯酸树脂　　　　　　　　　　　　　40 mg

十二烷基硫酸钠　　　　　　　　　　　适量

硬脂酸镁　　　　　　　　　　　　　　适量

制备　精确称取药物和辅料，充分混合后用 2% HPMC 水溶液制成软材，过 18 目筛制粒，于 40℃下干燥，整粒，加硬脂酸镁混匀后压片。每片含主药 100 mg。

有实验证明，上例中的制品以零级速率及 Higuchi 方程规律体外释药，在人胃内滞留时间为 4～6 小时，明显长于普通片剂（1～2 小时）。初步试验表明，其对幽门螺杆菌清除率为 70%，对胃窦黏膜病理炎症的好转率为 75.0%。

6.4.4 生物黏附片

生物黏附片是指有生物黏附性能、黏附于黏膜并释放药物以达到治疗目的的片状制剂。生物黏附片是由具有生物黏附性的聚合物与药物混合组成片芯，然后由此聚合物包裹再加覆盖层而形成的。如图 6-9 所示为口腔黏附片的结构。

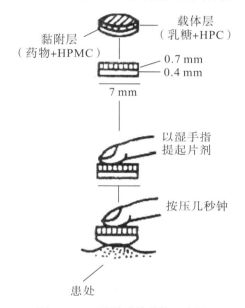

图 6-9　口腔黏附片结构示意图

生物黏附片可应用于口腔、鼻腔、眼眶、阴道及胃肠道的特定区段，通过该处上皮细胞黏膜输送药物。该剂型的特点是加强药物与黏膜接触的紧密性及持续性，因而有利于药物的吸收。生物黏附片既可安全有效地用于局部治疗，也可用于口腔、鼻腔等局部给药，可使药物直接进入大循环而避免首过效应。应用舌下片，药物是在唾液中溶解后吸收，而口腔黏附片中药物则是直接由黏膜吸收，这为改善药物的释放和吸收提供了多种可能性。

研究报道较多的生物黏附性高分子聚合物有卡波姆、羟丙基纤维素（HPC）、羧甲基纤维素钠（CMC-Na）和丙酸纤维素 CP 等。

例 7：普萘洛尔生物黏附片

将 HPC（分子量 3×10^5，粒度 190～460 μm）与卡波姆 940（粒度 2～6 μm）以 1∶2 磨碎混合。取不同量的普萘洛尔加入以上混合聚合物制成含主药 10 mg、15 mg 及 20 mg 的三种黏附片。分别于 pH 为 3.5、6.8 两种缓冲液中观察其释放速率，结果发现均能起到缓释长效的作用。

例8：醋酸去炎松口疮黏附片

将醋酸去炎松制成治疗口疮的双层黏附型薄片。直径为 7 mm，上层为着色、无黏性的载体层（>0.7 mm），由乳糖与 HPC 组成；下层为 HPC/CP 粘贴层（>0.4 mm），含醋酸去炎松。使用时，患者可用润湿指尖蘸起片剂上层，将其粘贴层敷贴于炎症部位数秒，敷药后载体层随即崩解，粘贴层则逐渐膨胀，覆盖炎症部位而释药（图 6-9）。

6.4.5 骨架型小丸

采用骨架型材料与药物混合，或再加入一些其他成型辅料（如乳糖等）、调节释药速率的辅料（如 PEG 类表面活性剂等），经用适当方法制成的小丸，即为骨架型小丸。骨架型材料与骨架片所采用的材料相同，同样可制成三种不同类型的骨架型小丸。亲水凝胶形成的骨架型小丸，常可通过包衣获得更好的缓释或控释效果。

骨架型小丸制备比包衣小丸简单，根据处方性质，可采用挤压—滚圆法制备。例如茶碱骨架型小丸，主药与辅料之比一般为 1∶1，骨架材料主要由单硬脂酸甘油酯和微晶纤维素构成。小丸的制备过程：先将单硬脂酸甘油酯分散在热蒸馏水中，加热至约80℃，在恒定的搅拌速率下加入茶碱，直至形成浆料。将热浆料在行星式混合机内与微晶纤维素混合 10 min，然后将湿粉料用柱塞挤压机以 30.0 cm/min 的速率挤压成直径为1 mm、长为 4 mm 的挤出物，以 1000 r/min 的转速在滚圆机内滚动 10 min 即得圆形小丸。湿丸置于流化床内，于 40℃下干燥 30 min，最后过筛，取直径为 1.18~1.70 mm 者，即得。此外还有热熔挤压法，此法是制备以聚合物为骨架的缓释小丸的一种新技术。与其他制备骨架型小丸的方法相比，热熔挤压法具有简单、可连续操作、一步即可完成及省时等优点。此外，还能在小丸中包容高剂量易溶性药物而不失其缓释性能，这也是其他制备方法难以达到的。但此法存在混合和降解等问题，因此应用受限。

6.5 膜控型缓释与控释制剂

6.5.1 微孔膜包衣片

微孔膜控释剂通常是用胃肠道中不溶解的聚合物作为衣膜材料，如醋酸纤维素、乙基纤维素、乙烯-醋酸乙烯共聚物、聚丙烯酸树脂等。在其包衣液中加入少量致孔剂，如 PEG、PVP、PVA、十二烷基硫酸钠、糖和盐等水溶性的物质，亦有加入一些水不溶性的粉末如滑石粉、二氧化硅等，甚至将药物加在包衣膜内既作致孔剂又是速释部分，用这样的包衣液包在用普通方法制成的片剂上即成微孔膜包衣片。水溶性药物的片芯应具有一定硬度和较快的溶出速率，以使药物的释放速率完全由微孔包衣膜控制。当微孔膜包衣片与胃肠液接触时，膜上存在的致孔剂遇水部分溶解或脱落，在包衣膜上形成无数肉眼不可见的微孔或弯曲小道，使衣膜具有通透性。胃肠道中的液体通过这些微孔渗入膜内，溶解片芯内的药物到一定程度，片芯内的药物溶液便产生一定渗透压，由于膜内外的渗透压差，药物分子便通过这些微孔向膜外扩散释放。药物向膜外扩散的结果使片内的渗透压下降，水分又得以进入膜内溶解药物，如此反复，只要膜内药物维持一定浓度且膜内外存在漏槽状态，则可获得零级或接近零级速率的药物释放。包衣膜在胃肠道内不被破坏，最后由肠道排出体外。

如制备磷酸丙吡胺缓释片，先按常规制成每片含丙吡胺 100 mg 的片芯（硬度 4~6 kg，20 min 内药物溶出 80%）。以低黏度乙基纤维素、醋酸纤维素及聚甲基丙烯酸酯为包衣材料，PEG 为致孔剂，蓖麻油、邻苯二甲酸二乙酯为增塑剂，丙酮为溶剂，配制包衣液，包衣后控制形成的微孔膜的厚度来调节释药速率。

制备工艺如下：

（1）以淀粉、糖粉等常规辅料，将磷酸丙吡胺压制成直径为 11 mm 的片芯。

（2）将上述片芯置于包衣锅内，在滚动下喷入包衣液。通入喷枪压缩空气，压力为 2~4 kg/cm²，喷枪口径为 1 mm，室内相对湿度维持在 70% 左右，衣膜增重约 15 mg。

6.5.2 膜控释小片

膜控释小片是先将药物与辅料按常规方法制粒，压制成直径约 3 mm 的小片，用缓释膜包衣后装入硬胶囊使用。每粒胶囊可装入几片或 20 片不等，同一胶囊内的小片可包上具不同缓释作用的包衣，或由其不同包衣厚度的小片组成。此类制剂无论在体内外皆可获得恒定的释药速率，是一种较理想的口服控释剂型。其生产工艺也较控释小丸简单，质量也易于控制。如茶碱微孔膜控释小片的制备工艺如下：

（1）制成颗粒：无水茶碱粉末用 5%CMC 浆制成颗粒，干燥后加 0.5% 硬脂酸镁，压成直径为 3 mm 的小片，每片含茶碱 15 mg，片重为 20 mg。

（2）小片用流化床包衣法包衣：分别用两种不同的包衣液包衣。一种包衣材料为乙基纤维素，加一种水溶性聚合物（如 PEG1540、Eugragit L 或聚山梨酯 20）作为致孔剂，乙基纤维素与致孔剂的质量比为 2：1，用异丙醇和丙酮混合溶剂。另一种包衣材料为 Eudragit RL 100 和 Eudragit RS 100，不加致孔剂。将 20 片包衣小片装入同一硬胶囊内即得。

体外释药试验表明，用聚丙烯酸树脂包衣的小片时滞短，释药速率恒定。狗体内试验表明，用 10 片不包衣小片和 10 片 Eudragit RL 包衣小片制成的胶囊既具有缓释作用，又有生物利用度高的特点。

6.5.3 肠溶膜控释片

此类控释片是药物片芯外包肠溶衣，再包上含药的糖衣层制得。含药糖衣层在胃液中释药，当肠溶衣片芯进入肠道后衣膜溶解，片芯中的药物释出延长了释药时间。

一种普萘洛尔长效控释片即为此类型,其是将 60% 的药物压制成核心片,其余 40% 的药物掺在外层糖衣中,在片芯与糖衣之间隔以肠溶衣。核心片是以羟丙基甲基纤维素为骨架制成的。此控释片基本以零级速率在肠道中缓慢释药,可维持药效 12 小时以上。肠溶衣材料可用羟丙基纤维素酞酸酯,也可与不溶于胃肠液的膜材料如乙基纤维素混合包衣制成在肠道中释药的微孔膜包衣片,肠溶衣在肠道中溶解,在包衣膜上形成微孔,纤维素微孔膜则控制片芯内药物的释放。

近年受到普遍关注的口服结肠定位给药系统(oral colon specific drug delivery system,OCDDS)中的一种类型为 pH 敏感型的 OCDDS,即为肠溶膜控释型的制剂。所谓 OCDDS 是指用适当的方法,避免药物在胃、十二指肠、空肠和回肠前端释放,运送到人体回盲部后释放而发挥局部或全身治疗作用的一种给药系统,是一种定位在结肠释药的制剂。结肠释药对治疗结肠局部病变包括克罗恩病、溃疡性结肠炎、结肠癌和便秘等,以及增加药物在全肠道吸收、提高生物利用度有重要作用。pH 敏感型 OCDDS 是利用在结肠较高 pH 环境下溶解的聚合物。如以聚丙烯酸树脂为包衣材料的一种治疗便秘的结肠胶囊,胶囊内含 50% 火麻仁油、25% 郁李仁油、20% 黑芝麻油和 5% 莱菔子油;胶囊的包衣材料组成为 1% Eudragit RS、2% Eudragit L、7% Eudragit S、70% 乙醇和 20% 丙酮。上述包衣胶囊口服后可定位输送到结肠释放发挥疗效,经治疗 100 例患者的总有效率为 99%,与传统制剂相比具有剂量小、疗效高、副作用小和服用方便的特点。如 5-氨基水杨酸及其酯、酮洛芬、吲哚美辛,以及在胃肠道上段易降解的肽类和蛋白类药物都可制成 OCDDS。

6.5.4　膜控释小丸

膜控释小丸由丸芯与芯外包裹的控释薄膜衣两部分组成。丸芯除含药物外,还含稀释剂、黏合剂等辅料,所用辅料与片剂的辅料大致相同。常用辅料有蔗糖、乳糖、淀粉、微晶纤维素、甲基纤维素、聚乙烯醇、聚维酮、羟丙基纤维素、羟丙甲基纤维素等,包衣膜亦有亲水薄膜衣、不溶性薄膜衣、微孔膜衣和肠溶衣。如酮洛芬小丸的丸芯是由微晶纤维素与药物细粉,用 1.5% CMC-Na 溶液为黏合剂,用挤出滚圆法制成的。再用等量 Eudragit RL 和 RS 用异丙醇和丙酮(异丙酮∶丙酮＝60∶40)混合液为溶剂,加入相当于聚合物 10% 的增塑剂,配制成 11% 浓度的包衣液,将前述干燥丸芯置于流化床内包衣,制得平均膜厚为 50 μm 的控释小丸。

微孔膜包衣的阿司匹林缓释小丸是以 40 目左右的蔗糖粒子为芯核,以含适量乙醇的糖浆为黏合剂,在滚动下加 100 目的药物细粉,制成药物与糖芯质量比为 1∶1 的药芯小丸,干燥后包衣含致孔剂 PEG 6000、增塑剂(邻苯二甲酸二乙酯)的乙基纤维素膜的小丸直径为 1 mm 左右。包衣增重约 30%,此小丸经新西兰白兔体内血药浓度测定,具有明显的缓释作用。

6.5.5　渗透泵片

渗透泵片由药物、半透膜材料、渗透压活性物质和推动剂等组成。常用的半透膜材料有醋酸纤维素、乙基纤维素等。渗透压活性物质起调节药室内渗透压的作用，其用量多少关系到零级释药时间的长短，常用乳糖、果糖、葡萄糖、甘露糖的不同比例混合物制成。推动剂亦称促渗透聚合物或助渗剂，能吸水膨胀，产生推动力，将药物层的药物推出释药小孔，常用的有分子量为 3 万～500 万的聚羟甲基丙烯酸烷基酯，分子量为 1 万～36 万的 PVP 等。除上述组成成分外，渗透泵片中还可加入助悬剂、黏合剂、润滑剂、润湿剂等。

渗透泵片有单室和双室两种结构，如图 6-10 所示。双室渗透泵片适于水溶性过大或难溶于水的药物的制备。

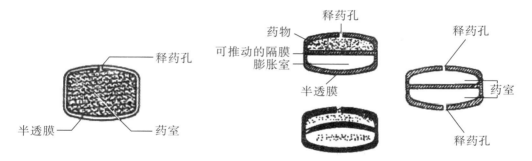

（a）单室渗透泵片　　　　　　　　　　（b）双室渗透泵片

图 6-10　渗透泵片的结构

维拉帕米渗透泵片为一种单室渗透泵片，每日仅需服药 1～2 次。

例 9：维拉帕米渗透泵片

处方

1. 片芯处方

盐酸维拉帕米镁（40 目）	2850 g
甘露醇（40 目）	2850 g
聚环氧乙烷（40 目、分子量 500 万）	60 g
聚维酮	120 g
乙醇	1930 mL
硬脂酸（40 目）	115 g

2. 包衣液处方（用于每片含主药 120 mg 的片芯）

醋酸纤维素（乙酰基值 39.8%）	47.25 g
醋酸纤维素（乙酰基值 32%）	15.75 g
羟丙基纤维素	22.5 g
聚乙二醇 3350	4.5 g

二氯甲烷	1755 mL
甲醇	735 mL

制备 片芯制备 将片芯处方中前三种组分置于混合器中，混合5分钟；将PVP溶于乙醇中，缓缓加入上述混合组分中，搅拌20分钟，过10目筛制粒，于50℃干燥18小时，经10目筛整粒后，加入硬脂酸镁混匀，压片，制成每片含主药120 mg，片重257.2 mg，硬度为9.7 kg的片芯。

包衣 用空气悬浮包衣技术包衣，进液速率为20 mL/min，包至每个片芯上的衣层增重为15.6 mg。将包衣片置于相对湿度50%、50℃的环境中，存放45～50小时，再在50℃干燥箱中干燥20～25小时。

打孔 在包衣片上，于片剂上、下两面对称处打一释药小孔。

6.5.6　植入剂

植入剂主要为皮下植入剂，用皮下植入方式给药，药物很容易到达体循环，因而其生物利用度高。另外，应用控释给药方式，给药剂量比较小，释药速率比较均匀且常常吸收慢，成为吸收限速过程，故血药水平比较平稳且持续时间可长达数月甚至数年。皮下组织较疏松富含脂肪，神经分布较少对外来异物的反应性较低，植入药物后的刺激疼痛较小，而且一旦取出植入物机体可以恢复，这种给药的可逆性在计划生育实践中非常有用。其不足之处是植入时需在局部（多为前臂内侧）做一个小的切口，用特殊的注射器将植入剂推入，在药效终了时仍需手术取出。

植入剂按其释药机制可分为膜控型、骨架型、渗透压驱动释放型，主要用于避孕、治疗关节炎、抗肿痛和胰岛素给药等。

例如，左炔诺酮植入剂的商品名为 Norplant，采用美国 Dow Corning 公司的医用硅橡胶（管长34 mm，外径2.4 mm，内径1.57 mm），内装左炔诺孕酮微晶36 mg，两端用硅橡胶黏合剂封固，放在水蒸气罩内24小时使其黏结，经环氧乙烷灭菌即得。每组为6根，总药量为216 mg。通常在妇女的左上臂或前臂内侧植入，6根呈扇形排列。药物在体内的释放速率开始时为68 μg/d，以后由于药芯中空带的逐渐增大而使释药速率缓慢下降，至一年末释药速率为40 μg/d，5年末降为30 μg/d。此剂量仅为低剂量复方口服避孕药中左炔诺孕酮剂量的1/5且有效期为5年，国产的CLA植入剂与其相仿。这种植入剂的缺点为植入的根数较多，因为每根的载药量和释放速率有限。为此，人们对 Norplant 的结构与工艺进行了改进，即将管型改为药物微晶与硅橡胶骨架的均匀混合物小棒，药物与硅橡胶的质量比为50：50。在此均匀混合物小棒外包上硅橡胶薄膜，称为包膜型。每根植入剂长4.4 cm，外径2.4 mm，含药70 mg，两根为一组，总药量为140 mg，改进的植入剂称为 Norplant－Ⅱ，药物释放速率约为45 μg/d。Robertson 等对 Norplant 与 Norplant－Ⅱ型的植入剂的体内释药速率进行了临床研究：释药管内含左炔诺孕酮微晶的 Norplant 使用者142例，最长使用6.5年；骨架型植入剂使用者117例，最长使用3.6年；骨架型外套硅橡胶管植入剂使用者53例，最长使用4年。发现使用 Norplant 者，在起初大约500天内植入剂释放药量较多，以后比较稳定，这时释药量和天数呈良好的线性关系，释药速率为 34.6 $\mu g/d$；骨架型植入剂受试者在全部试验期间，其释药量均随时间的增加而减少；骨架型外套硅橡胶管植入剂者，从试验测定开始的第 92 天到 1469 天结束，每根释药管的释药量与天数呈良好的线性关系，其释药速率为 17.5 $\mu g/d$，相关系数为 0.983（$P \leqslant 0.001$）。使用 4 根者总剂量为每天 70 μg，使用 6 根者总剂量每天达 105 μg。上述结果说明，要达到恒速释放则以第三种骨架型外套硅橡胶管植入剂者较好，经过改进后得到的 Norplsnt-Ⅱ型具有较好的释放速率。我国两根型植入剂与其相似，每根含药量为 75 mg，每组总药量为 150 mg。体外经 762 天释药速率检测，证明符合零级动力学，1 年内的平均释放速率为 90 $\mu g/d$，Norplant-Ⅱ型皮下埋植剂是一种安全、高效和简便的新型避孕方法，但也存在不同程度的月经紊乱问题。

非生物降解性聚合物材料制得的给药系统在皮下植入一定时间后，药物释放至一定程度，达不到有效的血药浓度时就需要用手术的方法将其取出，这显然会影响这种药物的可接受性。应用生物降解材料制备植入剂，经使用后，骨架材料可以在体内酶的作用下降解成单体小分子，被机体吸收从而无须取出。这种植入剂使用后，由于其骨架材料能不断降解、破碎、使包藏的药物得以释放，甚至可以达到接近零级的释药速率。另外，当聚合物的生物降解速率大于或等于药物的扩散速率时，给药系统中的载药量可以达到最少。用生物降解材料制得的骨架型植入剂的另一个优点是与非生物降解材料的植入剂一样，不会产生突释效应，即大剂量释药的可能性。

已用于医药领域的生物降解或生物溶蚀性聚合物主要有聚乳酸、乳酸-乙醇酸共聚物、谷氨酸多肽、谷氨酸/亮氨酸多肽、聚己酸内酯、甲壳素、甘油酯、聚原酸酯以及乳酸与芳香羟基酸，如对羟基苯甲酸、对羟基苯乙酸、对羟基苯丙酸或苦杏仁酸的共聚物等。

如阿片受体拮抗剂纳曲酮的乳酸-乙醇酸共聚物小球植入剂。此给药系统采用的载体材料为 PLA 与 PGA 共聚物。大多数研究者应用溶剂蒸发技术来制备含药小丸和微粒，此外还可用粉碎或盐析法制备。由于纳曲酮在共聚物的二氯甲烷溶液中溶解度大，故可以制成载药量很高的小球，小球直径为 1.5 mm，PLA/PGA 为 90/10，含药 70%，在动物体内提供 80% 的麻醉药拮抗活性达 30 天以上。若将此小球中的纳曲酮碱改用其双羟水杨酸酯，并且将形状改为小棒形，再在外面涂一层聚乳酸膜，则作用更持久。一般来说，80% 拮抗活性作用可从 30 天延长至 140 天。另外，改变共聚物单体的比例或聚合条件也可以改变聚合物的释药性能。

目前，以生物降解聚合物作为载体制得的给药系统，研究得最多的还是制成微粒甚至毫微粒的制剂。因粒子很小，植入时可用普通注射液注入，故可以制备成注射制剂。在吸收部位的表观溶出速率可接近于零级动力学。

6.6 靶向药物制剂

靶向药物制剂（targeted drug delivery system）是能将药物直接送达需药目标部位的药物制剂。它可使到达需药部位的药量大大增加，从而减少用药量，减小药物的毒副作用。

靶向分为主动靶向和被动靶向两种。主动靶向药物常需对表面进行改性。常用的配体包括抗体、酶、蛋白质 A、植物凝集素和糖。通过改性，药物可更容易识别并集中于患病部位。为达到靶向释药功能，对于主动靶向药物制剂，重要的是设计新的生物活性分子，以有效地选择特定的受体。

被动靶向则是利用药物释放体系本身性能的差异，如利用颗粒大小、表面性质等差异来影响药物释放体系在体内的运行途径，从而使药剂在患病部位聚集。所以对于被动靶向药物制剂，重要的是利用载体与药物的结合，使药物达到特定的部位。

靶向药物制剂具备以下释药功能：限制药物的分布，使药物到达目标部位后以预定速率释放；易于进入薄壁组织；在靶位毛细管中分布均匀；在达到靶位前药物渗漏量少；药物载体有生物相容性和生物降解能力，在药物释放完后能被机体代谢或吸收。

6.6.1 靶向药物的导向机制

靶向药物的导向机制主要有三种。

6.6.1.1 利用有识别能力的基团导向

通过诱导基在水溶性载体高分子链上结合药物分子，或通过诱导分子使载体高分子同药物分子相结合（图 6−11）。通常用作诱导分子的有单克隆抗体或它的一部分、激素、糖类等，使用的药物有毒素（天然毒物的活性部分）和抗癌剂，此外还有放射性标识单克隆抗体。通常使用的放射性标记物有 ^{13}I 和 ^{90}Y。如果要在一个诱导分子上同时结合多个药物分子，则分子链的水溶性是十分必要的。

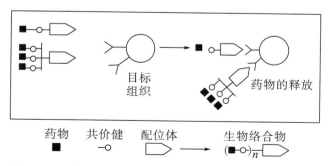

图 6−11　药物同配位体的络合及络合物同目标组织的结合

　　靶向药物中试验最多的是癌抗原单克隆抗体与细胞杀伤性化合物相结合的免疫复合体（免疫共轭体）。体外试验得到了很好的结果，而体内试验则由于没有投药方法而未能得到良好的效果。体内试验存在的问题是难以得到人源性单克隆抗体，因而只能使用鼠源性单克隆抗体。由于抗体本身具有抗原性，反复投入会产生人源性抗体。为了避免这一点，需采用抗体的分子片段。

　　除可利用有选择亲和性的诱导分子，如目标细胞膜表面存在的特异抗原、受体、糖类等，使药物导向目标细胞外，还可不使用诱导分子而将药物导向目标，以及用活性细胞攻击目标的免疫疗法，等等。例如，明胶—干扰素复合物的抗肿瘤效果，使用复合物后肿瘤细胞数比单独使用干扰素时明显减少。此外，也有关于在高分子上结合抗癌剂的肝癌靶向药物的报道。

6.6.1.2　利用药物颗粒的大小导向

　　由于大小不同的药物（制剂）颗粒具有不同的穿透能力，可以在体内到达不同的部位，因此通过控制药物（制剂）颗粒的大小，同样可以达到药物导向的目的。通常，药物（制剂）颗粒粒径与其在体内导向的关系见表6-3。

表6-3　药物（制剂）颗粒粒径与其在体内导向的关系

颗粒粒径	在体内的导向
小于 50 nm	能穿过肝脏内皮或通过淋巴传输到脾和髓，也可到达肿瘤组织，最终到达肝
0.1~0.2 μm	可被网状内皮系统的巨噬细胞从血液中吸收，可通过静脉、动脉或腹腔注射
1 μm	是白细胞最易吞噬物质的尺寸
2~12 μm	可被毛细血管网摄取，不仅可以到达肺，而且可以到达肝和脾
7~12 μm	可被肺摄取，从静脉注射
大于 12 μm	阻滞在毛细管末端，或停留在肝、胃及带有肿瘤的器官中

　　微粒型药物制剂可以口服用药，然而口服药物制剂有可能在药物被吸收和达到目标部位前被消化道内的分泌液及酶等破坏而失效。因此，注射给药是靶向药物制剂的较好用药途径。注射的部位与药物（制剂）颗粒也有一定的关系。不同大小的药物（制剂）颗粒可选用不同的注射部位，通常的选择标准是：颗粒粒径大小 2 μm，静脉注射；颗粒粒径为 2~6 μm 关节腔注射；颗粒粒径为 50~100 μm，动脉注射。

6.6.1.3　利用磁性导向

　　利用药物制剂具有顺磁性，在服药后通过体外的强磁场控制制剂的行径，使药物制剂最终到达且固定在预定目标部位的导向称为磁性导向。最简单的磁性导向药物就是将磁铁粉末包裹到药物制剂中，使药物制剂具有顺磁性。此类靶向药物制剂的显著优点是导向的方法较简单，控制导向也较容易。但是如何防止体内不能代谢的顺磁性物质进入血液循环系统，以及如何防止磁性物质在体内的累积和引起不良反应，是必须解决的问题。此外，制备磁性导向药物制剂时，除需控制药物制剂微粒尺寸外，还必须保证顺磁性物质导入药物微粒，因而制备难度很大。

6.6.2 微粒药物制备方法

微粒药物一般有两种结构形式，一种是贮存式结构，一种是基体式结构，如图6－12所示。贮存式结构的药物集中在内层，外层为高分子材料制成的膜；基体式结构的药物则是均匀分散于微粒内，可以呈单分散状态，也可以按一定的聚集态结构分散于高分子基体中。两种形式的微粒药物制备方法各不相同。

6.6.2.1 粉碎法

粉碎法是基体式微粒药物最简单的制备方法。此法是将固体的药物原料粉碎成粉末。优点是方法简单，可以得到粒径范围大的药物粉末，且易于大批量生产，是最普及的制备方法。然而此法制得的药物微粒形状不规整、粉末的粒径分布广，而且还可能有不纯物混入。此外，也无法制备超微的药物粉末，因为粉碎消耗的能量、粉碎速率及粉碎效率都随粉末粒径的减小而增大，因此粉碎到一定程度后就无法再粉碎了。

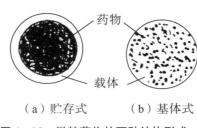

（a）贮存式　　（b）基体式

图6－12　微粒药物的两种结构形式

6.6.2.2 聚集法

聚集法是将热平衡状态下呈气相、液相或亚稳态的无定形均一原子、分子、离子变成平衡条件下的微粒或用化学反应凝缩成微粒的方法。

6.6.2.3 喷雾干燥法

喷雾干燥法是通过喷雾方法使液体微粒化的方法。喷头的形状及喷射的压力与所成微粒的粒径及粒度分布有很大关系。喷雾类型及液体性质（温度、黏度、表面张力、固体及纤维物质的含量）、喷雾场所的状况等对喷雾所成粒珠形态都会产生影响。喷出的雾滴快速干燥后就可得到固体的药物微粒。喷雾干燥是微粒状药物的主要制备方法之一。例如将中药抽提物喷雾干燥后可制得中药药粉。为保证药物制备的稳定性，使之易于服用或容易溶解，在药剂中常加赋形剂的助剂，以便更精密地调节和控制粒径分布，提高药物的回收率和保持药效。

6.6.2.4　冷却造粒法

冷却造粒法是将常温下呈固相的药物加热液化后喷雾，再冷却成固相药物粒子的方法。此法不仅可以制备单一大小的固体粉粒，还可以制备球形更好、粒径分布更窄的粒子，并使黏度变化大的药物微粒化和微包囊化。例如，为了抑制药物的苦味，用食用油脂对药物进行微包囊等。

6.6.2.5　造粒法

造粒法是将粉体药物凝聚的方法，有搅拌造粒、转动造粒、流动层造粒、复合型造粒等。造粒的药物粒子可在 0.1～2 mm、0.1～5 mm 和 0.05～2.0 mm 范围内，其中复合型造粒可制备介于圆球和凝聚体之间的各种药物微粒，质量可大可小，是造粒的主流方法。

6.6.2.6　高分子包囊法

高分子包囊法是将药粒外层包囊高分子的外壳（薄膜），使药物集中。由于包囊增加了药物与载体间的相互作用力，因而宜于药物的贮存，并且更加稳定可靠。此外，包囊具有很大的表面积，增加了药物释放的面积，可以通过选择包囊材料控制药物释放速率。以下简单介绍几种高分子包囊法。

（1）流化床法。于 1949 年发明，在制备微包囊时，将需要包囊的药粉用高速气流悬浮到空中，同时将作为包囊材料的高分子溶液由喷嘴喷出，使之在固体药粉的表面形成涂层，然后在气流中干燥。此法可以通过调节温度、压力和气流速率控制包囊的制备条件，也可以通过多次循环控制包囊层的厚度。

（2）凝聚法。通过改变电荷和 pH、加入盐类或非溶剂等方法达到凝聚的目的。按照高分子水溶液和非水溶液的差别，有水相和无机相凝聚之分。由凝聚法得到的包囊尺寸正比于高分子溶液的浓度，反比于搅拌速率。

（3）乳液及溶剂抽提－蒸发法。利用此法制备微包囊的报道最早见于 20 世纪 60 年代。制备过程实际上是分两步进行的，即先形成液滴，再除去溶剂。根据包囊高分子材料的性质制成油包水（W/O）或水包油（O/W）的乳液体系，再通过稳定剂在液滴表面形成一层保护层，以减少乳液液滴间的相互凝聚。常用的乳化稳定剂有聚乙烯醇、明胶、司班、吐温等。由于乳液液滴的大小直接决定着最终微包囊的尺寸，因此乳化剂的选择和用量相当重要。有时可选用两种以上的乳化剂，使之产生协同作用而提高稳定效果。

　　溶剂的抽提及蒸发都是溶剂从液滴向周围介质扩散的过程，所以抽提速率和蒸发速率对最终形成的包囊表面形态有很大影响。微包囊的大小及表面形态对药物释放性能有很大的影响。用抽提的方法，溶剂扩散速率快，包囊表面会呈现多孔性；用蒸发的方法，溶剂扩散速率慢，可形成相当光滑的表面。搅拌速率对乳液液滴的形成有重要影响，制备纳米级包囊时影响更大。通常是在均化器内高速搅拌或在强的超声波下形成微乳液，而后再形成粒径更小的纳米级包囊。

　　一般来说，水包油乳液体系对水溶性药物的包裹不甚理想，油包水乳液体系对亲脂性药物也不理想。近年来发展了一种双乳液技术，如图6-13所示，是通过形成水包油包水（W/O/W）或油包水包油（O/W/O）乳液体系来提高药物的包裹量。选择合适的制备参数，可以在很宽的粒径范围内制备微包囊，目前双乳液技术已成为应用最普遍的微包囊制备技术。

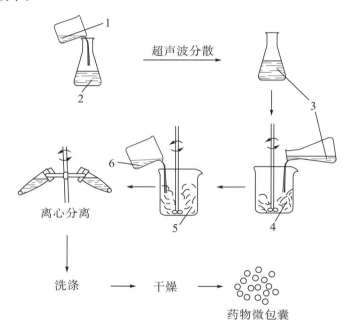

1—药物水溶液；2—高分子有机溶液；3—油包水乳液；4—稳定剂水溶液；5—水包油包水乳液；6—水

图6-13　高分子药物微包囊制备法示意图

　　（4）乳液聚合法及界面聚合法。这是制备纳米级包囊的重要方法。乳液聚合法既适用于连续的水相，也适用于连续的有机相。在连续的水相中乳液聚合的典型制备方法如下：首先将单体溶于水相以进入乳化剂胶束，形成由乳化剂分子组成的稳定的单体液滴，然后通过引发剂或高能辐射在水相中引发聚合。聚甲基丙烯酸甲酯、聚烷基异氰酸酯、聚丙烯酸类共聚物微包囊均可通过此方法制备。

　　以有机相作为连续相的乳液聚合法制备微包囊已有报道，但由于需用大量的有机溶剂和有毒的表面活性剂，因而应用受到限制。

　　界面聚合法是在界面处发生聚合反应而形成微包囊的方法。药物位于中间的液体分散相内，单体从一侧向界面扩散，催化剂从另一侧向界面扩散，在界面处聚合形成微包囊。

乳液聚合法及界面聚合法都是可行的微包囊制备方法，但由于两法的聚合过程都必须引入催化剂及未反应的单体，因此必须考虑由此而引入毒性的问题。

（5）界面沉积法。这是一种制备纳米级包囊的新方法。典型例子是将聚乳酸溶于丙酮，将药物溶于油相，然后将所形成的丙酮—油体系注入含有表面活性剂的水中。由于丙酮迅速穿透界面，大大降低了界面张力，自发形成纳米液滴，使在水中不能溶解的聚乳酸逐渐向界面迁移、沉积，最终形成纳米级包囊。这种方法有重复性好、药物包裹量大、粒径均匀的优点。

（6）脂质体包埋法。用脂质体包埋药物是近年来生理活性药物研究的主要方向。

以上高分子包囊法中不同的制备方法适应于不同药物的包囊需要。不同的制备方法、制备条件和高分子载体材料，可以制得不同形状、大小、形态结构和载药量的药物制剂，并且形成不同的药物释放速率和药物效果。

6.6.3　靶向药物制剂对药物载体的要求

对作为靶向药物制剂载体的高分子材料应满足基本要求：必须无毒，具有一定的药物透过性和生物可降解性；载体材料应具有一定的分子量，以保证必要的强度；要有良好的血液相容性和在血液循环中能保持一定的寿命。根据前面所述的靶向药物制剂的各种制备方法，能作为药物载体的高分子材料必须具有一定的溶剂可溶性、加热可熔性，所载的药物、加工条件（溶剂、pH、温度、超声波、辐照）、消毒灭菌条件具有稳定性。此外，根据具体的药物及药物制剂的制备方法，还有不同的要求。已报道的靶向药物制剂举例于表 6-4。

表 6-4　靶向药物制剂举例

制剂类型	药物载体	药物种类	靶向机制
大分子	脱氧核糖核酸	阿霉素、5-Fu	细胞融合的白血病细胞的摄取增加
抗体	免疫球蛋白、单克隆抗体	阿霉素、柔红霉素	抗体的高度专属性识别癌细胞
微球微囊	脂质体、类脂质、蛋白质、生物降解性高分子材料	阿霉素、5-Fu、卡莫司汀	改变微粒大小和给药途径，达到靶向性动脉栓塞
磁性微球	Fe_3O_4、Zn_{20}、Fe_{80}、Fe_2O_3	阿霉素、丝裂霉素	病灶上加强磁场

6.7　透皮释药制剂

皮肤由表皮和真皮组成。表皮厚度为 $100\sim150~\mu m$，不含毛细血管。表皮含有非常致密的角质层，因此对药物渗透具有一定的控制作用。真皮含有毛细血管网络，药物经过表皮后，由真皮的毛细血管进入血液循环系统。透皮释药制剂的药物分子从皮肤表面通过皮肤层持续释放，进入血液循环系统。

透皮给药可以保持恒定的血药浓度。此外，透皮释药制剂是直接将药物用在患处附近，用药量少有药效高，可大大减轻药物对肝、肾的毒副作用。对患者而言，透皮释药制剂可随时方便地从皮肤表面移走而中断给药，使用十分方便。然而药物透过致密的皮肤角质层的速率相当慢，只有那些高效的药物才能通过透皮释药的方式释放。此外，局部皮肤长时间接触高浓度药物也会受到刺激，在很大程度上影响了透皮释药制剂的发展。

6.7.1　透皮释药制剂的控释机制

透皮给药系统一般通过两种控释机制对机体给药：①以控释层控制药物的给药速率；②以皮肤控制药物的吸收速率。

透皮给药系统一般以药贴的制剂形式出现。药贴有贮存式和基体式两种。贮存式药贴由四层组成，即直接与皮肤接触的黏结剂层、控制药物分子扩散的释药速率控制层、药物贮层和起防水衬垫作用的保护膜。该设计可保证在指定时间内控制释药而不造成药物过饱和。基体式药物释放体系由三层组成，即黏结剂层、含有药物的高分子基体和防水衬垫保护膜。此种结构使药贴所释放的药物会很快在皮肤达到饱和，然后再依赖皮肤角质层对机体控制释药。当药贴中的药物减少到低于皮肤的饱和极限时，从药贴到皮肤的释放会慢慢减少。

透皮给药系统中的药物可以直接透过皮肤而进入血液循环系统，具有其他释药体系无法相比的方便、易行的优点。然而，此系统的药物释放速率除受制剂的释药速率控制层的控制外，还受用药者皮肤层的控制，因而此类药物释放体系的疗效常受到皮肤的环境、个体的皮肤类型和有效的粘接性等因素的影响。

6.7.2　透皮释药制剂的控释材料及要求

由于透皮释药制剂是在体外使用的，不存在遗留体内的危险，因此对于透皮释药制剂的药物载体材料要求较低，只要求材料没有毒性、不会对皮肤产生不良反应即可。一般来说，透皮释药制剂应具备的必要性能有：①能装载药物；②使用安全，即无毒无刺激性；③有良好的粘着性，不剥落和不残留胶液；④药效高，具有速效性、持续性和均一性。

6.8　生物活性药物的控释技术

随着生物工程和制药工业的发展，许多生物活性药物已被人工合成并开始临床应用，如蛋白质和多肽类药物。这些药物的疗效十分显著，已成为治疗某些疾病必不可少的药物，因此尽管它们价格昂贵，但仍有很大的市场。生物活性药物的共同特点是半衰期短，但由于体内酶的作用，其活性容易受到破坏。

生物活性药物的控制释放一般是通过改变网状内皮系统的吞噬模式，以增加药物在血液中的驻留时间来实现的。也可通过对药物释放体系的粒径控制和表面修饰，使药物在需药的病体组织和器官得以富集。生物活性药物释放体系对药物载体材料的要求很高，不仅需要材料能抗凝血，而且要求材料在体内能够降解，以防止在体内的器官和组织中累积。此外，对药物制剂的尺寸要求也较高，要求药物制剂的颗粒粒径在某一范围之内，否则容易形成血栓。

6.8.1　注射给药

注射是常用的给药方式。根据注射部位的不同，分为动脉注射、静脉点滴、皮下注射和肌内注射。药物通过注射可直接进入血液循环系统，再随血液输送到机体全身，因此药物的作用迅速，是目前一些蛋白质、多肽类药物的主要给药途径。然而经常注射会伤害皮肤，并且很不方便。例如，胰岛素、生长激素等药物，由于药物的半衰期短、易在体内受破坏而失活，患者不仅必须每天注射，而且有时还需一天注射数次。

6.8.2　植入药物泵

生物活性药物的重要给药方式是采用植入药物泵，可避免静脉穿刺和取样分析。目前主要应用于替代糖尿病治疗的胰岛素和癌症治疗的化疗药物注射。为了使植入的药物泵能够有效地运转，要求药物泵的体积小而且容易填充药物。对药物载体的要求是必须具有生物相容性，防止在材料表面和身体的其他部位形成血栓。此外，还要求所使用的材料不伤害血液中的成分和血浆蛋白，也不引起任何毒性反应。

6.8.3　微包囊控制释放

口服生物活性药物制剂具有服用方便的优点，是患者最乐于接受的用药方式。为了保持口服药物的优点，避免生物活性药物口服后因与胃分泌液中的酶直接接触而失去活性，通常采用高分子对药物进行微包囊的控释方法。生物活性药物在经高分子包囊后不但可以保持和延长活性，还可以屏蔽掉某些刺激性的气味，达到控制药物释放剂量、提高药物疗效的目的；生物活性药物包囊后还可降低成本、减少用药次数并拓宽给药途径。例如，对胃肠道有强刺激作用的药物经高分子包囊后，由于释放缓慢而减弱了对胃肠道的刺激。对包囊表面进行改性，还可使生物活性药物在要求的肠道部位被吸收，进一步提高了药效。

高分子包囊大小对生物活性药物在血液中的运行有重要影响。粒径为 $0.3\sim2~\mu m$ 的包囊在血液中的停留时间很短，会被网状内皮系统和肝脏中的多形核白细胞迅速吸收，而后聚集在肝脏的星形细胞中，因此可有效地用于治疗肝脏部位的疾病。由于肺部能停留较大尺寸的包囊，可将粒径为 $7\sim12~\mu m$ 的包囊通过静脉注射用于肺部疾病的治疗。此外，大于 $12~\mu m$ 的包囊经动脉注射后可直接被运送到肝脏、肾脏等器官。

药物包囊停留在血液中的时间越长，到达患病部位的可能性就越大，因此有时不希望它们被网状内皮系统所吸收。为此可通过对包囊表面进行改性，用吸附或共价键的方法，在包囊表面覆以生物相黏性物质或特定的细胞和组织抗体，使网状内皮系统难以辨认，从而使药物包囊尽可能不被它们吸收，到达患病部位。

6.8.4 纳米包囊

生物活性药物的纳米包囊具有更优异的性能。有研究表明，口服生物活性药物的纳米包囊后，由于纳米包囊可在肠道内通过黏膜由小肠绒毛的尖部进入血液及淋巴系统，药物在释放后可直接进入血液，所以疗效提高了。此外，纳米包囊的优势还在于：①可以进行静脉注射；②可在肌肉和皮下分布；③注射部位的皮肤刺激反应小；④在癌症治疗上更有优势。

在免疫控释方面，通过纳米包囊的缓慢降解可以达到延长抗体和免疫抗原细胞作用的效果，如图 6-14 所示。另外，脂质体在制备中由于表面活性剂和体液中的盐而容易分解，因此，与同样尺寸的脂质体包埋相比，纳米包囊稳定性更好。

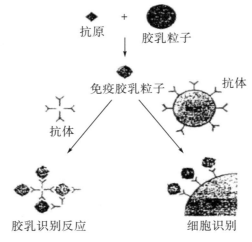

图 6-14 免疫胶乳的制备及应用

6.8.5　脂质体包埋法

近年来，脂质体包埋是生物活性药物研究的又一个主要方向。脂质体是一类微粒体或胶状体物质，是类脂物质在水介质中水合后形成的高度有序的分子集合体，粒径为 $0.05\sim0.5\ \mu m$。具有生物相容性和生物降解性的脂质体按粒径和双分子层的数目不同可以分为多室、小单室（小于 $100\ \mu m$）和大单室（大于 $100\ \mu m$）三类。由类脂双分子层组成的膜可将内外环境隔开，膜的表面由亲水基组成，具有亲水性；膜内部由疏水链聚集而成，具有疏水性。脂质体主要有卵磷脂、磷脂酰乙醇胺、豆磷脂、胆固醇等。脂质体的制备方法主要有薄膜法、逆向蒸发法和复乳法。

可根据药物性质将脂质体药物释放体系包裹在脂质体的不同部位。一般亲水性药物包裹在脂质体内部的水室中，疏水性药物包裹在构成膜的磷脂双分子层中，还有一些药物可以附着在膜的表面上。由于脂质体膜的表面和内部性质不同，药物向两侧传递受到限制。只有水溶性低分子量物质可以通过亲水层—疏水层—亲水层组成的膜进行物质传递。在过去的 15 年中，脂质体已被广泛用作药物载体，也在靶向药物释放体系上得到了应用。

脂质体的性能随类脂的组成、粒径、表面电荷和制备方法的不同有很大差别。多室脂质体对减小毒性有利，适用于在指定部位给药。其制备方法简单，对设备的要求也较低，但药物的包裹容量低。大单室脂质体包裹水溶性药物的容量高、类脂容量低。药物含量稳定性、体内的分布模式和细胞的吸收等都会对脂质体药物释放体系的给药产生影响。脂质体药物释放体系的局限性表现在稳定性较差、脂质体的酯键易水解和化学稳定性差等方面。虽然脱水后的干燥脂质体稳定性大大提高，但是由于体内的凝聚造成药物泄漏，药物在到达患病部位前就被释放，导致疗效下降。此外，化学不稳定性和物理不稳定性也成为限制脂质体广泛使用的主要原因。

对于脂质体药物释放体系是否有合适的灭菌方法，也是一个问题。磷脂分子会受热分解，对于通常灭菌方法中的热辐射或化学试剂都非常敏感。目前通常使用的是孔径为 $50\sim800\ \mu m$ 的膜过滤法，这对去除病毒和制备较大的脂质体微粒显然是不够的。

6.9　展望

如前所述，药物释放体系能使药物在需要的时间和时间间隔内释放，且以所要求的浓度投入患病部位，防止有生理活性药物的失活，从而大大提高药效和减少用药量。此外，也可避免或减轻因服药而伴随的厌食、疼痛及其他副作用，减轻患者用药的不便和痛苦，因此成为世界各国的研究热点。然而，尽管药物释放体系研究已有近三十年，达到比较理想要求且得到临床应用的药物缓释与控释制剂不断涌现，但仍有停留在实验室研究阶段的情况。主要原因是药物载体的材料性能尚不能完全满足要求，也存在剂型设计和制剂制备技术方面的问题。

6.9.1 研制和开发新的高性能药物载体

综合分析已有相关研究可知，注射型持续药物释放体系需要的开发周期最短，风险也最小。大多数药物（如蛋白质和多肽类药物）都是通过注射给药，在给药途径上并没有发生改变。然而，由于胃肠道吸收的复杂性，蛋白质和多肽类口服药物释放体系的开发尚有问题未解决。新的高性能药物载体（高分子材料）的研制和开发将对实现药物的控制释放起到推动和保障作用。特别是新型生物降解高分子材料合成技术、高分子改性技术以及高分子微包囊技术，使一些原来难以实现的药物释放体系的研制成为可能。例如，通过控制分子量、亲疏水性、结晶度等因素调节降解速率，通过共聚、调节组成的方法研制降解速率可调的聚合物，使之成为最广泛的应用药物包囊材料，以促进微包囊药物释放体系在医学上的应用。

6.9.2 加强剂型设计和制备技术的研究

由于微包囊药物释放体系具有的特殊药物释放功能，特别是可以方便地通过控制粒径而改变其在体内的运行模式，影响药物的代谢方式。因而，可以用来制备包囊胰岛素，以高分子包囊材料来保护胰岛素免受消化道中酶的破坏，从而实现胰岛素口服化。至今，大量糖尿病患者仍主要依赖注射胰岛素来降低血糖，而口服胰岛素会大大提高胰岛素的疗效并减轻糖尿病患者的痛苦，实现糖尿病治疗新的给药途径。

除此此外，利用微球化和微胶囊化的药物制剂达到有效定向治疗的目的。

将药物从恒速释放扩大到可调节释放。对包囊表面进行改性，可使药物释放体系具有靶向作用。对生物相黏性药物释放体系的设计，可使高分子微包囊药物释放体系呈现出多样性。

6.9.3 智能化药物释放体系的研究

一些水凝胶药物释放体系具有更高级的功能，即能对外界的环境变化做出反应，从而控制药物的释放时间和释放部位。它们被称为智能化药物释放体系。

（1）对 pH 敏感的水凝胶药物释放体系。某些含弱酸/碱基团聚合物水凝胶的溶胀行为会随 pH 和离子强度而变化。作为药物载体时，由于被包裹药物的扩散受水凝胶溶胀控制，当外界环境 pH 发生变化时，药物扩散会随外界的刺激发生相应变化。pH 敏感水凝胶药物释放体系适合于口服给药，即利用胃和肠道 pH 的差异，控制药物在特定部位释放。为防止药物在胃中失去活性，将药物包囊在有弱酸性基团的聚合物水凝胶中。在胃中的酸性条件下，水凝胶处于收缩状态，防止药物与胃酸接触；到达肠道后，环境由酸性变为弱碱性，水凝胶吸水溶胀，药物就通过溶解扩散而释放出来。

（2）对温度敏感的水凝胶药物释放体系。例如，聚 N-异丙基丙烯酰胺类水凝胶在某一温度下会发生亲水性和疏水性结构的突然转变，水凝胶的行为明显变化，药物的释放也会随之发生相应变化。当此类水凝胶作为药物载体时，可以利用这个性质，通过改变温度控制药物的释放。水凝胶具有一定的强度和很高的吸水率（通常高于 20％）。制备水凝胶的高分子材料可以是天然的或合成的。天然高分子材料包括交联的葡聚糖、交联改性的胶原等；合成高分子材料有聚丙烯酰胺、聚甲基丙烯酰胺、聚电解质复合物和聚乙烯醇等。

由于智能水凝胶的溶胀特性不仅依赖于其本身结构，更依赖于外界信号的刺激，因此这类材料可用于脉冲型药物释放、物质（特别是蛋白质等生物活性物质）分离及化学机械系统中。刺激信号主要有 pH、光、温度及化学物质等。电场对智能水凝胶的作用原理与 pH 的作用类似。

最近，美国罗格斯大学领导的一个团队发明了一种智能药物递送系统，它可以减少受损神经组织的炎症，治疗脊髓损伤和其他神经紊乱的疾病。

6.9.4　其他方面

近年来，聚电解质—蛋白质复合物正越来越受到人们的重视，而且已在蛋白质分离、固定化酶等方面得到应用。由于聚电解质—蛋白质复合物的形成主要是通过静电作用，因此聚电解质—蛋白质复合物的沉淀与解离受到外界条件（如离子强度、pH）的影响。将蛋白质与特定的聚电解质复合，可以实现蛋白质的 pH 响应释放，还有希望保持蛋白质的活性。

通过药物剂型的设计，例如，通过控制微包囊外层聚合物膜的厚度或聚合物的种类可控制药物释放滞后时间，然后将具有不同药物释放滞后时间的微球混合，即得到脉冲型释放系统；或制备具有多药物层交替及水溶性聚合物层结构的药物制剂，使滞后时间由聚合物的溶解时间来控制，药物有几层则有几次脉冲，由此制成多次脉冲型药物释放体系。

总之，随着药物载体新的高分子材料的研制和纳米生物材料的发展，以及新药物制剂的设计及制备技术的进步，在不久的将来，药物控释制剂将成为主要的药物制剂形式，在疾病治疗、保健、计划生育及健康与卫生方面发挥更重要的作用。

参考文献

[1] Dion A，Langman M，Hall G，et al. Vancomycin release behavior from amorphous calcium polyphosphate mat rice sinter for osteomyelitis treatment [J]. Biomaterials，2005，26（35）：72－76.

[2] Indiran P，Irina R，James A，et al. Sustained release theophylline tablets by direct compression. Part 1：formulation and invitro testing [J]. Pharm.，1998，164：1.

[3] Ganza A，Anguiano S，Otero F J，et al. Chitosan and chondroitin microspheres for oral-administration controlled release of metoclopramide [J]. Euro. Pharm.

Biopharm.，1999，48：149.

[4] 赵长生，张倩. 生物医用高分子材料 [M]. 北京：化学工业出版社，2009.

[5] Zhou Y，Ye Y，Zhang W，et al. Oxidized amylose with high carboxyl content：A promising solubilizer and carrier of linalod for antimicrobial activity [J]. Carbohydarte Polymers，2016，154：13.

[6] 庞惠民，邹霭珍，张灼赞，等. 缓释控释药物制剂的使用现状分析及应用进展 [J]. 当代医学，2012，18（17）：142−143.

[7] 刘昌孝. 缓释制剂的药物动力学原理及其评价 [J]. 天津药学，1999，11（1）：1−3.

[8] Franca J R，Foureaux G，Fuscaldi L L，et al. Chitosan/hydroxyethyl cellulose inserts for sustained-release of dorzolamide for glaucoma treatment：In vitro and in vivo evaluation [J]. Inter. Pharm.，2019，570（30）：118662.

[9] Yu B G，Okano T，Kataoka K，et al. Polymeric micelles for drug delivery：solubilization and haemolytic activity of amphotericin B [J]. Journal of Controlled Release，1998，53（1−3）：131−136.

[10] Wang W，Qu X，Gray A I，et al. Self-assembly of cetyl linear polyethylenimine to give micelles，vesicles，and dense nanoparticles [J]. Macromolecules，2004，37（24）：9114−9122.

[11] Torchilin V P. Micelles from polyethylene glycol/phosphatidylethanolamine conjugates for tumor drug delivery [J]. J. of ctrl. Rel.，2003，91（1−2）：97.

[12] Kwon I C，You H B，Kim S W. Heparin release from polymer complex [J]. Journal of Controlled Release，1994，30（94）：155−159.

[13] 兰静，赵健，张馨文. 智能药物传输系统的研究进展 [J]. 现代药物与临床，2012，27（5）：488−492.

[14] 潭真，张雷，张倩. 聚乙烯醇/羧甲基纤维素钠交联微球的制度及性能研究 [J]. 塑料工业，2015，43（3）：41−57.

[15] Wang S J，Zhang Q，Tan B，et al. pH−Seusitive Poly（Vingl Alcohol）/Sodium Carboxymethy-Lcellulose Hydrogel Beads for Drug Delivery [J]. Journal of Maeromdecular Science，Part B：Physics，50：2307−2317，2011.

[16] 刘丽英. 海藻酸钠载药微球的制备及性能研究 [D]. 成都：四川大学，2010.

[17] 朱未洌. 巯基化 PVA/壳聚糖树脂对汞吸附性能的研究 [D]. 成都：四川大学，2014.

思考题

1．什么是缓释与控释制剂？缓释与控释制剂有何特点？

2．了解药物制剂中缓释与控释的类型，缓释与控释药物的原理，Fick's 第一定律，Higuchi 方程的物理意义。

3．缓释与控释制剂在设计中应注意哪些问题？

4．举例说明生物降解聚合物作为药物载体时，其给药系统载体粒径的控制范围。

5．简述微粒药物的制备工艺。高分子包囊法与脂质体包埋法有何特点？

第7章

高分子纳米药物

7.1　概述

7.1.1　纳米与纳米技术

纳米是一个长度单位，1 nm 等于 1×10^{-9} m，国际上公认 0.1~100 nm 为纳米尺度空间，将 1~100 nm 划为纳米体系。纳米技术是指在纳米尺度下对物质进行研究、制备、工业化以及利用纳米物质进行交叉研究和工业化的一门综合性技术。目的是按人类意志直接操纵单个原子，把材料加工制成具有特定功能的产品。它包括纳米材料学、纳米电子学、纳米机械学、纳米生物学、纳米医药学等多学科及其交叉的横向学科。纳米物质突出表现有四大效应：表面与界面效应、体积效应、量子尺寸效应和宏观量子隧道效应。纳米技术的发展，对药物研究的不断渗透和影响，引发了药物领域的一次深远革命。

7.1.1.1　表面与界面效应

纳米粒表面原子数与总体积内原子数之比称为表面原子数之比，它随粒径减小而急剧增大，从而引起性质上的突变。纳米粒粒径小于 1 nm 时，表面原子数之比超过 90%，原子几乎全部集中在粒子的表面，表面悬空键增多，化学活性增强。如金属纳米粒可成为新一代高效催化剂，纳米高分子材料可作药物基因载体和低熔点材料。

7.1.1.2　体积效应

纳米粒子体积小，包含原子数也少，相应的质量也小，因此出现与常态物质不同的性质，如光学、热学、电学、力学等多方面异常。金属纳米粒对光的反射率很低，如铂黑、铬黑等。金属铜、银导热导电，将它们做成纳米尺度以后，既不导热也不导电。金属银熔点为 960.5℃，纳米银熔点为 100℃。纳米铜的强度比普通铜高 5 倍。故纳米材料可作为高效率的光热、光电等转换材料将太阳能转换成热能、电能。

7.1.1.3　量子尺寸效应

所谓量子尺寸效应是指粒子尺寸下降到某一值时，金属费米能级附近的电子能级由准连续变为离散的现象。纳米半导体粒子存在不连续的最高被占据的分子轨道能级和最低未被占据的分子轨道能级，能隙变宽，导致纳米微粒的光、电、磁、热、催化和超导性等特性与宏观性存在显著差异。如金属纳米材料的电阻值随着尺寸下降而增大，电阻温度系数下降甚至变成负值；相反，原是绝缘体的氧化物达到纳米级时，电阻值反而下降；10~25 nm 的铁磁金属微粒矫顽力比同种宏观材料大 1000 倍，而当颗粒尺寸小于 10 nm 时矫顽力变为零，表现为超顺磁性。

7.1.1.4　宏观量子隧道效应

微观粒子具有贯穿势垒的能力，称为隧道效应。近年来，人们发现一些宏观量，例如微粒的磁化现象。量子相干器件中的磁通量以及电荷等亦有隧道效应，它们可以穿越宏观系统的势垒。微观体系中，物质以波的形式运动，光谱线向短波方向移动，导电粒子成为绝缘体。磁性纳米粒子有较高的顺磁性，复合材料可加工成片状或粒状，尺寸小于 15 μm 时是很好的绝缘体，对其进行挤压、拉伸或扭曲，就变成类似金属的导体，拆除外力，又返回绝缘态。这些都是量子效应、量子隧道效应的宏观表现。

纳米材料和纳米产品的特性和优异性为寻找和开发医药材料及合成理想的药物提供了强有力的技术保证。应用纳米技术生产的药物克服了传统药物的许多缺陷以及无法解决的问题。分子纳米技术在生物医学领域中的应用迅速发展，纳米技术与计算机、分子生物学以及医药的结合，成为 21 世纪不可估量的生产推动力。

7.1.2　高分子纳米材料

高分子纳米材料也可称为高分子微粒材料或高分子超微粒材料，其粒径尺度在 1~10 nm 范围内，主要通过微乳液聚合的方法得到。聚合物微粒尺寸小到纳米级后，高分子材料的特性会发生很大变化，主要表现在表面与界面效应、体积效应两个方面。粒子越小，表面积越大，粒子上的官能团密度增大，选择性吸附能力提高，达到吸附平衡的时间大大缩短，粒子的胶体稳定性明显提高，这些特性为它们在生物医学领域的应用创造了有利条件。目前，高分子纳米材料的应用已涉及免疫分析、纳米基因、药物控制释放载体、介入性诊疗等许多方面。

7.1.2.1　免疫分析

免疫分析已作为一种常规的分析方法，在蛋白质、抗原、抗体乃至整个细胞的定量分析方面发挥着巨大的作用。根据标记物的不同，免疫分析可分为荧光免疫分析、放射性免疫分析、酶联免疫分析等。免疫分析中载体材料的选择十分关键，如纳米聚合物粒子等，尤其是某些具有亲水性表面的粒子，对非特异性蛋白的吸附量很小，已被广泛地作为新型标识物载体使用。

7.1.2.2　纳米基因

生物高分子纳米材料作为非病毒基因转移载体有许多优点，如稳定灭毒、无抗原性和有控释作用。将药物、DNA、RNA 等基因治疗分子包裹在纳米颗粒中或吸附在其表面，同时表面偶联特异性的靶向分子，如特异性配体、单克隆抗体等，通过靶向分子与细胞表面的特异性受体结合，在细胞摄粒作用下进入细胞内，可安全有效地用作靶向性药物、基因治疗、细胞表面标记、同位素标记等。

如以 PLGA 制备的带 DNA 的纳米粒，与载 DNA 的脂质体相比，纳米粒系统包封率为 70%，有明显的缓释作用，在体外持续释放 DNA 的时间可长达一个月之久，而且包载的 DNA 结构与功能可保持不变。给大鼠肌内注射 7 天后，纳米粒的转递效率比脂质体高出 1~2 个数量级，同时也表现出明显的缓释作用。

7.1.2.3　药物控制释放载体

纳米聚合物粒子有重要的应用价值，已有许多研究证实，某些药物具有在特定部位才能发挥其作用的特点，同时又易被消化液中的某些酶所分解，因此口服这类药物的药效并不理想。若用生物可降解的高分子微球或微囊对药物进行保护，并控制药物释放速度，药物经过载体运递后，药效损失很少，还可有效地控制释放，延长了作用时间。作为药物载体的高分子材料，主要有聚乳酸、乳酸－羟基乙醇酸共聚物、聚丙烯酰胺类等，它们与各类药物，无论是亲水的、疏水的还是生物大分子制剂都有良好的相容性，因此能够负载或包覆多种药物，还能有效地控制药物释放速率。

7.1.2.4　介入性诊疗

高分子纳米材料可用于某些疑难疾病的介入性诊断和治疗。纳米粒子比红细胞（6~9 μm）小得多，可以在血液中自由运动，因此将无害的纳米粒子注入人体各部位，可检查病变和治疗。动物实验结果表明，将载有地塞米松的乳酸－乙醇酸共聚物纳米粒子通过动脉给药方式注入血管内，可有效治疗动脉再狭窄；而带有抗增生药物的乳酸－乙醇酸共聚物纳米粒子经冠状动脉给药，可以有效防止冠状动脉再狭窄。载有抗生素或抗磁制剂的高分子纳米材料通过动脉给药进入人体，可用于某些特定器官疾病的临床治疗。载药纳米粒子还可制成乳液进行肠外或肠内注射，也可制成疫苗进行皮下注射或肌内注射。纳米粒子表面经修饰后，可降低表面电荷，也可增强表面亲水性，在粒子表面结合特殊配体，可加强载体的靶向性。例如，以经聚乙二醇（PEG）修饰后的聚乳酸（PLA）纳米粒子装载抗肿瘤药物 $ZnPeF_{16}$ 给小鼠进行静脉注射，与未经 PEG 修饰的 PLA 纳米粒子载药做对比。前者的血液中药物浓度降低，这是因为经 PEG 修饰的 PLA 纳米粒子可减少内皮系统对药物的摄取，同时会增加肿瘤组织对药物的摄取。纳米粒子包裹的药物沿着静脉迅速聚集在肝和脾等器官，使由于治疗药物的非特定性聚集而引起的毒性降低。一项利用抗生素治疗细胞内感染的研究表明，被纳米粒子包裹的氨苄西林的疗效比游离的要高 20 倍。

由于纳米粒子有较大的表面积、较高的胶体稳定性和优异的吸附性能，并可以较快地达到吸附平衡，因此可用于生物物质的吸附和分离。将纳米粒子压成薄片，制成过滤器，过滤孔径为纳米量级，在医药领域可用于血清消毒。在纳米粒子表面引入羰基、羟基、磺酸基、氨基等官能团，可通过氢键或静电作用使纳米粒子与蛋白质、核酸等生物大分子相互作用，使其能够沉淀并分离生物大分子，当改变条件时又可使生物大分子解析，利于回收。

7.2 高分子纳米药物

7.2.1 纳米药物的分类

纳米药物实际上是纳米复合材料，或称纳米组装体系，是按人的意志组装合成的纳米结构系统。它的基本内涵是以纳米结构及其组装的纳米粒、管、囊为基本单元，在一维、二维、三维空间组装排列成具有纳米结构的体系。利用高科技手段可使药物具有更多优点，如提高分子稳定性、减小对胃肠的刺激、减小毒副作用、提高药物利用度、具有缓释性能、可靶向给药等。纳米药物基本上都具备以上优点，因此将纳米技术用于药物的研究开发是现代药学发展的重要方向。按材料的形态和粒子的生物特性，可将纳米药物分为两大类。

7.2.1.1 按材料形态分类

（1）纳米脂质体。用人工合成的磷脂化合物，如磷脂酰乙醇胺、卵磷脂和豆磷脂来制备纳米脂质体，粒径控制在 100 nm 左右。用亲水性材料如聚乙二醇进行表面修饰，静脉注射后可在体内长循环，有一定的空间稳定性，能减少肝脏巨噬细胞的吞噬。聚乙二醇带有醚键和羟基等活性基团，可交联某些多肽大分子，改善生物大分子药物的口服吸收或其他给药途径的吸收，利用配体/受体间的特异性结合，起到靶向传递药物的作用。例如，胰岛素柔性纳米脂质体、双氯芬酸钠透皮柔性脂质体等。

（2）柔性脂质体。柔性脂质体（flexible nano-liposomes，FL）是一种优良的给药载体，李伟泽等将 5 种常见挥发油——艾叶油、桉叶油、茉莉油、丁香油和连翘油分别包埋于盐酸巴马汀纳米柔性脂质体（palmatine chloride loaded flexible nano-liposomes，PFL）的脂质双分子层内，通过白兔阴道给药考察其对黏膜的刺激性。结果显示，在柔性脂质体的磷脂膜中包埋艾叶油等，不仅可以在一定程度上抑制内水相中药物的泄漏，而且能够增强柔性脂质体对药物透皮黏膜的吸收。

（3）固体脂质纳米粒。固体脂质纳米粒（solid lipid nanoparticles，SLN）是由多种脂质材料，如脂肪酸、脂肪醇、磷脂等，在熔融状态下经高压匀浆法形成的纳米级固体颗粒。适合于难溶亲脂性药物，如甲羟安定、可的松、阿霉素和维生素 E 等的包裹。SLN 被用作静脉注射或局部给药，可以作为靶向定位和控释作用的载体。

（4）纳米粒。纳米粒（nanoparticle，NP）是纳米囊、纳米球的统称。将药物与多聚体以某种方式结合，制备成纳米微小颗粒，超微尺度为 20～100 nm，粒度分布均匀，这样可以增加药物在血液循环系统中的保留时间，维持药物的持续释放，并且靶向到特定器官。用来与药物交联的多聚体有 PLGA、壳聚糖、明胶等生物降解材料。PLGA 含有许多末端羟基和羧基，可与含氨基的药物结合，如阿霉素（DOX）与 PLGA 交联后，纳米粒大小在 200 nm 左右，粒径分布狭窄，以静脉注射进入人体。将 DOX－PLGA 与未交联的 DOX/PLGA 纳米粒相比较，前者没有爆发式的释药过程，释药周期可维持 30 多天，后者第一天有一个爆发式的释药行为，且整个释药过程只有 5 天。原因是 DOX－PLGA 释药时包括化学键断裂、药物的溶解和扩散，未交联的 DOX/PLGA 释药机理只是单纯的扩散过程。有体内实验证明，DOX－PLGA 抑制肿瘤的效果与每天注射 DOX 的疗效相当。

（5）聚合物胶束。水溶性嵌段共聚物或接枝共聚物同时具有亲水性和疏水性基团，在水中溶解后自发形成高分子胶束，完成对药物的增溶和包裹。因为具有亲水性外壳及疏水性内核，适合携带不同性质的药物，如多肽、蛋白质类药物。目前，研究得较多的是聚乳酸与聚乙二醇的嵌段共聚物（PLEG），它有较长的亲水性 PEG 链段，又有疏水性 PLA 链段，具备一定的表面活性作用。制备微球的过程中，PLGA 可以富集于 W/O 相界面，提高乳状液的稳定性，增加蛋白质的包埋率，阻止蛋白质与有机溶剂接触可能发生的变性失活。

（6）纳米混悬剂。是利用高压匀浆法将药物制成纳米大小的悬液。某些药物的水溶性、脂溶性都很差，它们的溶解速率很慢，达到饱和时的浓度较低，在血液中不能达到应有的药物浓度，无法保证药效，生物利用度低。选用特定的表面活性剂或聚合物修饰剂，它们根据与纳米粒子亲和力的大小可以吸附在粒子的表面，可制成混悬液用于口服或注射。一种治疗艾滋病的药物，制成纳米混悬剂后提高了药物对黏膜的吸附作用，增强了药物的靶向传递效果。

7.2.1.2　按生物性能分类

（1）免疫纳米粒。将单克隆抗体吸附到纳米载体的表面，形成免疫纳米载体。这种具有免疫功能的纳米载体，一方面可以被动靶向网状内皮系统的组织与器官，另一方面可以在表面以不同的抗体修饰而具有主动靶向功能，到达体内靶向特异的组织与器官。例如，有人将抗人体成骨肉瘤的单克隆抗体吸附于聚氰基丙烯酸己酯纳米粒表面，然后加入含 T24 细胞株和人体成骨肉瘤细胞株 788T 的培养基中，结果表明，上述免疫纳米载体只选择性地识别人体成骨肉瘤细胞株 788T，而且这种特异性的结合在 4℃ 下可以维持 4 天。这表明抗人体成骨肉瘤的单克隆抗体在聚氰基丙烯酸己酯纳米载体表面的吸附是比较牢固的。

纳米载体可作为疫苗的载体，通过注射、口服或鼻腔黏膜给药而发挥免疫作用。例如，将破伤风疫苗附于聚酯类聚合物纳米载体表面，通过口服给药、鼻腔黏膜给药或腹腔内给药对小鼠进行接种，并与传统的氢氧化铝吸附剂或溶液剂进行比较，即分别在接种后 4 周和 6 周时用 ELISA 检测法对血中抗体的滴度进行分析测定，结果表明，口服和鼻腔黏膜给药的血液中 IgG 的抗体浓度增加到 $3×10^3$，例如，氢氧化铝吸附剂 IgG 的抗体浓度增加到 $2×10^3$；口服粒径小的纳米载体比口服粒径大的纳米载体可获得更高的 IgG 抗体浓度；对于中等大小的纳米载体，鼻腔黏膜给药后就可产生抗体，这表明给药途径中鼻腔黏膜接种是有潜力的。

（2）磁性纳米粒。磁性纳米粒的结构一般为核壳式结构，它由两部分组成——具有导向性的核层（磁核）和具有亲和性、生物相容性的壳层。核层主要由纳米级金属氧化物组成，壳层由合成高分子或生物高分子材料组成，通过适当的方法可使核层和壳层结合起来，形成具有磁性及特殊结构的载体。根据应用不同，可将磁性纳米粒的包裹分为三种形式：核—壳结构、壳—核结构和壳—核—壳结构。

核—壳结构是由金属氧化物（主要有 Fe_3O_4）组成核，高分子材料作为壳，这种结构是以核层为芯部，直接在高分子材料外层上连接所需携带的药物或抗体。壳—核结构，高分子材料作为芯部，外面包裹磁性材料。壳—核—壳结构，即外层和内层为高分子材料。第二种和第三种结构以高分子材料作为芯部，一般携带对机体内的生理环境较敏感的药物，将药物包埋在内部，以避免药物在到达靶部位前发生反应，降低疗效，或对其他器官、组织、细胞产生毒副作用。例如，在粒径为 $10\sim15$ nm 的 Fe_3O_4 磁性粒子表面包裹甲基丙烯酸酯，粒径增到 200 nm，这种亚微米级粒子携带蛋白、抗体和药物，可用于癌症的诊断和治疗。利用磁性纳米粒子可将癌细胞从骨髓中分离出来，分离率达99.9%。动物实验证明，带有磁性的 Fe_3O_4 纳米微粒是应用这种技术最有前途的载体；磁性金属 Ni、Co 纳米粒有致癌作用，不宜作为纳米粒子载体。

（3）磷脂纳米粒脂质体。脂质体是较为理想的一种定向药物载体，属于靶向给药系统的一种新制剂。20 世纪 60 年代，A. D. Bangham 发现，磷脂分子分散在水中能形成封闭的囊泡，囊泡的内相与外相均为水溶液，在双分子膜之间有一个疏水区，这种囊泡状结构称为脂质体。20 世纪 70 年代初，Y. E. Ralman 等在生物膜研究的基础上，首次将脂质体作为酶和某些药物的载体。磷脂纳米脂质体作为药物载体有以下优点：

一是由磷脂双分子层包封水相囊泡构成，与各种载体药物相区别，脂质体弹性大，生物相容性好。

二是对所载药物有广泛的适应性，水溶性药物载入内水相，脂溶性药物溶于脂膜内，两亲性药物可置于膜上，而且同一个脂质体中可以同时包载亲水性药物和疏水性药物。

三是磷脂本身是细胞膜成分，因此该纳米脂质体注入体内无毒性，生物利用度高，不引起免疫反应。

四是保护所载药物，防止体液对药物的稀释及被体内酶分解破坏，使药物在人体内传输更为方便，纳米药物复合物可通过被动和主动两种方式达到靶向作用。

对脂质体表面进行修饰，如将特定细胞具有选择性或亲和性的各种配体组装于脂质体表面，可以起到寻靶作用。

（4）光敏纳米粒。TiO_2 纳米粒在光照下有较强的氧化还原能力，能分解微生物中的 DNA 双链结构，DNA 双链由超卷曲结构逐渐松散，终而分解。细菌细胞内含有 1%

TiO_2，光照后就会被杀死。动物实验证实，TiO_2 微粒对动物无生理毒性，因此实验将其用于癌细胞治疗。结果表明，紫外光照射 10 min 后，TiO_2 微粒能杀死全部癌细胞。此外，应用 TiO_2 纳米粒光催化方法，在体外对宫颈癌细胞进行杀灭实验，结果也表明 TiO_2 纳米粒在光照条件下对宫颈癌细胞有明显的杀灭作用。

综上所述，高分子纳米药物是利用高分子纳米载体包覆、运输药物粒子，从而达到缓释、控释作用的药物运输体系。近几十年来，人们制备了聚合物胶束、超支化聚合物、无机粒子、金属聚集体等纳米药物载体，但多数在生物相容性、可降解性、细胞毒性等方面仍存在缺陷。目前的纳米药物载体依据制备工艺和结构类型的不同，可分为纳米粒、纳米乳、纳米胶束、固体脂质纳米粒、纳米脂质体、纳米混悬液、药质体等。

7.2.2　高分子纳米药物的特性

早期应用的纳米载体材料主要包含蛋白质和多糖两大类，虽然生物相容性好，但由于制备困难、成本高、质量难控制，无法大规模生产。目前，合成高分子聚合物纯度高、性能易控、选择性强，可降解类如聚乳酸（PLA）、乳酸－羟基乙酸共聚物（PLGA），交联聚酯类如聚氰基丙烯酸酯、聚原酸酯（POE）以及聚酐和多肽等。聚氰基丙烯酸酯、聚乳酸及其衍生物等是近几年研究的热点，因它们可广泛应用于药物给药系统，具有无毒、无免疫原性、生物相容性好等优点。合成高分子聚合物在生物体内经过酶分解，最终形成二氧化碳和水，不污染环境，因被认为是最有发展前途的生物可降解高分子材料而备受关注。

高分子纳米药物具有纳米尺寸和高分子的包覆功能，可结合临床病理及生理学研究来发现与讨论其性能。正常细胞和病变组织细胞在结构上有着明显差异。例如，肿瘤组织因毛细血管呈多孔结构，孔径为 10～1000 nm，具有血管结构完整性差的特征。同时，肿瘤组织中由于淋巴管壁塌陷，淋巴循环缺失，大分子和脂质类颗粒无法经由淋巴系统吸收返回血液，从而容易被肿瘤组织摄入和滞留，这使得这些大分子颗粒易在肿瘤组织中发挥相应的生物学效应，这种生物学效应即为肿瘤的高通透性与滞留效应（enhanced permeability and retention effect，EPR）。研究人员正是利用了肿瘤的这一效应，将纳米技术应用到药物运输的研发中，制备出纳米尺寸范畴内的药物载体，如纳米粒和纳米球等。EPR 作为纳米药物被动靶向的依据，使得药物在某一特定的肿瘤组织中循环的时间与次数均增多，进而使纳米药物可以选择性地在肿瘤组织中浓集，以发挥更好的治疗作用。高分子纳米药物载体与传统的药物载体相比具有以下特点：

（1）高分子纳米药物载体能增加药物的稳定性。人体内因存在各种各样的酶，会在药物吸收的过程中对其进行破坏与降解，使得药物在血液运输过程中有一部分丢失。因此，采用高分子纳米药物载体将药物包裹在微粒中，可为药物提供一个物理屏障保护作用，增加了药物的稳定性。在高分子纳米药物载体植入体内的过程中，既避免了血液循环中药物的损失，又能改变传统药物对剂量的依赖性，直接提高了药物的疗效。

（2）高分子纳米药物载体能提高药物的生物利用度。高分子纳米药物载体能增加药物在生物膜上的通透性，使药物能更好地通过生物膜和血脑屏障发挥作用，从而提高药物的生物利用度。许多大分子口服药物（蛋白质和多肽类）因"首过效应"（即药物被胃肠道上皮细胞中的酶类降解）而难以更好地发挥作用。高分子纳米药物载体可以改善难溶大分子药物口服不易被吸收的利弊，在肿瘤组织中聚集形成较高的药物浓度，以提高药物的利用率和治疗效果。

（3）高分子纳米药物载体具有更好的可降解性。相较于其他药物载体，高分子纳米药物载体因具有比表面积大、粒径小以及较强的吸附能力，具有更好的可降解性，增加药物与患病部位的结合时间，进而提高药物的吸收率。根据药物代谢动力学中药物设计的常用规则，若合成药物不能有效降解，会有产生毒副作用的风险。

（4）高分子纳米药物载体能增加药物的靶向性。高分子纳米药物载体可以在一定程度上控制药物在体内的分布，增加药物的靶向性，避免药物渗漏对于其他正常组织产生损伤，降低毒性。在高分子纳米药物载体的设计过程中，可根据其理化性质，对载体材料表面进行合理的设计与修饰，改变纳米微粒药物的载量、动力学特性及生物相容性。同时，还可以增强纳米微粒药物针对细胞或分子的靶向性，使纳米微粒药物具有缓释性和稳定性，延长在体内作用的时间，进而提高药效，防止被其他正常的器官或组织吸收。肿瘤的发生和发展都是十分迅速的，在完好的血管壁形成之前就会形成大量的孔状间隙，而这些孔状间隙的直径都是纳米级的，如此，高分子纳米药物载体可通过这些孔状间隙真正到达病变组织或器官。

7.2.3 高分子纳米药物的制备

按纳米粒形成的机理不同，高分子纳米药物的制备方法可分为两类，第一类是聚合反应法，第二类是聚合物分散法。

7.2.3.1 聚合反应法

聚合反应法即以载体材料的单体通过聚合反应将药物包裹起来形成纳米粒，具体包括乳液聚合法、界面聚合法等。

（1）乳液聚合法。乳液聚合法既适用于连续的水相，也适用于连续的有机相。连续的水相中乳液聚合的经典方法是将单体加到含乳化剂的水相中，形成单体乳化液，加入药物后强烈搅拌形成纳米粒度的分散液滴，在引发剂存在或高能辐射的条件下引发聚合。聚甲醛丙烯酸甲酯、聚氰基丙烯酸烷基酯、聚丙烯酸类共聚物均可用此法制备。因为它们的单体有良好的被乳化性。用非离子型表面活性剂作乳化剂或增溶剂时很容易形成分散度较高的胶体溶液，聚合反应条件不苛刻，反应速率容易控制，产生的粒子的粒径一般在 140 nm 以下。例如，甲基丙烯酸甲酯乳液聚合形成的纳米粒主要用作疫苗抗原的载体。它包覆药物形成的液滴状悬浮粒子非常小，从外观看是一种透明或对光有散射而形成丁达尔现象的溶液，在电子显微镜下可观察到呈圆柱管状或为球形的微粒。聚氰基丙烯酸酯在人体内几天就完全降解并排出体外，通常作业的是毒性小的聚氰基丙烯酸乙酯或异丙酯，它们在室温下不需加引发剂，也不用 γ-射线辐照，就可自发进行聚合。这是因为水相中存在 OH—，可引发其进行阴离子聚合反应。反应在 pH<3.5 的酸性条件下进行，高于此 pH，反应速率快，生成的颗粒大。向反应体系中加入 0.5% 的血浆作为稳定剂，保持 pH=2.0，可得到平均粒径 130 nm 左右的纳米粒。最后用超滤膜将纳米粒从溶液中分离出来。

以有机溶剂为介质的乳液聚合法，是将水溶性好的单体，如丙烯腈、醋酸乙烯酯和水溶性药物在搅拌作用下分散到含有乳化剂的有机溶剂中，在有引发剂或辐照的条件下进行的聚合反应。单体在聚合的过程中同时包裹药物，形成纳米胶囊或纳米粒。乳液聚合法使用的有机溶剂可以是环己烷、氯仿、二氯甲烷、正己烷、甲苯等，乳化剂通常为失水山梨醇三油酸酯等非离子表面活性剂。此种方法需要使用大量有机溶剂和增量的乳化剂（比水相乳化聚合时多），此外还存在残余单体的毒性问题，因此应用受到限制。

乳液聚合过程中常用 W/O/W 型复乳法，其工艺流程为：聚合物溶于含乳化剂的油相中，药物溶于含增稠剂的水相中，将水相加入油相中形成 W/O 型乳状液，冷却至 15℃，再把它们加入含亲水性乳化剂的水连续相中制成 W/O/W 型复乳液，蒸发除去聚合物中的溶剂，分离干燥后即得纳米粒。例如，将 2% 的人血清蛋白水溶液分散到含有乳化剂的 PLA 二氯甲烷溶液中，搅拌分散形成油包水（W/O）型乳状液。再加入 0.5% 的聚乙烯醇水溶液形成水包油且油包水（W/O/W）型复乳液。向该复乳液中加入大量 0.1% 的聚乙烯醇水溶液，于室温下进行磁力搅拌，以真空旋转蒸发除去有机溶剂，超速离心得到纳米粒沉淀，再经洗涤、冷冻干燥，即得纳米粒。此法可制得粒径为 200 nm 左右的粒子，粒度分散系数小于 0.1。W/O/W 型复乳法也可用于水溶性聚合物与油溶性药物：先制成 O/W 型乳状液，再分散到另一油相得 O/W/O 型复乳液，最终可分离出水溶性囊膜的载油纳米囊。

（2）界面聚合法。界面聚合法分为界面缩聚和界面自聚两种，这决定于单体的种类及其聚合物的特性。界面缩聚：以聚 N,N′-L-对苯二甲酰赖氨酸为载体的血红蛋白纳米粒的制备。该制备工艺过程中，发生缩聚反应的单体是溶于有机相的 N,N′-L-对苯二酰氯和溶于水相的赖氨酸。一定计量的血红蛋白（囊心物）、赖氨酸、碳酸钠水溶液通过毛细管针头的注射管，在电机驱动下以 0.012 mL/min 的速率以纳米大小的液滴滴入 N,N′-L-对苯二甲酰氯、环己烷、氯仿、四乙基氯化钠组成的混合溶液中。以注射器针头为阴极，浸在有机相中的铂丝为阳极，两电极间加 850 V 电压，以利于液滴分散成纳米级的球形状态。当液滴加到有机相后水滴表面形成 N,N′-L-对苯二甲酰赖氯酸薄膜，得到的纳米胶囊平均粒径为 380 nm。该缩聚物无毒，可生物降解，表面带负电荷，性能上更接近天然的血细胞，与人体相容性好，且贮存期间微粒不会相互凝结。

界面自聚：氰基丙烯酸酯在 OH—的引发下可发生阴离子自聚反应。将 0.5 mL 氰基丙烯酸酯与一定量的药物（囊心物）溶解在 4 mL 矿物油与 50 mL 乙醇组成的混合溶剂中。用毛细管针头将此油性溶剂缓慢加到含有 0.5% 磷脂类非离子表面活性剂（pH=6）的水溶液中，搅拌下产生粒径为 200~300 nm 的胶囊。该悬浮胶体溶液经浓缩、真空干燥后即得纳米粒。又如乳酸分子间的羟基、羧基发生缩聚脱水形成线型结构的聚乳酸（PLA）。将聚乳酸与药物一起溶解在苯甲酸甲酯、磷酸酯类非离子表面活性剂与丙酮组成的有机溶剂中，此混合溶液经毛细管针头缓慢注入水相，聚乳酸包覆着药物在苯甲酸甲酯与水的界面上沉聚，可得到平均粒径为 230 nm 的粒子。选用的表面活性剂的种类对所制备微粒的粒径、孔隙率、载药量、释药过程均有影响，但不会改变释药模型。这说明表面活性剂是决定微粒质量的一个重要因素，其次是乳液的 pH、稳定剂种类、单体和药物的用量等。

7.2.3.2 聚合物分散法

聚合物分散法具体包括分散聚合法、凝聚分散法、自组装式法、熔融分散法和微乳化法等。

（1）分散聚合法。分散聚合法属于乳液—溶剂扩散法，用于 PLA，PLGA 等 α-羟基酸类纳米粒的制备。将材料单体溶于可挥发并微溶于水的有机溶剂中，制成 O/W 型乳状液，加入稳定剂后可在液滴表面形成一层保护层，防止乳液液滴间相互凝聚。常用的乳化稳定剂有聚乙烯醇、明胶、司班、吐温等。乳液液滴的大小决定着最终微粒的尺寸，因此乳化剂的选择与用量相当重要。有时使用两种乳化剂，使之产生协同作用以提高稳定效果。用抽提或蒸发方式除去液滴中的溶剂是溶剂向周围介质扩散的过程，所以抽提或蒸发速率对最后形成的微粒表面的形态有很大影响。粒子的大小、表面形态又影响到药物释放的性能。用抽提的方法，溶剂扩散快，可形成具有很多孔隙的粒面；用蒸发的方法，溶剂扩散慢，可形成光滑的粒面。实验发现，药物是被吸附或包埋在纳米粒表面的，如果纳米粒粒径小、比表面积大、表面孔隙多，包封率会随之增大。

（2）凝聚分散法。凝聚分散法又称天然高分子法，某些天然高分子化合物如明胶、酪蛋白、壳聚糖、海藻酸钠等在一定条件下可以凝聚形成微胶囊。例如，明胶和酪蛋白等水溶性蛋白质可发生水化作用而形成溶胶，向其中加入无机盐或乙醇时，这二者与水的结合力更强，能破坏蛋白质的水化作用，使分子链卷曲，相互吸引、交联而凝聚。无机盐的作用是盐析，某些非溶剂使蛋白质溶解度降低的作用称为去溶剂，利用盐析和去溶剂可制备水溶性蛋白质壁膜的纳米胶粒。在含有药物分子的水溶性蛋白质溶液中，药物分子可通过化学键结合到溶胀的大分子链中，经盐析或去溶剂后，蛋白质凝聚，药物被包覆在其中形成纳米胶囊。例如，壳聚糖-聚乙二醇共聚物的水溶液与三聚磷酸钠阴离子的水溶液混合，由于相反电荷结合而凝聚，可在水中直接形成纳米胶束。

（3）自组装法。自组装法合成聚合物的步骤是将两亲性聚合物溶解于有机溶剂中，加水制成乳液后再采用减压蒸馏或溶剂扩散除去有机溶剂，使得两亲性聚合物高分子自组装，形成类胶束且具有核壳结构的纳米聚集体。聚合物的亲油段形成内核，亲水段则在水相形成亲水性外壳。如今，在恶性肿瘤药物载体运输领域，常用的有以下三类聚合物胶束：两亲性胶束、聚离子复合胶束以及依赖金属配位键所形成的胶束。聚合物胶束在合成的过程中，首先合成发挥不同功能的嵌段共聚物，然后以合成的嵌段共聚物为原料，自组装形成聚合物胶束。合成聚合物胶束通常有以下三种方式：①嵌段共聚物在选择性溶剂中通过亲水和疏水作用力，自组装成核—壳结构的两亲性共聚物胶束；②嵌段共聚物在选择性溶液中根据正负电荷的吸引力，自组装成聚离子复合胶束；③嵌段共聚物在选择性溶液中依靠金属配位键等化学键自组装成不同形态结构的聚合物胶束。

（4）熔融分散法。熔融分散法主要用于固体脂质纳米粒（SLN）的制备。一种操作是将药物溶解在熔融的类脂材料中，在含有表面活性剂的水溶液中分散乳化，经高压均化成 O/W 型乳状液，再冷冻干燥或喷雾干燥。另一种操作是将药物分散在熔融的类脂材料中，冷却固化，置于液氮或干冰中研磨。SLN 的主要优点是采用生理相容的类脂，如大豆磷脂、月桂酸甘油酯、硬脂酸等，不使用有机溶剂就可获得高浓度脂质悬浮液，可以进行大规模生产。缺点是载药量低，类脂的物理状态复杂，存在多种胶体结构，导致贮存和用药过程中稳定性差，易发生凝胶化、粒子增大、药物泄漏等问题。

（5）微乳化法。微乳化法选用与水部分互溶的有机溶剂，如乳酸丁酯、三醋酸甘油酯等作为分散相，制备成乳剂后加水稀释，使药物从有机相向连续相扩散析出，最后通过超速离心分离出药物的纳米粒子。该法可同时增溶大量的水和大量的油，使得水溶性和油溶性的物质充分混合，极大地提高了反应效率。例如，Kocbek 等采用微乳化法制备布洛芬纳米晶体，加入吐温－80 作稳定剂，制得了粒径小、稳定性好的纳米药物。稀释过程中由于有机相的水混溶性和乳化剂组成的不同，有机溶剂扩散进入水相的难易程度也不同。乳酸丁酯和乙酸乙酯的水混溶性好于苯甲醇，因此，稀释时扩散较快，需加入的水较少，最终得到的混悬液中药物含量高。稀释时搅拌速率越快，溶剂扩散越快，沉淀得到的药物粒径越小。微乳化法虽然制备工艺简单，但也存在有机溶剂残留等安全性问题。

除前面介绍的两类制备高分子纳米药物的方法外，现在还常采用超声冷冻干燥法、去污剂透析分散法和微射流法等工艺。超声冷冻干燥法制备脂质体，首先将胆固醇、磷脂和抗癌药物溶于有机溶剂中制备成脂质体悬液，再经超声处理得到脂质体。将上一步产生的脂质体经过冷冻干燥过程，即可得到高贮存稳定性的脂质体。去污剂透析分散法制备脂质体，首先使去污剂达到临界胶浓度，随后加入脂质形成混合胶束，最后再将混合胶束中的去污剂去除，从而得到脂质体。微射流法制备脂质体，首先将类脂和疏水性抗原混合物溶于溶剂制备成大脂质体，随后将大脂质体投入仪器，控制一定的射流直径并在高压下挤压产生单层或多层脂质体。该方法简单易操作且重复性好，但生产固定成本较高。

近年来，高分子纳米药物制备技术已有较大的发展，但仍存在一些局限性。如水溶性和脂溶性都不好的药物，其生产过程中残留的有机溶剂对环境、人体均有危害。因此，进一步研究高分子纳米药物制备的新技术、新材料、新工艺、新设备等，以求简单、大规模地制备具有自动靶向和定量定时释药性能的纳米智能药物，有效地解决人类重大疾病的诊断、治疗和预防等方面的难题，仍是今后研究的重点。

7.3　纳米粒的表面修饰

纳米粒经过表面修饰后可改变其表面性质和作用，用于修饰的材料有聚乙二醇、天然多糖和表面活性剂等。

聚乙二醇（PEG）是目前应用最为广泛的纳米粒表面修饰材料。实现修饰的方法是预先将 PEG 与聚乳酸或聚乳酸的共聚物与磷脂酰胆碱等进行化学结合，通过疏水链吸附或电性结合的方式制取纳米粒。PEG 的相对分子量、包衣厚度或包衣密度对药物在体内的长循环效果有明显影响。

多糖类的亲水性质可以延长纳米粒在体内的循环时间，并降低纳米粒被巨噬细胞捕获的概率。尤其是以两亲性的环糊精作为纳米粒的表面修饰材料，可起到增加药物的包封率和载药量的作用。环糊精（CD）是由 6~12 个 D-葡萄糖分子以 1,4-糖苷键连接起来的闭合锥筒状结构。常用的 β-环糊精由 7 个 D-葡萄糖分子构成，用作药物包合材料或药物的纳米粒表面修饰材料，这样除可增加药物的包封率和载药量外，还可增加药物抗光、抗热和抗氧化剂的能力，增加药物的稳定性，提高有效利用度。

例如，壳聚糖（CS）有聚阳离子特性，与聚丙烯酸（PAA）形成以聚电解质为基础的交联网络水凝胶膜，具有感知环境（如 pH、离子强度、温度等细微变化）的能力，通过体积的溶胀和收缩来响应外界刺激的功能等。阴离子多糖类聚合物肝素可作为亲水性部分与聚甲基丙烯酸甲酯形成两亲性共聚物纳米粒，肝素的抗凝活性作用可以阻止血液中某些成分对纳米粒的黏附，抑制血浆蛋白对药物的竞争，从而延长药物在体内的循环时间，提高药效。

许多治疗性药物难以透过血脑屏障，而纳米粒本身可因脑内皮细胞的内吞作用进入血脑屏障。将纳米粒用吐温-80 等表面活性剂修饰后，可进一步增加药物对血脑屏障的渗透，显著提高脑内血药浓度，减少全身血液循环中的药量。近年来一些抗脑卒中的纳米药物及载药体系列于表 7-1。

表 7-1　抗脑卒中的纳米药物及载药体系

纳米技术	代表药物
中药纳米化	纳米丹参
	红景天纳米粉
合成高分子聚合物载体	
中药载体	黄芩苷乳酸羟基乙酸纳米粒子
	丹参酮ⅡA聚乙二醇纳米制剂
	CRSA-PEG-TⅡA-NPs
	葛根素聚氰基丙烯酸丁酯纳米粒
	乙酰葛根素纳米乳剂
	葛根总黄酮纳米混悬液
基因载体	磁性 Lf-PEG-RMC/QMC
	包被吐温-80 的银杏内酯 B 纳米载体
靶向性载体	
天然高分子聚合物纳米粒	壳聚糖纳米粒

续表7-1

纳米技术	代表药物
固体脂质纳米粒	葛根总黄酮固体脂质纳米粒
	尼莫地平纳米结构脂质载体
金属纳米粒子	金纳米粒子
纳米纤维	碳纳米管
	神经干细胞与纳米多肽联用
	丝素蛋白纳米纤维
	PEG 功能化亲水碳簇纳米粒子
	烃外层碳纳米管
其他纳米药物	纤维蛋白特异性溶栓纳米粒子

又如，利用修饰后的优质脂质体进行药物运送，已有近三十年的历史。李等研究发现，连接奥曲肽（浓度为 1%）的各类脂质体均可在人小细胞肺癌细胞 NCL-H446 和人肝癌细胞 SMMC-7721 中达到最佳的吸收效率。在已连接奥曲肽的长循环脂质体上，插入 PEG 进行修饰，可降低细胞毒性。经 PEG 修饰后，连接适宜浓度的奥曲肽的脂质体药物载体系统可通过作用于生长抑素受体显著抑制肿瘤的生长。另外，还可以显著提高药物在肿瘤组织中的靶向效率，延长药物在体内的循环时间，为抗肿瘤药物提供一种高效的靶向药物运输方式。肖超等利用胆固醇、磷脂酰胆碱和紫杉醇（PTX）为原料，经过超声处理 30 min 后，加入磁粉、吐温-80 和 PEG 等原料，合成平均直径为 150 nm 且包封率为 85.8% 的 PTX 磁性脂质体纳米药物。给药48 h 后，对人肺癌细胞 SPCA-1、人乳腺癌细胞 MCF-7、人胰腺癌细胞 PC-3 的抑制率分别为 95%、80% 和 50%。研究结果证实，该药物对恶性肿瘤具有良好的抑制效果，提示脂质体作为纳米靶向药物载体有着良好的应用前景。

目前已上市的脂质体药物有以下几种：抗肿瘤注射用紫杉醇脂质体、治疗乳腺癌的多柔比星脂质体、治疗脑膜炎的阿糖胞苷脂质体和注射用两性霉素 B 脂质体等。其中，紫杉醇脂质体对乳腺癌和非小细胞肺癌均有良好的治愈率，且可明显降低白细胞减少及中性粒细胞减少等不良反应的发生率。多柔比星脂质体已在国外取得广泛应用，多项临床试验均表明该药对癌症治疗具有较好的靶向性，脂质体包埋避免了游离类多柔比星对心脏的毒性，同时保留了其对肿瘤的治疗效果，充分发挥了药性。两性霉素 B 脂质体具有广谱的抗真菌作用，且肾毒性低、安全性高，可用于妊娠期妇女、儿童和艾滋病患者等特殊人群。脂质体药物现已成为一类重要的抗肿瘤药物。

7.4　纳米粒载药及质量评价

纳米粒制备过程中，包裹药物或在溶液中吸附药物都是常用的载药方法。包裹药物可得到较高的载药量和包封率。影响载药量和包封率的因素有载体材料的性能、药物的性质及 pH、药物浓度、聚合物的种类及浓度等。例如，聚异丁基腈基丙烯酸酯纳米粒在 pH 为 2.0～7.4 时对药物的吸附符合 Langmuir 吸附机制，即单分子层等温吸附，吸附与脱附速率相等，达到动态平衡。要想大幅度提高载药量和包封率，可将药物和聚合物材料形成复合物。例如，阿霉素与聚乳酸-羟基乙酸（PLGA）结合后其纳米粒包封率可达 96.6%，载药量可达 3.5%。而采用乳液/溶剂扩散法，药物多被吸附在纳米粒表面，包封率仅为 6.7%，载药量仅为 0.3%。

纳米粒的质量评价参数有粒度分布、表面电荷（δ 电位）、载药量和包封率等，这为体内药物代谢动力学的研究提供了重要的理论依据。纳米粒粒径的大小直接影响着粒子在体内的传输，药物的释放、分布及靶向性。粒径大，载药量增多，但药物释放速率减慢。如作为动脉栓塞的微球，粒径一般在 50 μm 以上；要顺利通过体内毛细管（如肺部毛细管），粒径应小于 5 μm。纳米粒粒径的大小与靶向有关，大于 250 nm 的纳米粒靶向脾脏，小于 250 nm 的纳米粒靶向体内循环，小于 150 nm 的纳米粒靶向骨髓。要想纳米粒不被肝脏、脾脏的窦状毛细血管截留，粒径最好小于 200 nm，但不是粒径越小越好，粒径小于 70 nm 时，这种胶体粒子聚集在肝脏的现象会很明显，因为粒子渗透性很强，不利于粒子在体内长循环，这种情况下适宜的粒径范围为 70～200 nm。表面带正电荷的纳米粒易被肝脏中的巨噬细胞吞噬，不易被网状内皮系统（RES）识别；表面带负电荷的纳米粒对淋巴系统有较强的亲和力，可被肺巨噬细胞吞噬。一般而言，极性微粒不易被吞噬，δ 电位越高，吞噬越少。纳米粒表面电荷与体内物质的静电作用力很难用扩散双电层理论描述，因为体内环境复杂，纳米粒与体内物质间的吸引和排斥作用难以阐述清楚。一般认为，表面带负电荷的纳米粒相对于表面带正电荷或中性表面的纳米粒，在体内更易被清除，而中性表面最适合于延长纳米粒在体内的循环时间，长循环有利于药物发挥全身治疗或诊断作用，增强药物对靶部位的疗效。故对纳米粒表面进行修饰时，一般选用非离子性表面活性剂。

7.5 纳米药物控释系统

7.5.1 药物的控制释放

药物的控制释放是指通过适当的传输方式，将药物适时、适量地应用到预定的目标，并在传输过程中避免药物的分解和一些外界的影响。这就必须选择合适的药物载体、剂型、给药途径，以使机体能有效地吸收药物。给药方式对药物在体内的吸收和代谢的影响非常大，原因是人体组织器官的多样性和功能的复杂性，且各组织器官之间又密切联系、相互依赖，因此给药时必须考虑药物的毒性及其在体内的分布、运输和代谢途径等多方面因素。

药物被服用后，通过与机体发生相互作用而产生疗效，因此给药方式是影响药物疗效发挥的一个重要因素。以口服药为例，服药后药物经黏膜或肠道吸收进入血液，再经肝脏代谢，最后由血液运送到体内需药部位，在这个过程中，不需药的部位同样会接触到。因此，要使药物具有预期疗效就必须使血液中的药物浓度达到一定标准，即最低有效浓度，低于该浓度就不能产生有效的治疗效果。大多数情况下，服用的药物只有一部分到达患病部位，大部分随血液分散到身体各部位。许多药物都有一定的毒副作用，增加剂量有可能对正常组织和器官产生伤害，严重时甚至会引起新的疾病或留下后遗症。引起中毒症状的血药浓度称为中毒极限浓度。正常用药剂量应能使血药浓度维持在最低有效浓度与中毒极限浓度之间。

传统的药物制剂，服药后血药浓度会随机体对药物的吸收而逐渐升高，最高时可能会超过中毒极限浓度，然后随着药物制剂中药物释放量的减少，血药浓度逐渐下降，降至最低有效浓度以下后就失去治疗作用。要想维持体内必要的血药浓度，只能采用一日数次定时口服或注射的给药方式，如图 7-1 所示。对于传统药物制剂，即使在用药剂量和用药时间上做了安排，体内的血药浓度仍然处于图示的波动状态。因此，需要开发可使血药浓度在较长时间内维持不变，只对患病部位起治疗作用的药物制剂。这种药物释放体系应具备两种功能：药物控制释放适时给药，使需药部位的血药浓度维持在所要求的范围内；药物靶向给药，使药物只输送到治疗目标部位。

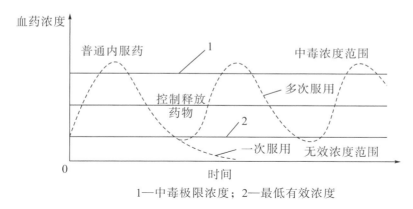

1—中毒极限浓度；2—最低有效浓度

图 7-1　传统药物制剂给药后的血药浓度变化

7.5.2　纳米药物控释制剂的优势

纳米药物控释制剂的优势主要有：①对于半衰期短，或需频繁服用的药物，控释制剂可减少服药次数，如原来每日需服用三次可减少至每日只需服用一次，这就极大地提高了患者服药的方便性，特别适合需要长期服药的患者，如患心血管疾病、心绞痛、高血压、哮喘等患者。②缓慢释药，使血药浓度平稳，有效血药浓度维持时间较长，从而避免峰谷现象，有利于降低药物的毒副作用，提高用药安全性。③扩大口服易水解药物的给药途径。多肽和蛋白质、酶、抗生素类药物口服后，可被胃酸或胃肠道消化酶破坏，过去只能通过注射给药，而纳米药物控释制剂可从根本上解决此问题。④可消除特殊生物屏障对药物的限制。体内有许多保护机体不受损害的天然生物屏障，如血脑屏障、血眼屏障、细胞生物屏障，给某些疾病治疗带来了困难，而纳米药物控释制剂有可能穿过这些屏障部位，治疗某些目前必须通过手术治疗的疾病，以减轻患者痛苦。⑤纳米药物经特殊加工后，可精确地针对某种器官定向控释给药，以减少药物的不良反应。药物的缓释与控释制剂在第六章中已做介绍，这里不再叙述。

7.5.3 纳米药物控释系统的特性

因纳米药物的载体材料都是高分子化合物，它们可以是人工合成的生物降解性聚合物，如 PLA、PLGA 和 PCL 等，也可以是天然大分子化合物，如蛋白质、明胶、多糖类等。此类载体材料粒子小至纳米数量级后，会出现一些新的理化特性，如高硬度、强可塑性、高扩散性、高导电率、高比热和膨胀性、高磁化率、高矫顽力，具有催化性、光学性和化学反应特性等。这些改变都基于纳米粒的表面效应和体积效应，表面效应是随着粒子粒径变小，表面积增大，易与其他质子结合；体积效应是指纳米粒所含原子数减少而使带电能级间隙增大，其物理性质能级间隙不连续而发生异常。这两种效应在高分子纳米材料上表现为官能团密度增大，选择性吸附能力增强，达到吸附平衡的时间缩短，粒子的胶体稳定性提高。它们为药物控释的研究提供了新方法。纳米药物控释系统改善了药物的性质，控释药剂也具有相应的特性。

7.5.3.1 改善药代动力学性质

纳米药物的释放速率受到载体材料生物降解速率的影响，调整材料的种类、配比、纳米药物的理化性质，可以控制释药速率，使其达到预期效果，从而达到改变药物药代动力学特性的目的。例如，羟基喜树碱有良好的抗肿瘤效果，但在体内代谢很快，半衰期 $(t_{1/2})$ 仅 5 min。有研究者用聚氰基丙烯酸正丁酯（PBCA）为载体将 PBCA 制成纳米粒，表面用聚乙烯吡咯烷酮（PVP）包覆，给小鼠静脉注射 15 min 后发现，有 68.2% 的药物聚集于肝脏，半衰期为 146.99 小时，该结果表明该载药微粒有明显的靶向和缓释作用。又如，硝苯地平起效快，半衰期短，临床应用受限制，将其分别用 PCL、PLGA、丙烯酸树脂为载体制备三种纳米粒，给自发性高血压大鼠灌胃后，与对照组相比，药物峰浓度下降，峰时间和平均滞留时间延长，早期降压幅度减小，降压作用维持时间延长。该结果表明硝苯地平纳米粒有缓解、长效和平稳降压的特性。

紫杉醇是疗效显著的抗癌药物之一。对 K_{10} 和 K_{12} 两种紫杉醇注射剂紫杉醇纳米乳剂进行的药代动力学研究表明，K_{10} 是粒子较大的微米乳，K_{12} 是纳米乳。静脉注射后，K_{10} 紫杉醇很快从中央室消除，粒径小，在体内能逃避网状内皮系统（RES）的捕获和吞噬，在体内循环中保持较长时间的较高浓度。纳米乳剂的这种体内药代动力学特点是由其本身性质所决定的。例如，异丙酚的商品名为得普利麻，为全身静脉注射麻醉剂，早先被用于临床的是由 16%PEO 蓖麻油增溶剂制成的 1% 异丙酚水溶液，注射后患者有疼痛和过敏反应。而将异丙酚制成纳米乳剂，可提高其物理稳定性，延长贮存时间，避免了患者使用后产生疼痛感与静脉炎症的发生。

7.5.3.2　建立新的给药过程

随着分子生物学及其技术的发展，多肽类药物显示出优于传统药物的治疗效果。但多肽类药物口服时可被蛋白质水解酶降解，若经注射给药每天也得重复多次。胰岛素是一种蛋白质激素，口服容易被消化酶破坏，皮下注射后吸收得快，代谢也快，作用只能维持数小时。患者需每日多次注射，存在诸多不便。基于脂质体作药物载体的特性和传输能力，粒子表面若再用亲水性材料 PEG 进行修饰，则可极大地提高药物口服的生物利用度，顺应患者需求。段明星等对聚氰基丙烯酸异丁酯包裹胰岛素的机制进行了一系列体外研究。用凝胶色谱法分离纳米包裹颗粒和游离的胰岛素，结合放射免疫法，放射标记示踪，以及设计"抗体捕获"试验，阐明了聚氰基丙烯酸异丁酯作脂质体包裹胰岛素制成的纳米粒中，大部分胰岛素分子与载体以共价键结合的方式相连接，并分散在粒子的表面，用放射免疫法测得其具有抗蛋白酶降解的作用，证明了口服胰岛素制剂的稳定有效性。Damge 等的研究表明，胰岛素纳米胶囊有明显的降低血糖的作用，疗效可维持 20 天。同样条件下，口服游离胰岛素并不能影响血糖水平。

7.5.3.3　增强药物的靶向作用

药物的靶向性是指药物能高选择性地被输送到需药的目标部位，从而增强疗效，减少副作用，其作用对象为靶器官、靶细胞、细胞内的靶结构。以上三级靶向治疗方法均可通过纳米药物控释系统来完成。纳米粒或纳米胶囊与药物形成复合体后，可根据治疗目的不同，通过不同方式进入机体，经血液循环选择性地定位于特定组织或细胞进行治疗。用 PLGA 包覆细胞松弛素 B 制备的生物降解性纳米粒，是一种抗细胞增生药剂。用狗作动物试验模型，在正常血液循环条件下研究纳米微粒在血管内吸收和定位的可能性，其试验结果表明，载药纳米粒可穿透结缔组织，并被靶部位血管壁吸收。用介入方法将纳米粒导入血管内病灶部位，可在血管局部组织内缓慢释放药物，维持局部长期有效的血药浓度，达到有效治疗心血管狭窄及其他血管疾病的目的。这证实了载药纳米粒作为血管内靶向定位药物控释体的可行性。纳米粒作为抗癌药物的载体，应用价值很高。例如，聚氰基丙烯酸酯纳米粒易聚集在肿瘤中，原因是许多肿瘤细胞对它的吞噬性强，肿瘤的血管壁对它有生物黏附性。米托蒽醌聚氰基丙烯酸正丁酯纳米粒表面带负电荷，平均粒径为 55 nm，载药量为 46.8%，小鼠尾部静脉注射 15 分钟后，约有 80% 的药物进入肝脏，单位质量肝肿瘤中的药物量高于其他组织，具有良好的肝靶向性。又如以纳米粒作为基因转移载体，将 RNA、DNA 等基因治疗分子包裹其中或吸附在其表面，再偶联特异靶向分子（如单克隆抗体），通过靶分子与细胞特异受体结合，被细胞摄取而进入细胞内，由溶解酶降解纳米粒释放出基因分子进入细胞核内，从而实现安全、有效的靶向性基因治疗。

7.5.3.4 促进吸收以提高药效

以生物高分子纳米颗粒作为药物载体，可提高病变部位的药物浓度，增强药效，减少副作用。例如，紫杉醇是一种抗癌活性生物碱，在临床上对多种肿瘤有治疗效果。将紫杉醇包封于粒径细胞 50～60 nm 的聚乙烯吡咯烷酮纳米粒中，给药移植到有 B16－F10 黑色素瘤的小鼠体内，结果显示紫杉醇纳米粒能明显减少肿瘤体积，延长小鼠的存活时间，与等剂量的游离紫杉醇相比，抗肿瘤活性明显增强。又如，低分子肝素（分子量一般在 3000～8000）可防治深部静脉血栓、肺栓塞、弥散性血管内凝血等疾病。以纳米脂质体作载体的肝素制剂，可促进肝素经胃肠道的吸收，这样能降低口服剂量。此外，硒作为人体必需的微量元素，是谷胱甘肽过氧化酶的必需成分。但单质硒几乎没有生物活性，而纳米硒对免疫失衡、氧化损伤的小鼠有保护作用。单质碳无生物效应，但由 60 个碳原子组成的纳米粒 C60，有抗氧化、抗衰老和对细胞的保护作用。

7.5.3.5 生物黏附控释特性

纳米药物可黏附在脑膜、胃壁、肠壁、鼻腔黏膜、阴道以及皮肤上，黏附力随高聚物结合于细胞表面的部位、静电作用、有无水的存在而不同，这样可以达到控释效果。例如，经皮给药，皮肤的角质层就具有控释功能，可以在 24～48 h 内只让 5%～10% 的药物释放，因此一次投药后可持续发挥药效；能避免肝、肠的代谢作用，提高药效；能降低血药浓度，减小毒副作用，提高投药的准确性和机体对药物的摄取能力。

7.5.3.6 化学反应控释特性

将药物经化学反应与聚合物相结合，通过相结合基团的性质来调节药物的释放速率，这种方法的特点是高分子材料用量少，但可以达到 80% 的载药量。高分子药物就是利用此控释系统的药物制剂，例如，以 PLA 为载体分别与庆大霉素、硫酸庆大霉素制备纳米微粒，庆大霉素 PLA 微粒开始快速释药 50%，此后 24 天均未见再释药；而硫酸庆大霉素 PLA 微粒开始 4 天释药稳定而快速，此后 21 天为低速释药，分析原因是硫酸庆大霉素的—SO_3H 与 PLA 的羟基发生了化学反应。

7.5.4 药物控释系统材料

7.5.4.1 药物释放体系分类

药物释放体系可按具体应用目的分为三类，见表 7－2 所示。

表 7-2　药物释放体系分类

分类	目的	举例
按释药时间	缓释	微囊化
	延长半衰期	与载体分子相结合①
	特定时间释放	外部刺激②
按释药部位	局部滞留释放	局部投入
	制订目标释放	免疫共轭、免疫活化
	待定部位释放	外部刺激
按结合性能	用药简便化	经皮吸收制剂

注：①例如与聚乙二醇链相结合；②温度、磁场、超声波、电场、微光等。

7.5.4.2　药物控释系统高分子材料

为使药物制剂具有前述功能，作为药物载体的高分子材料起着关键作用。与传统药物制剂不同，控释体系对药物载体材料的要求更高，它应起到对药物释放导向、延长作用时间、提高药效、使用药简便等作用。当前药物载体大多是高分子材料，它包括天然高分子材料、改性的天然高分子材料和合成高分子材料。它们的性能应满足以下要求：具有生物相容性和生物降解性，即在体内降解为小分子化合物后被机体代谢、吸收或排泄；如果不能降解，则需要在药物释放后，通过外科手术取出。高分子材料降解产物必须无毒和不引发炎症反应，此外，高分子材料的可加工性、可消毒性、力学性能、来源保证和价格高低也是影响材料最终能否实际应用的重要因素。根据给药途径不同，对高分子材料的要求也有差别。体内使用的药物对载体材料要求较高，皮下用药对材料要求相对较低。

用高分子材料作药物载体时，随着载体中药物含量的减少，释药速率减慢，无法保证药物恒量释放。但用生物降解性高分子材料作药物载体时，随着它在体内的降解，载体的结构逐渐变得疏松，其内含的药物溶解和扩散阻力减小，药物释放速率加快。当药物释放速率的加快正好与含药量减少所引起的释药速率变慢一致时，就会实现药物的长期恒量释放。最后载体材料在水环境中被酶或微生物水解，即降解为单体或代谢成 CO_2 和 H_2O。这种材料用作长效药物载体植入体内，药物释放完后不需手术取出，可以减少患者的痛苦和麻烦。因此，生物降解高分子材料是治疗癌症、青光眼、心脏病、高血压和止痛、避孕等药物的理想载体。常用的药物载体高分子材料见表 7-3。

表 7-3　常用的药物载体高分子材料

分类	类型	材料
天然	脂质	卵磷脂、神经鞘磷脂
	多糖	琼脂糖、海藻酸盐、淀粉、β-环糊精、壳聚糖
	蛋白质	明胶、白蛋白、纤维蛋白

分类	类型		材料
合成	生物降解型	亲水	聚氰基丙烯酸酯、聚氨基酸
		疏水	PLGA、聚己酯、聚内酯、聚酐
	非生物降解型	亲水	聚丙烯酰胺（高交联度）、聚甲基丙烯酸甲酯
		疏水	聚苯乙烯、乙烯－醋酸乙烯酯共聚物、硅酮弹性体

（1）天然生物降解性高分子载体材料。这类材料体系中有明胶、胶原、环糊精、纤维素、壳聚糖等。但有的不能完全符合应用要求，需要接入不同的官能团，成为改性天然高分子材料，如用交联剂改性明胶，纤维素经醚化形成羧甲基纤维素等。壳聚糖（CS）是最重要的一类天然生物降解性高分子材料，是迄今发现的唯一天然碱性多糖，由甲壳素在碱性介质中水解脱去乙酰基制得。甲壳素不溶于酸性水溶液，而壳聚糖在酸性水溶液中形成黏性液体，这是两者间明显的区别。壳聚糖水溶性好，并带有大量正电荷，容易与带负电荷的聚合物或生物大分子在水相中反应制备成纳米颗粒。如壳聚糖与三聚磷酸盐（TPP）可发生离子性交联，调节 CS 和 TPP 的用量，可在温和条件下反应得到壳聚糖纳米粒，特别适合用作生物大分子药物传递载体。壳聚糖微粒表面通过化学交联包覆一层聚乙二醇（PEG），降低了壳聚糖表面的正电荷，增加了生物相容性。壳聚糖还可与 DNA 通过静电作用而结合，增加 DNA 的稳定性，也增强了与细胞膜的作用，保护 DNA 不被溶酶体降解。总之，生物相容性和生物降解性是壳聚糖的重要特征，使其成为很有应用前景的天然高分子药物载体材料。

（2）合成生物降解性高分子载体材料。合成生物降解性高分子载体材料是指主链中含有易被水解的酯键、醚键、氨酯键和酰胺键等的高分子材料。特别受到关注的是脂肪族聚酯类高分子材料，如聚乙交酯（PGA）、聚丙交酯（PLA）、聚己内酯（PCL）和聚羟基丁酯（PHB）等。近年来，PLA 及其共聚物被用作一些半衰期短、稳定性差、容易降解和毒副作用较大的药物的控释载体材料，可减轻药物对患者全身特别是肝、肾的毒副作用。影响高分子材料降解的因素有很多，除分子结构中存在可被水解的键以外，还有高分子材料的结晶性、分子量、亲水性、疏水性与环境因素（如酸碱性、温度、酶、微生物等）的影响。同种高分子材料也会因分子量、结晶度、构型的不同而有不同的降解速率。例如，P（LLA）具有结晶性，比无定性的 P（D,LLA）降解速率慢，但结晶性的 PGA 却因强的亲水性而使降解速率加快。通过共聚可改变材料的结晶性和亲水性，以达到调节材料降解速率的目的。乙交酯－丙交酯共聚物（PLGA）中，乙交酯单元含量在 25％～75％时呈无定形状态，含量在 50％时降解速率最快，乙交酯含量为 25％时，载体材料在体内 1 个月可降解，乙交酯含量为 15％时，载体材料在体内 3 个月才开始降解。聚己内酯（PCL）具有优良的药物通透性，结晶性较强，降解速率非常缓慢。它形成共聚物后可降低结晶性，增加亲水性，从而改善降解性能。

7.6　纳米中药制剂

1998 年，国内学者首次提出纳米中药的概念。一般认为，纳米中药是指应用纳米技术制造粒径小于 100 nm 的中药有效成分、有效部位、原药及其复方制剂。它是中药纳米化后的产物，不是新的药种。纳米中医药学是在中医理论指导下，应用现代纳米技术，对中医药进行研究的一门新兴学科，涉及中医临床、中药、中药制剂和中药化学等多学科领域。纳米中医药学将促进纳米中药有效成分、纳米中药原药材、纳米中药复方制剂、纳米外用药、纳米保健品的研究和开发，给中医药的发展带来革命性的影响。

7.6.1　纳米技术对中药研究的意义

随着现代制药技术的快速发展，传统中药剂型改革已迫在眉睫。将纳米技术引入中药研究领域，可能将对中药研究与发展产生巨大的推动作用。

7.6.1.1　有利于传统中药饮片的改革

饮片是中医传统的用药方式，体现了中医辨证论治的思想，多以复方煎煮制成汤剂应用于临床。由于不便于应用，中药饮片的发展受到限制，而纳米中药因其粒径小、表面积大、表面能高，容易使有效成分在较低温度下快速被提取出来。也就是说，传统意义上的中药饮片需要长时间煎煮才能产生疗效，而将饮片制成纳米微粒后，可能只需将其用开水冲泡就能产生相应的疗效。这有利于推动中药饮片的变革。

7.6.1.2　有利于中药复方疗效的发挥

中药复方制剂在制备过程中往往会产生物理或热化学作用。中药方剂煎煮时可能在溶液中发生固有物质间的络合、水解、氧化、还原等反应，产生新的有效成分，如配位络合物、分子络合物、化学动力学产物等。这些变化可能导致中药复方增效、减毒或改性等。将中药制成纳米微粒后，各成分之间更易于相互作用，有利于发挥复方制剂的疗效。

7.6.1.3　有利于提高药物利用率

将中药制成纳米微粒后，因药物的颗粒变得非常小，增加了和溶剂的接触面积，可以提高有效成分的溶出速率和溶出量。由于表面效应，药物通过扩散或渗透进入生物膜，促进了溶解；药物还可以穿过组织间隙，通过血脑屏障扩大在体内的分布。纳米技术控制了粒径与粒度的分布，将药物中的有效成分、有效部位或复方中药的提取物运送到患者病灶部位，有效地控制了药物的靶向黏附性，增强了靶向性，提高了临床疗效。

7.6.1.4　有利于中药新剂型的开发

将中药材或中药提取物纳米化后，可以制成不同的剂型，如制成纳米粉针剂、高效透皮释放制剂、舌下含片、干粉吸入剂、植入剂和滴丸剂等。亦可将中药材或中药提取物的纳米粉体制成靶向控释制剂，如脂质体、纳米微囊、纳米微球等。多种剂型给药，不仅增加了药物的稳定性和用药的安全性，提高了疗效，还推动了中药制剂标准化。这对中药的改革和中药制剂生产水平的提高具有重要意义。

7.6.1.5　有利于中药国际化

将中药进行纳米化后，用药剂量可相应减少，能克服传统中药黑、多、大的弊端，达到国际主流市场对产品的标准和要求，使中医药更容易走向世界。

7.6.2　纳米中药制剂的研究

中药的药效既源于药物特有的化学成分，又与药物在体内的代谢过程密切相关。药物进入机体经历了吸收、分布、代谢和排泄的过程，血药浓度在达到一个高峰后逐渐降低。如何提高药物的生物利用度是医药界密切关注的问题。中药的吸收与药物的理化性质直接相关，中药粒子纳米化后，改变了物理状态，提高了药物的吸收率和生物利用度。与传统中药相比，纳米中药具有许多新功能和新特点，可以发挥新的功效。

例如，有人将中药牛黄制成纳米牛黄后，其理化性质和疗效发生了很大变化，并有极强的靶向作用。徐辉碧等将雄黄（主要含 As_2S_2）、石决明制成了纳米雄黄与纳米石决明，并研究了不同粒径的雄黄颗粒对 ECV-304 细胞存活率、凋亡率的影响。结果表明，对应粒径 $\leqslant 100$ nm、$\leqslant 150$ nm、$\leqslant 200$ nm、$\leqslant 500$ nm 的雄黄，凋亡率分别为68.15%、49.62%、7.51%、5.21%。对纳米石决明血清微量元素进行的药效学研究结果表明，处于纳米状态（$\leqslant 100$ nm）的石决明的性质与微米粒径状态相比有极显著的差异。纳米状态下的中药成分是否产生新的药理、药效、毒性的改变，目前尚未见报道。

7.6.3　纳米中药的制备技术

纳米中药的制备是研究纳米中药最基础的问题，也是最重要的问题之一。将纳米技术引入中药研究，必须考虑中药组方的多样性、成分的复杂性。例如，中药单味药可分为矿物质、植物药、动物药和菌物药等，中药的有效部位和有效成分又包括无机化合物和有机化合物、水溶性成分和脂溶性成分等。因此，针对不同的药物，在进行纳米化时必须采用不同的技术路线。此外，还必须考虑中药的剂型。纳米中药与中药新制剂关系十分密切，如何在中医理论的指导下进行纳米中药新制剂的研究，将中药制成高效、速效、长效、剂量小、低毒、服用方便的现代化制剂，是进行中药纳米化必须考虑的问题。纳米中药是针对中药的有效成分或有效部位进行纳米技术加工处理而开发的具有新功效的中药。聚合物纳米粒可作为药物纳米粒子和药物纳米载体。药物纳米载体指溶解或分散有药物的各种纳米粒，药物纳米载体包括纳米脂质体、固体脂质纳米粒以及纳米囊和纳米球。对于不同类型的纳米中药，有不同的制备方法。药物纳米粒子的制备，是针对组成中药方剂的单味药的有效部位或有效成分进行的纳米技术加工处理。在进行纳米中药粒子的加工时，必须考虑中药处方的多样性和中药成分的复杂性。

7.6.3.1　纳米超微化技术

纳米超微化技术是改进某些药物的难溶性或保护某些药物特殊活性的技术方法，适用于某些不宜工业化提取的药物（如矿物药、贵重药、有毒中药）、有效成分易受湿热破坏的药物和有效成分不明的药物。目前，比较常用的是超微粉碎技术。所谓超微粉碎，是指利用机械或流体动力的途径将物质颗粒粉碎至粒径小于 $10~\mu m$ 的过程。根据破坏物质分子间内聚力的方式不同，超微粉碎设备可分为机械粉碎机、气流粉碎机、超声波粉碎机三种。

（1）机械粉碎法。机械粉碎法利用机械力的作用来实现粉碎目的。边可君等采用自主研发的温度可控（$-30\,℃\sim50\,℃$）的惰性气氛高能球磨装置系统制备纳米石决明。将石决明置于配有深冷外套的惰性气氛球磨罐中，同时装入磨球，磨球与石决明粉的质量比保持在 $15:1\sim5:1$ 的范围内，控制高能球磨机的转速（$200\sim400~r/min$）和时间（$2\sim60~h$），获得了平均粒度不大于 $10~nm$ 的石决明粉末。

（2）气流粉碎法。气流粉碎法是以压缩空气或过热蒸汽通过喷嘴产生的超音速高湍流气流作用于颗粒，颗粒与颗粒之间或颗粒与固定板之间发生冲击性挤压、摩擦和剪切等作用，从而达到粉碎的目的。与普通机械冲击式超微粉碎机相比，气流粉碎机可以粉碎得更细，粒度分布范围更窄。同时，气体在喷嘴处膨胀降温，在粉碎过程中不会产生很大的热量，因此粉碎温度升得很慢。这一特性对于低熔点和热敏性物料的超微粉碎特别重要。世界上首项将纳米技术应用于中药加工领域的纳米级中药微胶囊生产技术，是通过对植物生理活性成分和有效部位进行提取，并用超音速干燥技术制成纳米级包囊。利用这项技术生产出的甘草粉体和绞股蓝粉体，经西安交通大学材料科学与工程学院金属材料强度国家重点实验室和第四军医大学基础部药物化学研究室鉴定，均达到了纳米级。其中，甘草微胶囊微粒平均粒径为 $19~nm$。这样的纳米粒可跨越血脑屏障，实现脑位靶向。中药纳米超微化技术既丰富了传统的炮制方法，又为中药的生产和应用带来了新的活力。

7.6.3.2　固体分散技术

药物以微粉、微晶或分子态均匀分散在无生理活性的载体中，药物在载体中的粒径小于 100 nm。该技术是通过物理分散而获得纳米药物粒子的。若将药物包埋于不同性质的高分子聚合物中，可形成速释型或缓释型固体分散物。

7.6.3.3　包合法技术

采用包合法技术制备纳米中药，如以 β-环糊精为载体材料，可以增加难溶性药物的溶解度和溶出度，降低药物的刺激性。特别是中药易挥发性成分经包合后，可明显提高保留率，增加贮存过程中药物的稳定性。

7.6.3.4　微乳化技术

将油相、水相、乳化剂和助乳化剂按一定比例，在一定温度和适当条件下混合的方法称为微乳化技术。该技术使药物以粒径在 10～100 nm 范围内的乳滴分散在另一种液体中，形成胶体分散系统。

7.6.3.5　脂质体技术

脂质体是由磷脂分散在水中而形成的具有双分子层结构的囊泡，其作为药物的载体，可以延长药物作用的时间，增加药物在体外的稳定性，降低药物的毒性，同时可使药物具有定向分布的靶向特性。将脂质体引入中药制剂领域，可以明显提高中药对疾病的治疗指数，使一些毒性较大的药物在治疗疾病时能更安全。纳米脂质体药物以纳米级分散于脂质体双分子层中，同普通的脂质体制剂相比，具有纳米药物所特有的一些性质。

目前，纳米产品已成为中药行业新的经济增长点。将纳米制备技术应用于中药行业，可以开发具有更好疗效、更优品种的纳米中药新产品。这将对中药行业的发展带来深远的理论和现实意义。

7.6.4　纳米中药研究存在的问题

纳米技术是具有战略意义的新技术，它的飞速发展可能会使中药的现代化迈上一个新台阶，利用纳米技术改造包括中药在内的传统产业也充满机遇和挑战。目前，关于纳米中药的新功能和新特点尚处于概念设想之中，要制备出具有实际意义的纳米中药还有许多亟待解决的问题。

7.6.4.1　中医药理论基础研究薄弱

中药有效成分的分离提纯、药效学、药理学、毒理学、质量标准等方面涉及的问题是中药研究开发中的关键，这些问题没有随着纳米技术的到来而得到解决。不管中药现代化最终走向何方，解决这些问题应该是第一步。中药具有组分多样、成分复杂的特点，因此针对不同药物进行纳米化时，必须采用不同的技术路线和方法。纳米中药与中药剂型关系十分密切，需要在中药理论指导下对新剂型进行研究，将中药制成"三效"（高效、速效、药效）、"三小"（剂量小、毒性小、副作用小）、"五便"（方便使用、方便携带、方便贮存、方便生产、方便运输）的现代制剂是中药纳米化必须考虑的问题。

中医和中药是我国中医药体系中不可分割的两个部分，在理论基础上，两者的概念、范畴一脉相承。在辨证论治中，医为药之理，药为医所用。只有将中医、中药理论和纳米新药研究紧密结合起来，才能算是真正的制备纳米中药。

7.6.4.2　纳米中药制备上难度较大

纳米中药的制备与一般材料的纳米制备有所不同。中药种类繁多，作用机制不明确，单味药在不同的复方中发生的化学反应不同，脱离原来的化学环境，功效会发生变化。不同类的中药要求不同的加工方法，纳米化处理时，在增强某种效应的同时可能会减弱另一种效应，或出现新的毒副作用。这种纳米化后导致的中药有效成分和药效学的不确定性，给药物质量的稳定、可控埋下了隐患。因此，中药纳米化的范围受到限制。纳米技术主要用于改造某些难溶性药物或保护某些特殊活性药物，若将纳米化范围推而广之，则需要谨慎掌握纳米粒度与相关中药所含有效成分的分子组成和分子量关系，以免破坏药物的有效组分。

目前，纳米化技术成本较高，原本以质优、价廉取胜的中药经纳米化后，会因价格过高而难以推广。

7.6.4.3　纳米载体材料方面的问题

中药的成分复杂，药理尚不够明确。有研究表明，将已有的药物载体和表面修饰材料用作中药纳米载体材料，不一定会产生包封率高并具有缓释靶向等特性，还得研究开发新的适宜纳米中药的生物高分子材料。

7.6.4.4　影响药物的稳定性

中药纳米化后，微粒的表面效应和量子效应显著增强，药物的有效成分会获得高能级的氧化或还原潜力，影响药物稳定性，增加保质和贮存的难度。

纳米中药面临上述诸多问题，也表明它蕴含着巨大的产业扩张潜力。人们以发展纳米技术为契机向传统中药产业切入，调整中药产品结构，为其注入高科技含量，形成了具有自主知识产权的中药技术平台。将中药进行纳米化是中药未来发展的一个重要方向。纳米技术是 21 世纪公认的三大科技技术之一，21 世纪的中医药学也会借助纳米技术焕发出新的活力。

参考文献

[1] 钟大根，刘宗华，左琴华，等. 高分子纳米材料与血浆蛋白的相互作用 [J]. 化学进展，2014，26（4）：638-646.

[2] 梁新童，李强，薛明，等. 纳米技术在抗脑卒中治疗中的应用进展 [J]. 中国新药杂志，2017，26（23）：2805-2811.

[3] 于东，王晓欣，姜如娇. 纳米抗肿瘤药物载体的研究进展 [J]. 肿瘤，2018，38：603-605.

[4] Zhang X，Wang Q，Qin L，et al. EGF modified mPEG-PLGA-PLL nanoparticle for delivering doxorubicin combined with Bcl-2 siRNA as a potential treatment strategy for lung cancer [J]. Drug Deliv，2016，23（8）：2936-2945.

[5] Kment S，Riboni F，Pausvoa S，et al. Photoanodes based on TiO_2 and alpha Fe_2O_3 for solar water splitting-superior role of 1D nanoarchitectures and of combined heterostructures [J]. Chem. Soc. R，2017，46（12）：3716-3769.

[6] 肖超，吴新荣. 紫杉醇磁性脂质体的制备与抗肿瘤作用研究 [J]. 医药导报，2010，11（29）：1401-1404.

[7] Elsay K M，Elsay H S. Polymeric nanoparticles：Promising platform for drug delivery [J]. Int. J. Pharm. ，2017，528（1-2）：675-691.

[8] 张宏炜，孙逊，张志荣. 载基因纳米脂质体的制备及有关性质的初步研究 [J]. 四川大学学报（医学版），2006（2）：298-300.

[9] Shafei A，Elbakly W，Sobhy A，et al. A review on the efficacy and toxicity of different doxorubicin nanoparticles for targeted therapy in metastatic breast cancer [J]. Biomed Pharmacother，2017，95：1209-1218.

[10] Vauthier C，Labarre D，Ponchel G. Design aspects of poly（alkylcyanoacrylate）nanoparticles for drug delivery [J]. J. Drug Target，2007，15（10）：641-663.

[11] 王志宣，邓英杰，张晓鹏，等. 脂质体肺部给药系统的应用 [J]. 中国医药工业杂志，2007，38（1）：58-62.

[12] Das S，Pharm M，Suresh P K，et al. Design of Eudragit RL100 nanoparticles by nanoprecipitation method for ocular drug delivery [J]. Nanomedicine，2010，6（2）：318.

思考题

1. 什么是纳米物质的四大效应？生物医药学领域中利用纳米技术有何优势？

2. 简述纳米高分子药物的分类与特点。

3. 了解纳米高分子药物的制备方法，举例说明自组装法合成聚合物胶束的机理。

4. 纳米粒的质量评价参数有哪些？为了增强药物靶向部位的疗效，应怎样设计药物制剂？

5. 纳米控释系统改善了药物的性质，它有哪些特点？

6. 在传统中药产业中发展纳米技术需要克服哪些困难？

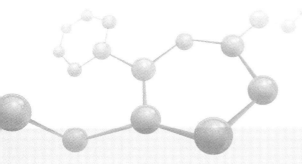

药用高分子材料的应用

8.1　概述

8.1.1　药用高分子材料与药物的相互作用

在药物制剂中使用高分子材料，可以赋予各种剂型特有的形态，保证其质量和理化稳定性，但药用高分子材料也可能与药物之间发生相互作用，使产品的颜色、嗅味、稳定性、体外溶出和吸收等性质发生变化，甚至使产品失效或产生毒性。目前，药用高分子材料的选择大多凭借制剂人员的经验，而药物与药用高分子材料的相互作用常被忽略，影响产品的质量与疗效的发挥，最终导致药品开发时间的延长和费用的增加。因此，在药物剂型设计开发的过程中，必须观察药物与药用高分子材料之间的相互作用，以便及早发现问题并及时解决。药物与药用高分子材料之间相互作用的现象与机理是极其复杂的，通常存在物理变化、化学变化和兼有物理及化学变化三类。

8.1.1.1　物理变化

（1）固体制剂的吸潮或软化。

固体制剂中若含有吸湿性强的药用高分子材料，会导致药物的临界相对湿度（critical relative humidity，CRH）下降，如葡萄糖及抗坏血酸钠的 CRH 分别为 80% 与 70%，而两者混合物的 CRH 则下降为 58.3%，更容易吸潮。某些药物与药用高分子材料混合后会产生低共熔现象。

（2）固体制剂的溶出度下降。

药用高分子材料的物理吸附作用机理，使药物无法及时或完全释放。如乳糖可使戊巴比妥、异烟肼、安体舒通的溶出度下降，甲基纤维素、阿拉伯胶使水杨酸溶出度下降。

（3）溶解度的改变。

药用高分子材料与药物发生相互作用可能改变微环境的 pH，使得药物的溶解度下降，从而影响药物吸收及疗效。对于某些由弱酸或弱碱成盐的药物，如果溶解度较小，那么应当注意，药用高分子材料形成的微环境的 pH 是否对该药物的溶解性产生影响。例如，四环素和 $CaSO_4$ 可以形成溶解度较低的四环素钙而影响四环素的体内吸收。

8.1.1.2　化学变化

（1）水解氧化作用。

一些具有酸碱性的药用高分子材料，能够加速药物的水解或氧化反应。硬脂酸镁的碱性能加速阿司匹林的水解是比较经典的例子。硬脂酸镁对维生素 C 同样具有加速氧化的作用。

（2）直接发生反应。

具有伯氨基的药物有可能与乳糖发生反应。聚乙二醇两端的羟基既能醚化又能酯化，与含碘、铋、汞、银等药物及阿司匹林、茶碱、青霉素、苯巴比妥等均有配伍变化。

（3）材料的相互作用。

吐温、PEG、PVP、甲基纤维素（MC）、羧甲基纤维素（CMC）、CMC－Na 均能与酚类、尼泊金等防腐剂形成络合物而降低抑菌效果；阳离子型、阴离子型表面活性剂配伍可使两者的作用均受影响，致使乳化剂破坏及抑菌作用减弱或消失等。

8.1.1.3　物理及化学变化

（1）稳定性问题。

固体制剂中药物与高分子辅料的相互作用，可能导致药物外观、气味、溶解度和产品形式等的改变，而化学作用一般会导致药物降解或杂质生成，对药物的稳定性产生不良影响。海藻酸钠、羟甲基纤维素钠溶液在水中与带正电荷的阿霉素和多黏菌素可生成沉淀；膨润土和硅镁土可与带相反电荷的药物发生相互作用。液体制剂较固体制剂的物理化学稳定性更差。甲磺酸罗哌卡因和氯诺昔康在 0.9%氯化钠溶液中配伍后，其 pH、药物含量均有所降低，药物因溶解度降低而析出。

（2）相容性问题。

在普通制剂的处方设计中，应注意药物与高分子辅料的相容性研究，筛选出对药物无不良影响的辅料。将药物与辅料按比例混合，以提高药物与辅料的充分接触，增加相互之间的反应概率，以使药物的释放保持在一个合理的水平。阿司匹林的湿法制粒，因辅料 MS 的含量不同，阿司匹林的降解趋势呈非线性状态。

（3）安全性问题。

在液体制剂中，药物与辅料同样发生物理化学相互作用，对产品的质量会产生有利或有害的影响。卡铂注射液处方中添加依地酸二钠会引起卡铂的降解，生成 1,1－环丁烷二羧酸和依地酸二钠杂质，造成药物安全性问题。因此，无论是物理、化学那一种作用，有害作用会损害制剂的性能，导致不良的临床结果；反之，药物与药用高分子材料的有利作用可优化制剂的性能，提高安全有效性。

8.1.2　药物通过药用高分子材料的扩散

8.1.2.1　药物的传质过程

在药物制剂中，药物通过药用高分子材料的扩散可概括为储库和骨架两类模型。药物一般是溶解或分散在药用高分子材料中的，药物从药用高分子材料中扩散的过程可以分为以下几个步骤：

①药物溶出并进入周围的药用高分子材料或空隙；②由于存在浓度梯度，药物分子通过高分子材料屏障扩散；③药物由药用高分子材料解吸附；④药物扩散进入体液或介质。

药物在药用高分子材料中的扩散性必须具有一定的渗透速率，因此，须要理解药物在药用高分子材料中的扩散以及转运的机制，对研究药物的释放过程是至关重要的。通常情况下可以根据转运机制确定溶质的扩散类型，而溶质分子大小和药用高分子材料的结构则制约着溶质的扩散系数，从而影响溶质的释放速率。在药物制剂中，药物的释放过程很少有对流产生，主要为分子的扩散。

（1）Fick 扩散。

药物分子通过药用高分子材料的扩散，可以用 Fick 第一定律来描述：

$$J = -D \frac{\mathrm{d}c}{\mathrm{d}x} \tag{8-1}$$

式中：J——溶质流量，$mol/(cm^2 \cdot s)$；

c——溶质浓度，mol/cm^3；

x——垂直于有效扩散面积的位移，cm；

D——溶质扩散系数，cm^2/s。

在通常情况下，D 被看成常量，但实际上溶质扩散系数是可人为控制的参数，改变药用高分子材料的结构，D 值可改变。另外，药物浓度、温度、溶剂性质、药物的化学性质都能影响 D 值。负号表示扩散方向，即药物分子扩散朝浓度梯度降低的方向进行。

Fick 第一定律，式（8-1）给出了稳态扩散的药物流量，在非稳态流动时，可用 Fick 第二定律来描述：

$$\frac{\partial c}{\partial t} = D \frac{\partial^2 c}{\partial x^2} \tag{8-2}$$

式（8-2）表示在扩散场中任一固定容积单位中，药物浓度在一固定方向上的改变。

在药剂学的实际应用中，药物通过薄膜扩散常见的有胶囊壁扩散、高分子材料包衣层扩散。药物与药用高分子材料之间的亲和力、药用高分子材料的结晶度等对药物的扩散性都有很大的影响。固体药用高分子材料的晶区是大多数药物分子不可穿透的屏障，因此扩散分子必须绕过它，晶区分子所占的百分比越大，分子的运动越慢。药物分子在无孔固体药用高分子材料中的扩散则更为困难，需要移动高分子材料链才能使药物分子通过。对于无孔隙的固体药用高分子材料薄膜来说，由于高分子材料两侧的浓度差很大，在很长的释放时间内，其差值几乎是常数，假设 J 和 D 为常数，在薄膜厚度 h 的范围内积分，可得下式：

$$J = \frac{DK}{h} \Delta C \tag{8-3}$$

式中：ΔC——薄膜两侧的溶质浓度差，mg/cm^3；

K ——溶质分配系数；

$\dfrac{DK}{h}$ ——溶质渗透系数（可用 P 表示），cm/s（常用 P 来评价药物通过药用高分子材料的渗透性能）。

由式（8−3）可知，D、K 值越大，则 P 值越大，故选择药用高分子材料时，应注意药物与药用高分子材料在热力学上的相容性，否则药物是很难通过药用高分子材料薄膜进行扩散的。

$$K = \frac{溶质在高分子材料薄膜中的浓度}{溶质在溶出介质中的浓度} \tag{8-4}$$

式（8−4）表示，药物通过药用高分子材料薄膜的释放应呈零级，因为 ΔC、D、K 和 h 皆为常数。药物通过药用高分子材料骨架的扩散，是对于分散于疏水性骨架中的药物扩散，根据质量平衡原理，Higuchi 做出了如下的数学处理，其原理如图 8−1 所示。

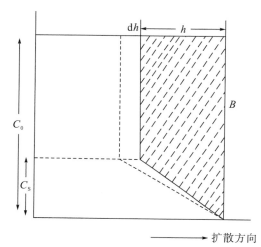

C_0—药物量；C_s—药物溶解度；h—药物扩散路径；B—漏槽

图 8−1　药物经药用高分子材料骨架扩散的原理示意图

由图 8−1 可知，前沿扩散路径移动 dh，则扩散的药物量改变 dM，则有

$$dM = C_0 dh - \frac{C_s}{2}dh = \left(C_0 - \frac{C_s}{2}\right)dh \tag{8-5}$$

式中：C_0——药物在骨架内单位体积的药量，mg/cm^3；

M——单位面积扩散的药物量，mg/cm^2；

C_s——药物在药用高分子材料骨架中的饱和药量（溶解度），mg/cm^3；

h——药物分子扩散距离，cm。

根据 Fick 第一定律，可得

$$M = \left[C_s D(2C_0 - C_s)t\right]^{\frac{1}{2}} \tag{8-6}$$

一般情况下，$C_0 \gg C_s$，故

$$M = (2C_s D C_0 t)^{\frac{1}{2}} \tag{8-7}$$

式（8−7）说明，药物由药用高分子材料骨架释放的量与 $t^{\frac{1}{2}}$ 呈线性关系。图 8−2

说明了聚合物多孔道骨架的释药原理，Higuchi 用下式来表示：

$$M = \left[C_a D_a \frac{\varepsilon}{\tau} (2C_0 - \varepsilon C_a) t \right]^{\frac{1}{2}} \qquad (8-8)$$

式中：C_a——药物在释放介质中的药量（溶解度），mg/cm^3；

　　　D_a——药物在释放介质中的扩散系数，cm^2/s；

　　　t——时间，s；

　　　ε——骨架的孔隙率；

　　　τ——曲折因子；

　　　M——单位面积扩散的药物量，mg/cm^2；

　　　C_0——药物在骨架内单位体积的药量，mg/cm^3。

由式（8-8）可知，骨架的孔隙率越大，药物释放得越快，曲折因子越大，则药物分子扩散路径越长，M 越小。对于亲水性骨架来说，式（8-8）不太适用，因为亲水性骨架中由于水的进入，骨架发生膨化，药物则由饱和溶液通过凝胶层扩散。有关亲水性骨架的释放，最近的研究引入了非 Fick 扩散的机理。

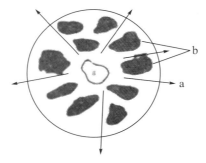

a—药物；b—聚合物骨架

图 8-2　药物经聚合物骨架释放的原理示意图

（2）非 Fick 扩散。

药用高分子材料的结构特性，会影响药物通过的扩散系数，但不会改变扩散机理。水凝胶高分子材料的松弛特性，对溶质通过的扩散机理会产生很大影响。如当溶剂穿透一种原本是玻璃态的亲水性凝胶时，凝胶与水的界面可能出现一个膨胀层，此时大分子链的松弛性可影响药物的扩散释放。如将一个未溶胀的玻璃态水凝胶药用高分子材料放于可溶胀介质中，首先溶剂分子渗入高分子材料骨架中，玻璃态药用高分子材料开始溶胀，溶胀部分的聚合物由于玻璃化转变温度的降低而转变成高弹态，未溶胀部分仍为玻璃态。如图 8-3 所示，这种溶胀行为的特性具有两个界面：一个界面是处于玻璃态区与高弹态区之间的界面，称为溶胀界面，其以速率 v 向玻璃态区移动；另一个界面是处于膨胀的高弹态区与溶胀介质之间的界面，它向外移动，从平面几何角度而言，玻璃态区限制了溶胀只能朝一个方向进行，即向内溶胀，这种限制在玻璃态区内产生了一个压缩应力而在高弹态区产生了拉伸应力，一旦这两个溶胀界面会合，玻璃态区将完全消失，凝胶将转变成高弹态，此时溶胀限制因素消失，溶胀则向三维方向进行。

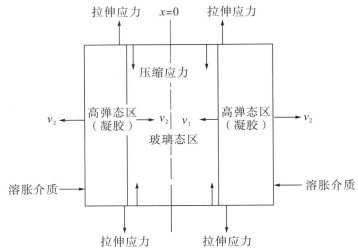

图 8-3 水凝胶骨架在水性介质中的溶胀和溶解过程

如载有药物的玻璃态药用高分子材料与水溶液相接触时，由于溶胀作用，分散于药用高分子材料中的药物开始向外扩散，因此药物的释放有两个过程：水扩散进入药用高分子材料的过程和链的松弛过程。随着药用高分子材料骨架的继续溶胀，药物不断扩散出来，药物释放的总速率由药用高分子材料网络的溶胀速率所控制，即药物释放速率与时间的关系取决于水的扩散速率及大分子链松弛速率。

可用德博拉数 De（deborah number）来表示上述行为。De 为特性松弛时间（τ）与溶剂的特性扩散时间（t）的比值。

当 $De \ll 1$ 时，说明松弛过程快于扩散，则药物转运符合 Fick 第一定律，这种情况出现于当温度高于玻璃化转变温度，凝胶是黏弹态，且药物的扩散系数是浓度的函数时；当 $De \approx 1$ 时，松弛与扩散的双重作用导致一种复杂的转运行为，称为非 Fick 扩散。

8.1.2.2 扩散系数

当药物从剂型内向外扩散释放时，由于存在浓度差，药物分子的热运动将向着缩小浓度梯度、趋向平衡的方向进行。在此过程中，对于药物分子质量的扩散，由 Fick 第一定律可知，浓度梯度的存在是引起扩散的先决条件，没有浓度梯度就没有扩散。扩散现象描绘了分子或颗粒的直线运动，按照 Stokes-Einstein 扩散方程，扩散系数为：

$$D = \frac{kT}{6\pi r\eta} \qquad (8-9)$$

式（8-9）描述了由 kT/ζ（根据 Stokes 定律，物质的移动摩擦系数 $\zeta = 6\pi r\eta$）所产生的分子运动，而且其受扩散物质性质的制约。由于可能存在限制扩散的屏障，因此该方程无法直接应用于多相环境中。实际中的扩散系数受到药物分子的大小、极性、药物在药用高分子材料中的溶解度和高分子材料的结构、温度等因素的影响，因此不是一个常数。

药物通过多孔药用高分子材料的速率与药用高分子材料多孔网络的曲折度、孔隙的大小、孔隙的分布、药物在孔隙壁上的吸附性质等有关，而药物通过无孔药用高分子材料时，大分子链之间的距离是影响通过速率的重要因素。在前一种情况下，扩散系数（D）用下式来表示：

$$D = D_a \frac{\varepsilon K_p K_\tau}{\tau} \tag{8-10}$$

其中，D_a 是在实验条件下，药物在纯水中的扩散系数，可按一般物理化学实验法或查表求得，事实上这是一种假设条件，因为孔道中的药物浓度在不断变化，准确测定是相当困难的；ε 可用水银孔隙仪测定；τ 一般为 3，随多孔网络的无序性增加而增加；K_p 可用在已知浓度的药物溶液中浸泡药用高分子材料的传统方法来进行测定；K_τ 为限制性系数，其平均孔径用水银孔隙仪测定，药物分子的半径可查阅文献或用近似法测定。

药物通过无孔药用高分子材料的扩散过程是在大分子链的间隙进行的（其直径大小为 1~10 nm），任何导致扩散屏障增加的形态改变都会引起有效扩散面积的相应减小以及大分子流动性的下降，对药物扩散系数的控制可以通过控制交联度、支化度、结晶度、大分子晶粒大小及添加助剂来实现。药用高分子材料的溶胀、凝胶和弹性体的性能不同，扩散系数的表示方法也不同，有的仅适于弹性体膜，有的则适于可溶胀的药用高分子材料。

8.1.3　药用高分子材料的选择原则

药用高分子材料是药物制剂的重要组成部分，应根据药物制剂成型的条件与基本性能，并结合给药途径选择适宜的药用高分子材料。主药剂量小的片剂需要选择适宜的稀释剂制成大小适当的片剂，便于患者服用；主药是难溶性药物的片剂，除一般成型需要的辅料外，还应考虑加入作用强的崩解剂或适宜的表面活性剂；凝胶剂则应选择能形成凝胶的药用高分子材料。此外，还应考虑药用高分子材料与主药无相互作用，不影响主药的含量和有关物质测定等因素。药用高分子材料的选择除了要满足不同剂型的需要外，也要保证制剂在生产贮存及使用过程中保持稳定，在大规模生产过程中的质量保持恒定。此外，药用高分子材料也能起到使制剂表面美观，便于工业生产的重要作用。

制剂处方的药用高分子材料，原则上应采用符合国家标准或批准进口的品种；对于制剂中常规使用的药用高分子材料，应提供依据并制定相应的质量标准；对于国外药典收载及国外制剂中已用的药用高分子材料，因特殊需要且用量低的，应提供国外药典资料、国外制剂使用的依据及有关质量标准与检验报告；对于食品添加剂，应提供质量标准及使用依据。对改变给药途径的药用高分子材料，应制定相应的质量标准。凡国内外未使用过的药用高分子材料，按新药用高分子材料进行申报。

8.1.3.1　剂型的特点与临床应用

（1）固体制剂中药用高分子材料的选择原则。

为满足成型需要，加入填充剂、黏合剂；为使压片顺利进行，加入助流剂、润滑剂、可压性好的药用高分子材料；为保证质量要求，加入助流剂、润滑剂、崩解剂、阻滞剂；对于不同类型的片剂，还需要考虑使用特殊药用高分子材料。例如，口含片、舌下片、咀嚼片都必须加入口感好、具有矫味作用的药用高分子材料，且口含片和舌下片中加入的药用高分子材料的要求是易于溶解，并且避免过快崩解；泡腾片需加入能产生二氧化碳的酸碱物质；分散片要求加入具有崩解作用且崩解后能均匀分散的药用高分子材料。

（2）液体制剂中药用高分子材料的选择原则。

液体制剂中药用高分子材料的选用需要考虑药物的溶解性以及制剂的化学和物理稳定性等。

液体剂型除考虑药物的溶解度和稳定性外，还需要考虑其口感。为增加药物的溶解度可使用溶媒（溶解介质）、增溶剂、助溶剂、pH 调节剂等药用高分子材料。使用不同溶液介质，特别是一些极性低的溶液与极性低的 pH 调节剂，也能有效地提高药物的稳定性。甜味剂和芳香剂、天然高分子胶浆和泡腾剂等是有效的矫味剂。乳剂型需重点考虑乳剂的成型、物理稳定性，注意乳化剂及增稠剂的选择。混悬剂对药物的润湿性、沉降速率、再分散的难易程度影响比较大，因此，应对润湿剂、助悬剂、絮凝剂与反絮凝剂等药用高分子材料进行重点考察。

灭菌制剂中的注射剂，由于给药途径特殊，需要选择特殊的药用高分子材料。如输液属静脉给药，由于剂量大而必须等渗甚至微高渗，对于低渗的药物溶液，必须加入等渗调节剂。滴眼剂同样需要调节至等渗，至于是否需要加抑菌剂，取决于眼部情况。如有眼外伤或用于眼部手术的，不能加抑菌剂；用于治疗眼部疾病或需每天多次给药的，必须使用抑菌剂。

8.1.3.2　药物与药用高分子材料的性质

药物与药用高分子材料的性质在处方设计中应遵循以下原则。

（1）固体制剂。

其一，依据药物性质，即需考虑药物的晶型、溶解度、嗅味、酸碱性、吸湿性等物理性质。溶解度低的药物制备成固体制剂，应选用亲水性药用高分子材料，如乳糖、微晶纤维素、聚乙二醇等以促进其溶出；具有苦味、不良气味或刺激性的药物可选择 β-环糊精包合、微囊化技术或包衣等方法来改善；酸碱性强的药物，可加速蔗糖的水解和增加吸湿性，不利于制粒与压片；当药物有较强的吸湿性时，所选择的药用高分子材料要能改善其吸湿性。其二，依据药用高分子材料的性质。在片剂中采用乳糖、微晶纤维素、可压性淀粉等代替淀粉，可明显改善药用高分子材料的可压性；固体制剂要注意药用高分子材料的吸湿性能，应结合药物性质及生产车间的条件来选择。如药物对水不敏感，或车间湿度的可控性比较高，药用高分子材料的吸湿性可不作重点考虑。此外，药用高分子材料的吸附性会影响药物从剂型中的释放，也不能忽视。

（2）液体剂型。

液体剂型应考虑的是药物的溶解度、味道、嗅味、刺激性等物理性质。在注射剂或液体制剂的生产中，增加药物溶解度的方法与固体制剂不同，可使用混合溶媒、pH 调节剂以及吐温－80 等增溶剂，或使用能与药物形成可溶性铬盐的助溶剂增加药物的溶解度；对于刺激性大的药物，可加入适量的盐酸普鲁卡因、三氯叔丁醇、苯甲醇等止痛剂以减轻注射时的疼痛；采用乙醇、丙二醇等有机溶剂或具有酸碱性的药用高分子材料调节 pH 可提高药物的水解稳定性；Na_2SO_3、$Na_2S_2O_5$、$Na_2S_2O_3$、BHA（叔丁基对羟基茴香醚）、BHT（二丁甲苯酚）等抗氧化剂可以降低药物的氧化程度；$NaHSO_3$、$Na_2S_2O_5$ 主要用于酸性溶液；Na_2SO_3、$Na_2S_2O_3$ 主要用于碱性溶液；BHA、BHT 用于油溶性制剂。

8.1.3.3　吸收部位的特性

栓剂的吸收部位是腔道，主要作用部位为直肠或阴道。由于直肠不是一个良好的吸收部位，药物扩散至黏膜表面是影响吸收的重要因素，因此，应根据药物性质选择药用高分子材料。药物应选择极性与之相反的基质，以减少基质对药物的亲和力，并加快药物扩散至黏膜的速率。当基质对药物亲和力弱时，油脂性基质较快发挥疗效。透皮制剂由于角质层的屏障作用，药物透皮吸收量有限，因此要选用增加角质层水化的药用高分子材料，如油脂性基质或透皮促进剂，增加药物的透皮吸收率。

8.1.3.4　生产工艺特点

不同药物剂型的生产工艺不同，其药用高分子材料的选择也不同。即使同一剂型，由于生产工艺的不同，其药用高分子材料的选择也会有很大区别。

（1）片剂生产。

其一粉末直接压片，选择可压性及助流性好的药用高分子材料，确保顺利生产及产品质量。低取代羟丙基甲基纤维素（L－HPMC）、羧甲基纤维素钠（CMC－Na）、预胶化淀粉（MCC）、聚乙烯吡咯烷酮（PVP）、交联聚乙烯吡咯烷酮（PVPP）等是粉末直接压片较为理想的药用高分子材料。其二干法制粒压片，主要考虑干燥状态下的黏结性，以便顺利制粒。糊精、糖粉、MCC、PVP/VA、预胶化淀粉等药用高分子材料均具备这一特性。

（2）中药生产。

其一全粉片剂，黏结力强的黏合剂是主要考虑的因素，如糖浆、纤维素浆、明胶浆、阿拉伯胶浆可作为选择的对象。其二中药浸膏，要考虑降低浸膏黏性以便顺利制粒并保证片剂崩解时限，常选择水或不同浓度的乙醇作为润湿剂，同时加入 CMC－Na、L－HPC 或 PVPP 以加强崩解效果。其三流化床制粒，要考虑药用高分子材料与药物的密度差，以防止分层而造成含量不均匀。其四包衣，包糖衣的工序多、耗时长、经验性强，而包薄膜衣的工序少、耗时短、自动化程度高，因此薄膜衣片已逐渐取代糖衣片。国产丙烯酸树脂Ⅰ、Ⅱ、Ⅲ、Ⅳ号和 Eudragit E、L、S 型等是常用的薄膜衣材料。

8.1.3.5 配方中的配比

正确选择药用高分子材料，既包括其类型、品种的选择，也包括用量的选择。若用量选择不当，往往无法得到合格的产品。药用高分子材料的用量直接影响片剂的硬度、崩解度和溶出度；混合溶媒必须达到适当比例才能达到混溶效果，使药物的溶解度得到最大限度的提高；防腐剂或抑菌剂的加入量除需考虑其效果外，还应考虑其生物安全性。

8.2 药用高分子材料在传统剂型中的应用

8.2.1 在片剂中的应用

片剂由主药和药用高分子材料组成。药物与药用高分子材料对药物制剂的制备、品种更新、质量提高和工艺改进均有重要影响，药用高分子材料的功能包括填充、黏合、吸附、崩解和润滑等，根据需要还可以加入着色剂和矫味剂等，以提高患者的顺应性。片剂中的药用高分子材料必须与主药不发生物理化学反应、无生理活性、对人体无毒、无害以及不影响主药的疗效和含量稳定。根据药用高分子材料的不同作用特点，可将药用高分子材料分为以下类型。

（1）稀释剂。

稀释剂主要用于调节片剂的质量和体积。有些小剂量药物如不加入适量的物料，就难以制成颗粒和压片，这些物料称作稀释剂或填充剂。由于片剂的直径一般不小于6 mm，片重在100 mg以上，所以稀释剂的加入不仅可以保证片剂的体积大小，还能够减少主药成分的剂量偏差，改善药物的压缩成型性等。稀释剂除了可以用来调节片剂的质量和体积，还需适当考虑其黏合性和流动性。当原料中的主药为油类或液体时，需加入稀释剂吸附液体，因此稀释剂又称吸收剂。片剂生产中常用稀释剂的性质及应用见表 8－1。

表 8－1 常用稀释剂的性质及应用

稀释剂	性质及应用
乳糖	无吸湿性，可压性好，压成的片剂光洁美观，性质稳定，可与大多数药物配伍
淀粉	易吸湿，不潮解，遇水膨胀，性质稳定，可与大多数药物配伍，外观色泽好，价格便宜；单独做稀释剂时，可压性较差，因此常与可压性较好的糖粉、糊精、乳糖等混合使用

稀释剂	性质及应用
糊精	具有较强的黏合性，应严格控制糊精和润湿剂的用量，否则会使颗粒过硬而造成片面出现麻点、水印及造成片剂崩解或溶出迟缓，常与糖粉、淀粉配合使用
预胶化淀粉	性质稳定，不溶于有机溶剂，在冷水中有部分可溶（约20%），吸湿性、配伍性等与淀粉相似
糖粉	黏合力强，可用来增加片剂的硬度，使片剂的表面光滑美观，因其吸湿性较强，长期贮存会使片剂的硬度过大、崩解或溶出困难，除口含片或可溶性片剂外，一般不单独使用，常与糊精、淀粉配合使用
微晶纤维素	具有较强的黏合力、良好的可压性，又有"干黏合剂"之称，可用作粉末直接压片

　　常用的稀释剂可分为可溶性稀释剂及不溶性稀释剂。可溶性稀释剂有乳糖、蔗糖、葡萄糖、甘露醇和山梨醇等；不溶性稀释剂有二水合硫酸钙（$CaSO_4 \cdot 2H_2O$）、磷酸二钙（磷酸氢钙）、磷酸三钙、碳酸钙、淀粉、改性淀粉（羧甲基淀粉、预胶化淀粉等）和微晶纤维素等。其中，淀粉可以兼作吸收剂、稀释剂、崩解剂和黏合剂的赋形剂。有些稀释剂如 Emcompress（主要成分为磷酸氢钙）在压片时对压力的变化非常敏感，往往会导致片剂的硬度和崩解时限改变。当两种或两种以上的稀释剂混合使用时，片剂的崩解时限和硬度变化可介于稀释剂单独应用时的崩解时限和硬度之间，因此选择适当的比例可减少片剂质量的改变。

　　（2）黏合剂。

　　湿法制颗粒需要水、醇或其他溶剂作黏合剂，干燥后压片。如果颗粒疏松，难以压制成符合要求的片剂，则需要选用有黏性的药用高分子材料，以增加粉末间的黏合作用，使之成为适合压片的颗粒。在片剂生产中，常用的是液态黏合剂，如淀粉浆，偶尔也用固态黏合剂。片剂生产中常用黏合剂的性质及应用见表8-2。

表8-2　常用黏合剂的性质及应用

黏合剂		性质及应用
纤维素衍生物	甲基纤维素	具有良好的水溶性，可形成黏稠的胶体溶液，应用于水溶性及水不溶性物料的制粒中，颗粒的压缩成型性好且不随时间变硬
	羟丙基纤维素	易溶于冷水，加热至50℃时发生胶化或溶胀现象。可溶于甲醇、乙醇、异丙醇和丙二醇中，既可做湿法制粒的黏合剂，也可做粉末直接压片的黏合剂
	羟丙基甲基纤维素	对热、光、湿均有相当的稳定性，能溶于水及部分极性有机溶剂。在水中能溶胀形成黏性溶液，加热和冷却可在溶液与凝胶两种状态间相互转化。用于片剂使崩解改善，溶出度增加，效果明显。作为黏合剂的常用量为2%～5%，黏度为5～50 Pa·s
	羧甲基纤维素钠	溶于水，不溶于乙醇。溶于冷水形成网络结构的胶体溶液，具有良好的亲水性、吸湿性和膨胀性，应用于水溶性与水不溶性物料的制粒中
淀粉浆		价廉易得且黏合性好，是制粒中首选的黏合剂，淀粉浆的常用量为8%～15%
聚维酮		吸湿性强，既溶于水，又溶于乙醇，因此可用于水溶性或水不溶性物料，以及对水敏感性药物的制粒，还可用作直接压片的黏合剂，常用于泡腾片及咀嚼片的制粒

续表8-2

黏合剂	性质及应用
聚乙二醇	溶于水和乙醇中，制得的颗粒压缩成型性好，片剂不变硬，适用于水溶性与水不溶性物料的制粒，其中 PEG 4000、PEG 2000 常用作黏合剂
其他黏合剂	50%～70%的蔗糖溶液、海藻酸钠溶液、糖粉与糖浆以及胶浆等

制粒时应注意，根据物料的性质以及实践经验选择合适的黏合剂，浓度及其用量等应精确，以确保颗粒与片剂的质量。

（3）崩解剂。

崩解剂是指促使片剂在作用部位迅速裂解成细颗粒的物质。由于片剂是经高压压制而成的，因此孔隙率小、结合力强，很难迅速溶解。而片剂崩解是药物溶出的第一步，所以崩解时限为检查片剂质量的主要指标之一。

崩解剂的主要作用是消除因黏合剂和高度压缩而产生的结合力，从而使片剂在水中瓦解，使药物易于吸收，并达到有效的生物利用度。片剂的崩解机理因制片所用药用高分子材料的性质不同而有差异，崩解过程经历润湿、虹吸和破碎三个阶段。崩解剂的品种和用量对片剂崩解度有重要作用，其使用方法也不同。崩解剂的作用机理包括毛细管作用、产气作用、膨胀作用、酶解作用。片剂生产中常用崩解剂的性质及应用见表8-3。

表8-3　常用崩解剂的性质及应用

崩解剂	性质及应用
干淀粉	吸水性较强，吸水膨胀率为186%左右。适用于水不溶性或微溶性药物的片剂制备，而对易溶性药物的崩解作用较差
羧甲基淀粉钠	吸水膨胀作用非常显著，其吸水后膨胀为原体积的300倍
低取代羟丙基纤维素	具有很大的比表面积和孔隙率，吸水速度快，吸水量大，吸水膨胀率为500%～700%
交联缩甲基纤维素钠	由于交联键的存在而不溶于水，能吸收数倍于本身质量的水而膨胀，与羧甲基淀粉钠合用时崩解效果更好，但与干淀粉合用时崩解作用会降低
交联聚维酮	流动性良好，在水、有机溶剂及强酸、强碱溶液中均不溶解，但在水中迅速溶解，无黏性
泡腾崩解剂	是由碳酸氢钠和柠檬酸组成的混合物，遇水时产生二氧化碳气体，使片剂在几分钟内迅速崩解

（4）润滑剂。

在压片时为了能顺利加料和出片，并减小药片与模孔壁之间的摩擦力，需在颗粒或晶体中添加适量的润滑剂。润滑剂的作用机制比较复杂，一般认为主要有以下几种：①改变粒子表面的静电分布；②改善粒子表面的粗糙度；③改变粒子的选择性吸附；④减弱粒子间的范德华力；⑤减小附着粒子表面的摩擦力等。按其作用不同，广义的润滑剂包括三种，即助流剂、抗黏剂和润滑剂。片剂生产中常用润滑剂的性质及应用见表8-4。

表 8-4　常用润滑剂的性质及应用

润滑剂	性质及应用
硬脂酸镁	易与颗粒混匀，可减小颗粒与冲模之间的摩擦力，压片后片面光洁美观，用量一般为 0.1%~1%
滑石粉	能减少压片物料黏附于冲头表面的倾向，且能增加颗粒的润滑性和流动性，常用量为 0.1%~3%，最多不要超过 5%
氢化植物油	溶于轻质液体石蜡或乙烷中，然后将此溶液喷在颗粒表面上混合以利于均匀分布
微粉硅胶	无臭无味，比表面积大，可用作粉末直接压片，常用量为 0.1%~0.3%
聚乙二醇	PEG 4000、PEG 6000 具有良好的润滑效果，与其他润滑剂相比粉粒较小，制成的片剂的崩解与药物溶出不受影响
月桂醇硫酸钠（镁）	水溶性表面活性剂，具有良好的润滑效果，不仅能增强片剂的强度，而且能促进片剂的崩解和药物的溶出

（5）助流剂。

助流剂的主要作用是增加颗粒的流动性，使之顺利地通过加料斗，进入冲模并减小颗粒之间的摩擦力，减小质量差异。用于直接压片时，还可以防止粉末的分层现象。常用的助流剂有微粉硅胶，其他还有硬脂酸钙、硬脂酸镁和硬脂酸锌等。

（6）抗黏剂。

抗黏剂的作用是减少压片时物料对冲头与冲模表面的黏附，以保证压片操作的顺利进行以及片剂表面的光洁。抗黏剂主要用于有黏性药物的处方，如维生素 E 含量较高的多种维生素片，压片时常有黏冲现象，可用微粉硅胶做抗黏剂来加以改善。常用的抗黏剂主要有微粉硅胶、滑石粉、玉米淀粉和水溶性润滑剂亮氨酸等，与硅胶配合使用可以起到辅助助流剂的作用。

（7）吸附剂。

某些物料粉末吸附一定量的液体后仍呈粉末状态，如吸附一些油状物、浸膏后与其他成分混合，制粒压片。二氧化硅是一种优良的吸附剂，能吸附其本身质量 50% 的水分仍保持良好的流动性。常用的有微粉硅胶、碱式碳酸镁，其他还有红陶土。此外，某些吸附剂还能改善挥发性药物的稳定性，如交联 PVP。

（8）着色剂。

着色剂的作用主要是使片剂美观或使片剂便于识别，如润喉片着蓝色。着色剂有天然色素和合成色素两类。合成色素大都为煤焦油染料，无营养价值，又会危害人体健康，已被限制使用。天然的植物性与矿物性色素中，显红色的有苏木、紫草根、甜菜红和胭脂红等，显黄色的有姜黄、山栀子、β-胡萝卜素等，显蓝色的有松叶兰，显紫褐色的有乌饭树叶，显棕色的有焦糖等。

（9）薄膜包衣材料。

薄膜包衣材料为高分子化合物。片剂生产中常用薄膜包衣材料的性质及应用见表 8-5 所示。

表 8-5　常用薄膜包衣材料的性质及应用

薄膜包衣材料	性质及应用
纤维素类	羟丙基甲基纤维素、羧甲基纤维素钠、甲基羟乙基纤维素，其他还有二乙氨基甲基纤维素、苄氨基羧乙基纤维素等
均聚物类	聚乙二醇最为常用，分子量大小居中（1000～6000）或较大（10000～100000）的 PEG 被普遍使用；含 20%～25% PEG 6000 的乙醇溶液，对高温敏感；含 5%聚乙烯吡咯烷酮（PVP）的乙醇溶液与含 2%PEG 的乙醇溶液、5%的甘油单醋酸酯合用，能降低 PEG 6000 的黏性
共聚物类	甲基丙烯酸丁酯与二甲氨乙酯的共聚物、聚甲基乙烯醚与马来酸的共聚物，共聚物类与胃酸成盐，有良好的胃溶性
糖类、多羟基醇类的氨基或对氨基苯甲酸的衍生物	N-十二烷基胺乳糖或木糖苷、果糖、乳糖、甘露醇的对氨基苯甲酸的衍生物，配置成 28%的丙酮溶液时，尚需加入滑石粉以降低其黏性。其他的还有 5%～15%的玉米脱乙醇溶液等

8.2.2　在胶囊剂中的应用

胶囊剂作为口服药物剂型已有近一百多年的历史，其是指将药物装于硬质空胶囊或具有弹性的软质胶囊中制成的固体制剂。胶囊壳的材料一般是明胶，也可以用甲基纤维素、海藻酸钙（或钠盐）、聚乙烯醇、改性明胶及其他药用高分子材料。胶囊可分为硬胶囊剂、软胶囊剂，还有根据特殊用途命名的肠溶胶囊剂和结肠靶向胶囊剂等。胶囊剂具有许多优点，如防潮、防氧化、避光和提高药物的稳定性。

胶囊剂常用的药用高分子材料有明胶，明胶在冷水中吸水膨胀而不溶解，水温在 35℃以上时溶解成溶胶，降温即成凝胶。明胶质量的优劣，常按其在溶胶状态时黏度的大小和在凝胶状态时冻力的大小来判断，溶胶黏度用以表示分子链的长短，凝胶冻力用以表示网状结构分子量的大小。黏度与冻力对胶囊剂质量的影响较大，因此胶囊壳的机械强度、胶囊壁的厚度是明胶生产的两大重要因素。

（1）硬胶囊剂。

硬胶囊剂一般采用明胶作基质，以甘油、山梨醇、CMC-Na、HPC 等增加坚韧性和可塑性，作为增塑剂，以琼脂作为增稠剂，以二氧化钛作为遮光剂。胶壳的硬度可由增塑剂用量的多少来调节，另加相应的色素、遮光剂和防腐剂等。有时加入阿拉伯胶或蔗糖以提高胶囊壳的机械强度，加入疏水性物质以增加其耐水性，加入肠溶性物质以达到肠溶的目的，也有在胶壳表面进行包衣的。

（2）软胶囊剂。

软胶囊剂的囊壳组成材料和硬胶囊剂类似，有明胶、增塑剂、防腐剂、遮光剂和色素等。其所包药物及附加剂的材料有油类、对明胶无溶解作用的液体药物、药物溶液或混悬液、固体粉末或颗粒等。

（3）肠溶性胶囊剂。

肠溶性胶囊剂首先采用甲醛对明胶进行处理，明胶与甲醛作用生成甲醛明胶，使明胶无游离氨基存在，失去与酸结合的能力，从而只能在肠液中溶解。然后以蜂蜡、丙烯酸Ⅱ号树脂、CAP 溶液等作为包衣材料进行肠溶性包衣。最后将颗粒或小丸包上肠溶衣装入胶囊中。

8.3　药用高分子材料在传递系统中的应用

8.3.1　在微囊制剂中的应用

微囊制剂即利用药用高分子材料作为囊材，以固体或液体的药物为囊心物，包裹成直径为 $1\sim5000\ \mu m$ 的微型胶囊制剂。微囊的囊膜具有透膜或半透膜的性质，囊心物可借助压力、pH、温度等释放出来。近年来，载药微囊因具有网状内皮系统靶向性、缓释性及表面可修饰性而成为医药学领域的热点研究对象。利用微囊制剂的特点进行的研究，在改变药物体内分布、提高局部浓度、减轻毒副作用、提高生物利用度等方面取得了引人注目的成绩。

8.3.1.1　微囊载体材料

制备微囊的载体材料大都具有以下特点：性质稳定，有适宜的释药速率；无毒，无刺激性，能与药物配伍使用，不影响药物的药理作用及含量测定；具有一定的强度、弹性及可塑性，能完全包封囊心物；具有符合要求的黏度、穿透性、亲水性、溶解性和降解性等。目前，常用的微囊载体材料类型及理化性质见表 8-6。

表 8-6　常用的微囊载体材料及理化性质

微囊载体材料		理化性质
合成高分子载体	聚乙二醇（PEG）	两亲性聚合物，既溶于水，又溶于绝大多数有机溶剂，生物相容性好，无毒，免疫原性低，可通过肾排出体外，在体内无积累。一些抗肿瘤药物与 PEG 偶联后，可增强其靶向性和治疗指数，降低毒副作用
	聚氨基酸类	如聚谷氨酸、聚天冬氨酸等与天然蛋白质具有类似的结构，可生物降解（降解产物为氨基酸小分子，最终降解成水和二氧化碳），具有良好的生物相容性。聚 L-谷氨酸（PGA）具有良好的水溶性、吸附性和生物可降解性
	聚乙烯基和聚丙烯酰胺类	聚乙烯吡咯烷酮（PVP）具有优良的生理特性，不参与人体的新陈代谢，具有优良的生物相容性，对皮肤、黏膜、眼等无刺激，对机体无抗原性，也不抑制抗体的生成，支链在水溶液中稳定。聚 N-（2-羟丙基）甲基丙烯酰胺（HPMA）常用作药物控释载体，易溶于水，无毒，具有良好的水溶性和生物相容性

续表8－6

微囊载体材料		理化性质
蛋白质载体	血清白蛋白	显酸性，可在 pH 为 4～9 的环境中稳定存在，即使将它在 60℃下加热 10 h 也不会发生变性；易被肿瘤和受感染的组织吞噬，具有生物可降解性，无毒，无免疫活性
多糖载体	葡聚糖	一种由细菌产生的多糖，具有良好的水溶性，用其改性的小分子药物水溶性好，毒副作用小，可改变药物在体内的释药性
	壳聚糖	自然界中唯一含氨基的碱性多糖，具有良好的生物性能；无毒，生物相容性好，可生物降解，可选择性地与肿瘤细胞聚集，抑制肿瘤细胞的生长，并可通过活化免疫系统，显示抗癌活性和抗菌性
	果胶	存在于植物细胞壁中的多糖，在人体胃和小肠中比较稳定，能在结肠中降解，常被用作结肠靶向制剂的载体材料
	环糊精	具有一个环外亲水、环内疏水且有一定尺寸的立体手性空腔，在胃和小肠不能被降解也不能被吸收，但在结肠中易被降解，被广泛用作结肠靶向药物的载体
	硫酸软骨素	存在于动物结缔组织软骨中的黏多糖，能被人体大肠中的某些厌氧细菌降解

8.3.1.2　微囊在药剂中的应用

（1）提高药物的稳定性。

将一些易受温度、pH、湿度或氧气等因素影响的药物，如易氧化的药物 β－胡萝卜素、易水解的药物阿司匹林等，制成微囊化制剂后，能在一定程度上避免光线、氧气和湿度的影响，提高药物的化学稳定性；而将挥发油等制成微囊化制剂后，能防止其挥发，提高制剂的物理稳定性。微囊制剂能防止药物在胃肠道内失活，减少药物对胃肠道的刺激性。例如，吲哚美辛、阿司匹林等对胃都有较强的刺激性，微囊化技术处理后能有效地降低药物对肠胃的刺激作用。

（2）缓释、控释药物的释放。

采用缓释、控释微囊化材料将药物制成微囊后，可以延缓药物的释放，延长药物的作用时间，避免血药浓度波动，提高药物疗效，减少不良反应，达到长效的目的。例如，对乙酰氨基酚这种生物半衰期较短的药物，在生物体内代谢的羟基化产物浓度高时，会对肝脏产生毒性。利用药物微囊化技术，将其制备成长效微囊，可达到治疗目的，还可减轻上述不良反应。

（3）药物集中于靶区。

现有的化疗药物大多通过干扰细胞分裂过程的某些环节杀死癌细胞，虽然有效，但不可避免地会影响正常的细胞，产生毒性作用。而将抗癌药物制成微囊型靶向制剂，可将药物集中于肝或肺等靶区，降低毒性作用，提高疗效。目前，国内外已有解热镇痛药、镇静药、避孕药、驱虫药、抗生素、多肽、维生素、抗癌药以及诊断药等 30 多类微囊化制剂。

8.3.2　在经皮给药系统中的应用

经皮给药是使药物通过皮肤被吸收的一种给药方法，与一般皮肤局部用药的不同之处在于，经皮给药系统中的药物进入全身血液循环，主要用于全身疾病。经皮给药系统（transdermal drug delivery system，TDDS）一般是指经皮给药的新制剂，广义上的 TDDS 包括软膏、硬膏、贴片，还可以是喷雾剂或气雾剂等剂型，大多用于激素替代治疗、心血管疾病的治疗和中枢神经系统的治疗。已上市的透皮贴剂包括东莨菪碱、可乐定、硝酸甘油、利多卡因、雌二醇、睾酮和吲哚美辛等。

8.3.2.1　经皮给药系统的类型

根据目前已上市的经皮给药制剂的结构特点，以及临床应用现状，经皮给药系统大致可分为膜控释型、胶黏剂分散型、骨架扩散控释型和微储库型四类，其基本组成见表 8-7 所示。

表 8-7　经皮给药系统的分类及基本组成

经皮给药系统的类型	基本组成
膜控释型	由背衬膜、药物储库、控释膜、胶黏层、保护膜组成，其中药物储库是药物分散在压敏胶或聚合物膜中，控释膜是微孔膜或均质膜
胶黏剂分散型	储库层和控释层均由压敏胶组成，没有控释膜。药物分散或溶解在胶黏剂中，均匀涂于背衬膜上作为药物储库，上面覆盖黏合材料，以代替膜控型的控释聚合物膜
骨架扩散控释型	由背衬膜、含药微孔骨架和胶黏层等组成，将微孔骨架浸渍在含有药物的扩散介质中，药物均匀地分布在微孔结构中，再与胶黏层、背衬膜复合而成
微储库型（封闭型）	由药物储库和控释膜组成；将药物分散于疏水聚合物中，形成微小的球状储库，将含有微储库的骨架黏贴在背衬材料上，外周涂上压敏胶，加保护膜即得

8.3.2.2　经皮给药系统常用材料

一般的经皮给药系统均由背衬膜、药物储库（骨架型或微储库型）、控释膜、胶黏层、保护膜中的几种或全部组成，除主药、经皮吸收促进剂和溶剂外，还需要药物储库和控制药物释放速率的控释膜及固定给药系统的压敏胶，另外还有背衬膜与保护膜。其中的储库材料、膜控释材料、压敏胶多为高分子材料，这些高分子材料的分子质量、分子质量分布、结晶、结晶度、交联度及玻璃化转变温度等对药物的透皮吸收有很大影响。常用的经皮给药系统组成部分的高分子材料见表 8-8。

表 8-8　常用的经皮给药系统组成部分的高分子材料

基本组成		常用高分子材料
背衬膜		常用的有多层复合铝箔，即由铝箔、聚乙烯和聚丙烯等膜材复合而成的双层或三层复合膜，此外还有聚氯乙烯、高密度聚乙烯、聚苯乙烯等
防黏材料（保护膜）		常用的有聚乙烯、聚苯乙烯、聚丙烯、聚碳酸酯、聚四氟乙烯等高聚物膜材，一般用有机硅隔离剂处理，避免压敏胶黏附，有的使用由表面晶石蜡或甲基硅油处理过的光滑的厚脂
药物储库	骨架型	单纯骨架型聚合物材料：如聚乙烯醇（PVA）、聚硅氧烷等； 微孔骨架材料：几乎所有的合成高分子材料均可作微孔骨架材料，其中醋酸纤维素最为常用； 胶黏剂骨架型材料：一般是将药物分散或溶解到压敏胶中成为药物库
	微储库型	可以用单一材料，也可用多种材料配制成软膏、水凝胶、水溶液等，如卡波姆、HPMC、PVA 等。目前，研究较多的有脂质体、传递体、微乳、环糊精等药物载体
控释膜	均质膜	乙烯-醋酸乙烯共聚物、聚硅氧烷等
	微孔膜	聚丙烯、聚乙烯、聚氯乙烯、聚对苯二甲酸乙二酯、聚乙二醇、聚乙烯醇、聚乙烯吡咯烷酮、聚异丁烯、硅橡胶（聚二甲基硅氧烷和硅树脂的缩聚产物）、丙烯酸酯类聚合物、聚氨酯等

8.3.2.3　经皮给药系统中的应用

经皮给药作为一种局部给药方式，必须克服主要的屏障——皮肤。因此，有关促进药物经皮转运的新技术和新方法一直以来是国内外学者研究和关注的重点。近年来，随着新材料和新技术的不断发展，经皮给药系统在促渗透方面的研究也取得了很大的进展。

（1）脂质体。

将脂质体作为经皮给药载体的主要原因是其类脂质双分子层与皮肤角质层脂质有着高度相似性，能促进药物进入角质层或表皮的脂质内，从而增加药物在皮肤的滞留量和滞留时间。自 1988 年益康唑脂质体凝胶上市以来，先后已有几十种外用脂质体制剂用于治疗各类皮肤病（如痤疮、尖锐湿疣及皮肤炎症等）。此外，脂质体还可用于皮肤表面麻醉和化妆品等领域。

（2）醇质体。

醇质体是一种专门用于透皮吸收系统的特殊脂质体载体，是采用较高浓度的醇替代胆固醇制成的。研究表明，乙醇可以改变皮肤角质层脂质分子间的紧密排列状态，醇质体由于含有较高浓度的乙醇，其本身就是一种良好的透皮吸收促进剂。已经有研究将其应用于抗真菌药物、抗病毒药物和抗炎药物的透皮给药。

（3）微乳。

微乳是由油相、水相、表面活性剂与助表面活性剂通过适当的比例自发形成的，可改善皮肤、黏膜的渗透性，还可以增加某些活性成分在皮肤层的扩散速率。与普通的脂质体相比，微乳经皮给药后更易于穿透皮肤而进入全身循环，在局部皮肤组织的滞留量较少。

8.3.3　在聚合物自组装胶束中的应用

分子自组装是分子与分子在一定条件下，利用分子与分子或分子中某一片段与另一片段之间的分子识别，通过非共价键相互作用力形成具有特定排列顺序的分子聚合体的过程。非共价键相互作用力的协同作用是发生自组装的关键，生物大分子也经常发生一种复杂的自组装行为，通常是多重反应与多重效应的结合。有些化合物的溶解性较差或在生理环境中稳定性不好，就可以使用聚合物自组装胶束作为这些化合物的有效载体。

8.3.3.1　聚合物自组装胶束

根据自组装形成胶束的原理不同，药物载体的聚合物自组装胶束大致可分为嵌段共聚物胶束、接枝共聚物胶束和聚电解质共聚物胶束等。

（1）嵌段共聚物胶束。

当将两亲性嵌段共聚物（即同时具有亲水链和疏水链）置于一个对亲水链和疏水链具有不同溶解能力的溶剂中，由于亲水嵌段和疏水嵌段溶解性的极大差异，在水性环境中能自组装形成聚合物胶束。这种胶束具有相对窄的粒径分布及独特的核壳结构，在水性环境中使疏水基团凝聚成内核并被亲水链段构成的栅栏所包围。

（2）接枝共聚物胶束。

如果接枝共聚物是由疏水骨架链和亲水支链构成的，则该接枝共聚物就会分散在水中自组装成具有核壳结构的纳米粒，内核由疏水骨架链组成，外壳由亲水支链组成；反之，在亲水主链上接枝疏水支链同样能得到胶束，例如，一些学者在线型亲水主链聚乙烯亚胺（line polyethyleneimine，LPEI）上接枝疏水烷基链，获得了自组装形成的亲水主链朝外的核壳结构聚合物胶束。合成这种结构的接枝共聚物通常采用大单体路线或对天然高分子接枝改性，以实现对接枝共聚物的构型、支链长短与数量、接枝点进行有效的控制。

（3）聚电解质共聚物胶束。

一些水溶性嵌段共聚物在水溶液中可通过静电作用、氢键作用或金属配位作用等聚集形成胶束。内核由共聚物的部分嵌段聚集而成，凝聚成核的过程是分子间力（包括疏水作用、静电作用、金属络合作用及嵌段共聚物间的氢键作用）作用的结果；柔性亲水性聚合物嵌段（通常是聚乙二醇）组装形成束缚链状的致密栅栏，包裹在内核外，维持胶束的空间稳定。

8.3.3.2　自组装胶束的性质

高分子聚合物的胶束化归因于两种力的相互作用：一种是引力，如疏水相互作用或静电力，能导致分子的缔合；另一种是斥力，能阻止胶束无限制地增长。当溶液中单聚体的浓度达到某一个阈值即临界胶束浓度（critical micelle concentration，CMC）时，就会发生缔合。在 CMC 以下，单聚体仅以单个分子链的形式分散，因此将 CMC 定义为单聚体在某一温度下开始形成胶束的浓度。分子量较小的表面活性剂的 CMC 范围为 $10^{-4} \sim 10^{-3}$ mol/L，与之相比聚合物胶束的 CMC 明显偏低，通常为 $10^{-7} \sim 10^{-6}$ mol/L。测定 CMC 的方法包括表面张力、染料增溶、光散射和荧光探针技术等。

聚合物自组装胶束的形状以球形最为常见，此外还有棒状、囊状、片状、管状、星状等。胶束形态可采用各种方法表征，其中显微镜法和小角散射技术最为可靠。透射电子显微镜早在 1980 年就被用来观察胶束的大小和形状，原子力显微镜则能区分球状和棒状胶束以及其他形态。

胶束的流体力学半径和尺寸分散度可以通过动态光散射（DLS）技术在水中或等渗缓冲液中测得。通过 DLS 测量的参数是等效球体平移扩散系数（D_0），将 D_0 代入 Stokes-Einstein 方程即可得到流体力学半径（R_h）：

$$R_h = \frac{kT}{6\pi\eta D_0} \tag{8-11}$$

式中：k——波尔兹曼常数；

T——绝对温度；

η——溶剂的黏度；

D_0——等效球体平移扩散系数。

DLS 灵敏度高，可测定约 3 nm 的粒径，不会对样品造成破坏，操作简单，应用广泛。

8.3.3.3　自组装胶束的载药方法

自组装胶束的形成过程中，可通过物理方法、化学结合法和静电作用三种途径包埋药物。药物和聚合物只需要通过物理方法进行处理，疏水性药物就可直接被包裹进胶束内核中。此方法操作简单、载药范围广，包括药物和聚合物一并直接溶解法、透析法、水包油乳化法和溶剂挥发法。药物分子与聚合物疏水段的官能团在一定条件下发生化学反应，将药物通过共价键结合在聚合物上，从而能有效地控制药物的释放速率。当有些药物分子的结合影响了疏水部分的疏水性时，可在聚合物的官能团上通过化学或物理的方法引入一些具有可反应基团的疏水分子（如棕榈酸等），再将药物结合到这些分子上。用这种方法制得的聚合物胶束有效地避免了肾排泄及网状内皮系统的吸收，提高了药物的生物利用度。药物与带相反电荷的聚合物胶束疏水区可通过静电作用紧密结合，从而将药物包封于胶束内。这种方法制备简单，制得的胶束稳定，输送 DNA 载体的制备就是利用的静电作用。

8.3.3.4　影响自组装胶束载药的因素

影响聚合物自组装胶束载药能力的因素有很多，主要有聚合物组成材料的种类、溶剂和温度等。胶束的内核是药物的结合部位，因此疏水链段的性质直接影响着胶束的稳定性、载药量及药物的释放等。当疏水链一定时，疏水链段的疏水性增强，形成胶束的临界胶束浓度明显降低。聚合物的分子量也会影响胶束的大小和载药量，一般分子量越大，胶束内核越大，载药量就越大。此外，还要考虑药物分子与聚合物分子的相互作用等。有研究发现，用高沸点有机溶剂制得的胶束粒径比低沸点有机溶剂制得的胶束粒径大。有些受温度影响较大的聚合物，在适宜的温度下键的柔韧度大，链间相对活动能力较大，因此溶剂、聚合物、药物在液相中分散得好，形成的胶束粒径较小。温度升高，溶剂挥发过快，不利于控制共聚物的自组装；而在较低的温度下，溶剂挥发的时间较长，且聚合物链的流动能力较差，也会导致粒径较大。

8.3.3.5　自组装胶束作为药物载体的应用

作为难溶性药物的载体，庚烯类抗真菌药水溶性差。有研究人员用 PEG－聚（β－苯甲酰－天冬氨酸酯）胶束包埋抗真菌药两性霉素 B，使其溶解度增至原来溶解度的 1 万倍，可见聚合物胶束可以起到很好的增溶效果。应用于靶向给药系统，自组装胶束的被动靶向是利用其较小的粒径降低网状内皮系统的识别与摄取，并利用肿瘤特有的 EPR 效应（enhanced permeability and retention effect）在肿瘤区对其进行选择积累来实现的。而主动靶向是在胶束的表面连接一种识别分子的配体（如糖基、多肽、叶酸和抗体等），通过靶向分子的特异性专一地与靶细胞表面的互补分子相互作用实现的。一些学者在聚乙二醇 2000－磷脂酰乙醇胺（PEG2000－PE）胶束的表面结合了单克隆抗体，并与未结合单克隆抗体前做了比较，发现胶束通过 EPR 效应优先聚集在肿瘤部位，抗体修饰后胶束的主动靶向能力明显提高。

8.3.4　在聚电解质复合物中的应用

离子聚合物（ionic polymer）是一类在酸性或碱性介质中可以产生解离、形成带正电荷或负电荷的高分子材料，性质类似于无机溶剂中的电解质，故又称聚电解质（polyelectrolyte）。当两种带相反电荷的聚电解质相遇时，可通过静电吸引力相互作用形成大分子复合体，又称聚电解质复合物（polyelectrolyte complex）。大分子物质也可以与小分子物质、离子（如 Ca^{2+} 和 Mg^{2+}）等通过静电吸引形成复合物。聚合物的分子链之间可以通过氢键或范德华力形成聚合物络离子，还可以通过交联剂形成不溶性的离子交换树脂（ion exchange resin，IER）。

8.3.4.1　聚电解质复合物的分类

聚电解质复合物按其组成可以分为以下几类：
（1）聚阳离子—聚阴离子复合物。
这类复合物以弱的聚酸和弱的聚碱所形成的聚电解质复合物为主，在中性条件下稳定，在酸性或碱性条件下由于弱的聚酸与弱的聚碱非离子化，分别失去电荷，使复合物解离溶胀。当聚阳离子、聚阴离子与药物混合时，由于静电作用，聚阳离子与聚阴离子通过盐键形成分子量更大的聚电解质复合物，药物被随机包埋在聚电解质复合物中。

（2）聚离子—小分子离子复合物。

聚离子可通过小分子离子（如酸根或无机金属离子）的静电作用形成复合物。此时，小分子离子作为"盐桥"起着类似交联剂的作用，使聚离子聚集、凝胶化，此时药物被包埋在网络之中。如果被小分子离子交联后的聚离子表面再复合一层带相反电荷的聚离子，则可形成包裹型的微胶囊。这一类型的复合物中，以钙离子交联海藻酸钠做成的小球报道最多。

（3）聚离子模型复合物。

这类聚电解质复合物的模型药物大多数为多肽、蛋白质、基因等。在生理条件下带负电荷的蛋白质可与带正电荷的聚阳离子通过静电作用形成聚电解质复合物。由于蛋白质属于两性大分子，而且这类复合物主要靠聚离子与两性大分子上的电荷基团之间的静电引力作用而形成，当外界环境 pH 发生变化时，复合物会发生解离或体积变化。用聚阳离子模拟类似病毒的结构作为基因载体也是聚离子模型复合物应用的一个重要方面。此时，聚阳离子以多肽为主，如聚赖氨酸，与基因在水溶液中形成具有纳米尺寸的聚电解质复合物粒子。

（4）两性大分子间形成的复合物。

多肽、蛋白类两性大分子既可以作为药物载体（如明胶、白蛋白等），又可以作为模型药物（如生长因子、胰岛素、干扰素等）。如用碳化二亚胺交联的酸性明胶等电点为 5.0，将其作为聚阴离子，与碱性成纤维细胞生长因子（bFGF）在生理条件下作用形成聚电解质复合物，在体内随着酸性明胶的酶解，bFGF 同步释放，可以有效地促进血管形成和组织肉芽的生长。

（5）离子交换树脂—解离型药物结合体。

将离子聚合物通过共价键连接成不溶性的网络结构骨架，聚合物链上仍有离子基团，这些活性基团可与其他离子以离子键结合，这就是通常所说的离子交换树脂。离子交换树脂具有网状立体结构，含有与离子结合的活性基团，并能与溶液中其他物质离子进行交换，一般不溶于酸、碱及有机溶剂，可再生与反复使用。随着学科之间的相互渗透，人们开始将离子交换树脂用于药物传递系统的研究与开发，主要用作胃肠中药物的控制释放和靶向释放的载体，含药树脂就是其中一种。含药树脂是已固化的离子聚合物与带有酸性或碱性基团的药物结合起来形成的一类聚电解质复合物，通常将含有酸性基团的阳离子交换树脂与碱性药物结合成含药树脂，或将含有碱性基团的阴离子交换树脂与酸性药物结合形成含药树脂。

8.3.4.2 聚电解质复合物的特征

与无机电解质不同，聚电解质复合物不仅具有一般电解质的电性特点，而且具有聚合物大分子的许多其他特点。

（1）与细胞亲和力强，在体内易被清除。

除了离子交换树脂外，大部分聚电解质复合物是水溶性的。即使有些聚电解质复合物暂时不溶于水，但一旦进入人体，由于体液 pH 和其他小分子离子的存在，这些靠"盐键"组成的聚电解质复合物也会逐步解离为可溶性聚电解质。这种带电荷的可溶性聚电解质易黏附于细胞表面，被细胞吞噬的概率很大，因此，聚电解质要比其他药用生物材料更容易从人体器官中清除。

（2）制备条件温和。

聚电解质复合物一般是在水溶液中通过"盐桥"作用制备的，不需要加入那些对细胞有毒的有机溶剂与各种引发剂、催化剂，反应一般不需要加热、加压、紫外线照射等。

（3）能模拟类似于病毒的结构。

目前，基因治疗大多以病毒为载体，但这可能导致内源性病毒重组、致癌、免疫反应等。聚阳离子和基因可形成聚电解质复合物，具有一些类似病毒的功能。

（4）聚阴离子作为药物载体具有抗病毒的潜力。

已有许多文献报道，聚阴离子能干扰细胞融合，特别是能干扰病毒复制循环中的关键步骤，阻止病毒与细胞融合。聚阴离子与药物结合组成给药系统，可作为临床治疗的抗病毒制剂。

8.3.4.3　在 DNA 给药系统中的应用

DNA 给药系统是随着近代生物技术发展而产生的一种新型给药系统与治疗疾病的方法。基因治疗的 DNA 给药系统属于靶向给药系统范畴，这种靶向是细胞与分子水平上的靶向，重组 DNA 首先必须在载体的介导下到达靶细胞表面，穿透细胞膜，进入细胞核，整合在染色体中，取代突变的基因，补充缺失基因或关闭异常基因，然后由 mRNA 翻译进入核糖体，经加工重组成新的蛋白质。

为了在特定靶细胞中进行基因转染，DNA 必须通过细胞屏障进入细胞核，其中细胞屏障包括细胞膜、溶酶体和核膜。有两个重要术语可以用来衡量与判断基因转移的效果，即转染效率与转变效率：转染效率是指用重组 DNA 孵育后 24 h 内能显示重组基因表达的那些细胞的百分数；转变效率是指那些能表现长期重组基因表达的细胞的百分数。最佳的 DNA 传递载体应该同时满足高的转染效率与高的转变效率。为了达到这一目标，已经开发了很多能改进细胞穿透和细胞核移植的方法，以聚阳离子为载体的 DNA 给药系统就是其中的一类。在使用的聚阳离子中，以多肽（如聚赖氨酸等）、聚乙烯亚胺等为主，另外还有壳聚糖、环糊精等天然可降解高分子化合物。

（1）聚赖氨酸。

聚赖氨酸（poly-l-lysine，PLL）是一种被广泛应用于基因释放的载体材料。聚赖氨酸在 α 位的氨基带正电荷，能结合带负电荷的 DNA。另外，聚赖氨酸能够防止核酶对 DNA 的降解，靶向基因能够通过化学方法偶合于聚赖氨酸上用于靶向释放。还可以将聚赖氨酸和聚乙二醇、聚天冬氨酸、葡聚糖和聚 N－（2－羟丙基）甲基丙烯酰胺等形成共聚材料，从而改进聚赖氨酸的生物性质。

（2）聚乙烯亚胺。

聚乙烯亚胺（polyethyleneimine，PEI）又称聚氮杂环乙烷，是一种水溶性聚合物，其基本结构是由两个碳原子和一个氮原子组成的。从聚乙烯亚胺的结构上来看，主要有两种形式，即直线状和树枝状：

直线状   树枝状

用作基因药物载体的聚乙烯亚胺的分子量一般为 $5\sim25\times10^3$，其分子量与基因转染效率密切相关，一般认为分子量越大，在体外细胞中的转染效率也越高，但从细胞毒性上来看，聚乙烯亚胺的分子量越大，对细胞的毒性也越大。因此，研究者常常采用交联的办法，通过选择适宜的交联试剂将分子量较小的聚乙烯亚胺进行连接，交联后的聚乙烯亚胺的分子量可以增加数十倍至上百倍，在体外细胞中的转染效率也可以增加数百倍至上千倍，而对细胞的毒性则基本保持未交联前的水平。

在细胞转染过程中，如何计算聚乙烯亚胺与 DNA 的比例是经常碰到的问题。大多数研究都采用纳摩尔比，即聚乙烯亚胺中所含氮的纳摩尔数与 DNA 中所含磷的纳摩尔数的比值（N/P）。有研究表明，在低 N/P 时形成的聚乙烯亚胺与 DNA 的聚集主要是因为结合物间范德华力的作用，高 N/P 时聚集程度降低，因为结合物表面较高的电荷所产生的静电作用发生静电排斥，使其在生理条件下比较稳定。

为了解决聚乙烯亚胺作为基因药物载体所存在的问题，有研究人员将聚乙二醇与聚乙烯亚胺共聚，或用聚乙二醇与聚乙烯亚胺偶合，甚至用聚乙二醇对聚乙烯亚胺进行物理包裹。聚乙二醇的介入可使聚乙烯亚胺的细胞毒性降低，与 DNA 形成的微粒在血液循环中的稳定性增加，同时可以防止复合物在生理条件下的聚集和沉淀等问题。在活化的聚乙二醇表面进一步偶合靶向基因，如功能短肽、小分子药物和糖苷元等，可使得所合成的载体材料既具有稳定结构又具有靶向功能，从而成为组装式、可调控的基因药物载体。

（3）树枝状高分子聚合物。

树枝状高分子聚合物是球形的、高度分支化的聚合物，其合成方法是从骨架核心开始，逐步向四周扩散。在基因转染的相关研究中，主要涉及聚酰胺－胺型树状高分子（PAMAM）和聚丙烯亚胺（PPI）树枝状载体材料。PAMAM 在生理 pH 值条件下溶解于水后，表面会带有很高的正电荷，其圆球形的正电荷表面适于 DNA、RNA、低聚核苷酸及各种双螺旋的 DNA 结合。将一些活性物质与其偶联是该类载体材料常用的改性方法，如用葡聚糖、β－环糊精等与 PAMAM 进行共聚，这些活性物质的偶合增加了载体材料与细胞膜的融合性，大幅提高了对细胞的转染效率。与 PAMAM 的情况相似，分子量大的聚丙烯亚胺在细胞毒性试验中毒性较高，分子量相对小的则毒性较低。

8.3.5　在脂质体给药载体中的应用

20 世纪 60 年代起，Gregoriadis 和 Ryman 等首先将脂质体用于药物载体。如今，脂质体被广泛用于抗肿瘤药物、抗生素药物、蛋白药物、多肽类药物新剂型的研发。

8.3.5.1　脂质体的组成

脂质体是由类脂质（磷脂）及附加剂组成的，磷脂包括天然磷脂和合成磷脂两类。磷脂的结构特点为具有由一个磷酸基和一个季铵盐基组成的亲水性基团，以及由两个较长的烃基组成的亲脂性基团。天然磷脂以卵磷脂（活性物质为磷脂酰胆碱，PC）为主，主要来源于蛋黄和大豆显中性。卵磷脂是两亲性化合物，同时具有亲水性磷酸酯基、胆碱或胆胺等极性基团和疏水性脂肪酸酯非极性基团，因此卵磷脂能形成水包油型乳剂。卵磷脂能溶于氯仿、乙醚、乙醇和石油醚等有机溶剂，不溶于水，但能起湿润和分散作用。合成磷脂主要有二棕榈酰磷脂酰胆碱（DPPC）、二棕榈酰基磷脂酰乙醇胺（DPPE）、二硬脂酰基磷脂酰胆碱（DSPC）等，均属于氢化磷脂类，具有性质稳定、抗氧化性强、成品稳定等特点，是国外相关行业首选的辅料。常用的脂质体附加剂有胆固醇、十八胺、磷脂酸等。胆固醇与磷脂是构成细胞膜和脂质体的基础物质，具有调节膜流动性的作用，称为脂质体"流动性缓冲剂"。十八胺和磷脂酸的主要作用在于控制脂质体的表面电荷。

8.3.5.2　脂质体的分类

脂质体可根据脂质体的结构、电荷、性能等进行分类。脂质体的结构分类及特点见表 8−9 所示。

表 8−9　脂质体的结构分类及特点

结构分类	特点
单室脂质体	由单层分子膜构成，小单层脂质体粒径＜100 nm，中单层脂质体粒径为 100～1000 nm，大单层脂质体粒径＞1000 nm
多室脂质体	由多层单分子膜构成，粒径为 100～1000 nm
多囊脂质体	由非同心的囊泡构成，粒径为 5～50 μm

8.3.5.3　脂质体的理化性质

（1）相变温度。

脂质体由磷脂双分子膜组成，膜的物理性质与介质温度密切相关。当温度升至一定高度时，酰基侧链从有序排列变为无序排列，此时可由"胶晶"态变为"液晶"态，膜的横切面增大，厚度减小，流动性增强，该温度即相变温度。一般磷脂的酰基侧链越长，相变温度越高。胆固醇具有调节膜流动性的作用，低于相变温度时加入胆固醇可使膜的流动性增强，高于相变温度时加入胆固醇可增加膜的有序排列而减少膜的流动性。脂质体膜通常由两种以上的磷脂组成，它们通常具有不同的相变温度，此时脂质体膜可以存在胶晶相和液晶相，即相分离。相分离可以使膜产生区块结构，增加药物的透过性。

（2）荷电性。

由酸性磷脂如磷脂酸（PA）、磷脂酰丝氨酸（PS）等制备的脂质体带荷负电；反之，含碱性脂质如十八胺的脂质体带荷正电；由不含离子的磷脂制备的脂质体显电中性。

（3）粒径及分布。

运用动态光散射激光粒度仪，可定期测定脂质体的粒径及分布，研究脂质体的稳定性；或采用电子显微镜法，将样品滴在有支持膜的铜网上，用磷钨酸进行负染，观察脂质体的粒子形态。

（4）膜的渗透性。

膜的渗透性主要是指脂质体膜具有半透膜的性质，不同分子和离子透过膜的扩散速率不同。具有中性电荷的小分子很容易通过膜，而带电离子的膜通过性则有较大的差异。

（5）膜的稳定性。

膜的稳定性分为物理稳定性和化学稳定性两类。物理稳定性包括脂质体粒径、膜相分离和药物的渗透等。脂质体在存储期间粒径会发生变化，在膜中加入磷脂酰甘油、磷脂酸、硬脂胺等可减缓这一变化。温度变化和血浆蛋白的作用可使膜发生相分离。水溶性或脂溶性好的药物组成的脂质体稳定性较好，不易渗漏。化学稳定性包括水解和氧化等。水解是由于天然磷脂含有不饱和脂肪酸链，易氧化水解成过氧化物、丙二醇、脂肪酸、溶血卵磷脂等。氧化是由于磷脂分子含有不饱和的酰基键，金属离子、辐射、光线、某些有机分子、碱性物质等能加速氧化。防止氧化的措施有充入氮气，添加抗氧化物（如生育酚）、金属络合剂等，也可直接采用氢化饱和磷脂。

8.3.5.4 脂质体的作用特点

脂质体能包封脂溶性药物或水溶性药物，其包封药物后主要具有以下特点：

（1）靶向性。

脂质体经静脉注射后可被网状内皮系统的巨噬细胞作为外界异物而吞噬，可浓集于巨噬细胞丰富的肝、脾和骨髓中。

（2）提高药物的稳定性和缓释性。

不稳定的药物被脂质体包封后可受到脂质体双层膜的保护。此外，药物从多室脂质体释放需要向外透过多层磷脂膜，所以药物从多室脂质体释放比游离药物或相同组分的单室脂质体慢。利用脂质体缓慢释放药物的机制可以有效地延长药物在体内的半衰期。

（3）组织相容性。

脂质体是类似生物膜的囊泡，对正常细胞和组织无害，具有细胞亲和性与组织相容性。脂质体也可通过融合进入细胞，经溶酶体消化释放药物。

（4）降低药物毒性。

药物包封于脂质体后，被网状内皮系统的巨噬细胞作为外界异物而吞噬，浓集于含巨噬细胞丰富的肝、脾和骨髓中，从而使药物在心脏和肾脏中的累积量比游离药物低得多。因此，将有心毒性或肾脏毒性的药物制成脂质体，可明显降低其毒性。

8.3.5.5　脂质体的改性研究

脂质体虽有许多优点，但也存在一些缺点，如对有些疾病的靶向性不理想、体内稳定性和贮存稳定性欠佳等。近年来，为了改善脂质体的靶向性和在体内外的稳定性，有研究人员将脂质体进行了改性。脂质体的类型及改性研究见表 8-10 所示。

表 8-10　脂质体的类型及改性研究

类型	改性研究
隐形脂质体	隐形脂质体也称长循环脂质体或空间稳定脂质体，是用糖脂、多羟基基团的物质、磷脂酰肌醇、聚丙烯酰胺或聚乙烯吡咯烷酮等修饰脂质体表面，形成立体的柔性亲水表面，使脂质体不易被血液中的调理素识别，减少与血浆中调理素的结合，降低网状内皮系统对脂质体的清除率，延长在血液中循环的时间，增加稳定性，减少药物在肝、脾中的分布
免疫脂质体	将抗体或受体连接到脂质体表面，利用抗原抗体特异性结合的反应，将脂质体靶向到特异性细胞和器官上，从而大大提高药物的作用。例如，将脂质体载上 erb-2 引导的单克隆抗体，利用肿瘤表面 erb-2 抗原的识别，使其作用准确有效
热敏脂质体	这类脂质体具有特定的相转变温度，当温度达到相转变温度时，脂质体双分子膜可由凝胶态转变为液晶态，如此，膜的流动性增大，药物的释放速率增大。主要用作大分子物质、抗生素以及抗肿瘤药物的载体，其中对抗肿瘤药物载体的相关研究较为深入
pH 敏感脂质体	这类脂质体为基于肿瘤间质处的 pH 比正常组织低的特点而设计的具有细胞内靶向和控制药物释放作用的脂质体。其原理是 pH 低时可导致脂肪酸羧基的质子化而引起六方晶相的形成，使得脂质体膜融合而药物释放加速。目前，常用的 pH 敏感脂质体为二油酰磷脂酰乙醇胺（DOPE）。采用不同的膜材料或调节脂质的组成比例可获得不同的 pH 敏感脂质体。要形成稳定的脂质体，还要加入含有滴定酸性基团的物质，常见的是含有羧基的脂质，如油酸、半琥珀酸胆固醇、棕榈酰同型半胱氨酸等
磁性脂质体	这类脂质体是将磁性物质包裹于脂质体中制成的，在体外磁场的作用下，将抗肿瘤药物选择性地输送或定位于靶细胞，从而减少毒性，提高疗效。通常应用的磁性物质有纯铁粉、羰基铁、磁铁矿石、正铁酸盐和铁钴合金等。其中，Fe_3O_4 和 Fe_2O_3 应用得较多
光敏感脂质体	这类脂质体是使用光敏材料将药物包裹在脂质体内，用适当波长的光照射时，光敏材料吸收光能，使脂质体膜融合，流动性增加，而使药物透过膜起到治疗作用
多糖脂质体	这类脂质体是将糖脂链的一部分用棕榈酰或具有适当间隔的胆甾醇基取代得到糖类衍生物，再与含药脂质体混合，在适当条件下孵育得到的。糖基可改变脂质体在体内的分布，如结合半乳糖残基的脂质体易被肝实质细胞摄取，结合甘露糖残基的脂质体则易被肝细胞摄取，结合甘露聚糖支链淀粉的脂质体具有高度的趋肺性
阳性脂质体	这是一种本身带有正电荷的脂质囊泡，对 DNA、RNA、核糖体、蛋白质、多肽和带负电荷的分子有较高的转运能力，可作为这些药物的载体

8.3.5.6　脂质体的制备

脂质体的制备方法有很多，常用的有以下几种：

（1）机械分散法。

机械分散法即将类脂及脂溶性药物溶于有机溶剂中，运用通氮气或减压法去除有机溶剂，在容器底壁上形成类脂薄膜，然后将溶有药物的水溶液加到类脂薄膜上，使脂质水化，再使类脂膜吸水膨胀、弯曲封闭即可形成包封药物的脂质体。机械分散法主要有薄膜分散法、超声法、挤压法和匀化法等。薄膜分散法制得的脂质体多为多层脂质体，粒径为 $0.1\sim0.5\ \mu m$，操作简单，不需要特殊的设备即可进行制备。但此法包封率低，而且不稳定，重复性差，粒径分布不均匀。超声法即在薄膜分散法制成多层脂质体药物后，再用超声处理，即可得到单层脂质体。但此法对水溶性药物的包封率低。挤压法即将生成的多层脂质体挤过 $0.1\sim1\ \mu m$ 的聚醋酸纤维膜，可制得粒径更小、大小均一的单层脂质体。匀化法是将生成的多层脂质体用组织捣碎机或高压乳匀机处理，生成粒径较小的脂质体。

（2）注入法。

注入法即将磷脂与胆固醇等类脂质及脂溶性药物共溶于有机溶剂中，再注入加热的水相中（含水溶性药物），使水温保持在有机溶剂的沸点以上。不断搅拌蒸发溶剂，再用超声或匀化处理，可制得脂质体。此法的优点是类脂质在乙醚或乙醇中的浓度不影响脂质体的大小，缺点是所使用的有机溶剂和高温会使一些大分子物质（如多肽、蛋白质等）和对热敏感的药物变性失活，脂质体的粒度也不够均匀。

（3）逆向蒸发法。

逆向蒸发法即将磷脂溶于有机溶剂中，加入待包封的药物的水溶液进行短时超声处理，直到形成稳定的 W/O 型乳状液。然后减压蒸发除去有机溶剂，达到胶态后滴加缓冲液，旋转使器壁上的凝胶脱落，在减压下继续蒸发，制得水性混悬液。通过凝胶色谱法或超速离心法除去未包入的药物，即得单层脂质体。

（4）冷冻干燥法。

冷冻干燥法即将磷脂经超声处理后高度分散于缓冲盐溶液中，加入冻干保护剂（如甘露醇、葡萄糖、海藻酸等）冷冻干燥。将干燥物分散到含药物的缓冲盐溶液或其他水性介质中，即可形成脂质体。这里选用的有机溶剂的冰点应高于冻干机冷凝器的温度，常用叔丁醇作为有机溶剂。

此外，制备脂质体的方法还有复乳法、熔融法、表面活性剂处理法、前体脂质体法和钙融合法等。

8.3.6　在智能药物释放体系中的应用

智能高分子材料可因外界环境的微小改变而引起相对大且剧烈的物理或化学变化。这类聚合物可以识别外界的信号，并且判断信号的大小，从而做出直接的响应。许多刺激（物）都可以调节聚合物的响应性，典型的有温度、pH、生物活性分子、磁场、电场和超声波等。这些刺激可以分为物理性刺激和化学性刺激，不只局限于体内信号，还包括外界信号。化学性刺激（如 pH、离子因素等）可以在分子水平上改变聚合物链间的相互作用，或者改变聚合物和溶剂之间的相互作用；物理性刺激（如温度、磁场等）会在某一临界点时改变分子间的作用。有些高分子刺激响应系统结合了两种或更多种刺激—响应机制，例如温度响应性高分子也可以因为 pH 的改变而有所响应，这种将两种或多种刺激信号同时应用在一种聚合物中的系统，叫作多重响应聚合物系统。聚合物的响应行为也是多样的，如沉淀、溶解、降解、溶胀、坍塌、形状变化、构象变化等。目前，刺激响应性的智能药物释放体系有以下几大类，见表 8-11。

表 8-11　智能药物释放体系的分类及应用举例

体系	制备材料分类	应用举例
温度响应性	具有较低临界溶解温度（LCST）的聚合物	聚（N-异丙基丙烯酰胺）（PNIPAAm）是具有代表性的一类温度响应性高分子材料，当温度达到其 LCST（33℃附近）时发生体积相转变
	基于两亲性平衡的聚合物	聚氧乙烯-聚氧丙烯-聚氧乙烯（PEO-PPO-PEO）在体温下发生溶胶—凝胶转变，在约 50℃时发生凝胶—溶胶转变
	生物高分子化合物和合成多肽	一些生物高分子，如明胶、琼脂、结冷胶、苷酯等具有温度响应性。当温度降低时，它们可以从无规线团变成螺旋结构，在构象变化中，发生分子间的物理交联而凝胶化
	磷脂	二棕榈酰磷脂酰胆碱（DPPC）的相转变温度为 41℃，加入少量二硬脂酰基卵磷脂，可调整脂质体膜的相转变温度
pH 响应性	聚酸	pH 敏感水凝胶是口服药物释放体系的适宜载体。可将聚乙二醇（PEG）接枝于聚甲基丙烯酸甲酯（PMMA），制备以 PEG 为支链，PMMA 为主链（PMMA-g-EG）的接枝共聚物，此类凝胶在低 pH 环境如胃液环境中收缩，而在较高 pH 环境如小肠上端的环境中溶胀。引入的 PEG 链段能促进黏膜的粘连性，也能保护多肽类药物
	聚碱	聚碱基水凝胶，可用于酸性环境的给药，在中性 pH 条件下去质子且不带电，在酸性条件下质子化并带电而溶胀释药
	pH 响应可降解聚合物	聚原酸酯的 pH 响应性降解特性，使其可以作为脉冲式胰岛素输送系统的水凝胶基质，或者在弱酸环境中引发药物释放
	其他	可离子化多糖（如酸性多糖海藻酸盐和弱碱性多糖壳聚糖）具有 pH 响应的相转变特性。有研究通过离子胶凝法制备了一种由 N-琥珀酰壳聚糖和海藻酸盐按适当比例构成的 pH 敏感凝胶小球用来包裹硝苯地平，在 pH 为 1.5 的模拟胃液中，硝苯地平释放量较低（42%），而在 pH 为 6.8 的模拟肠液中释放量约达 99%，因此利用凝胶小球可成功输送药物达到肠道，使药物在肠道部位定时、定位、定量释放

体系	制备材料分类	应用举例
场响应体系	力场	骨、肌肉和血管等组织存在于动态的力学环境中，它们的细胞外基质可视为各种生长因子的储存器，受到力学刺激时将生长因子释放至周围组织中的细胞外环境，可调控很多生理过程，如释放血管内皮生长因子（VEGF），可特异性促进组织脉管的形成
	磁场	如胰岛素的磁响应海藻酸盐微球，在外加磁场的作用下可使胰岛素较快释放。随磁场作用增大，胰岛素从磁响应海藻酸盐微球中的释放速率加快。磁场的反复作用会导致这种增大效应的降低。高分子交联密度增大、海藻酸盐微球刚性增大可使胰岛素的释放速率降低
	电场	离子渗透已用于经皮给药输送系统，既可局部给药，也可全身给药。将电场作用于膜或溶质，可以调节溶质膜的通透量，电场对带电荷溶质及其反离子的作用，可引起溶质在水化膜内的电泳迁移
其他	抗原响应性	将抗原和相应的抗体固定在半互穿聚合物网络上，可得到抗原响应性高分子网络。高分子网络上的抗体与游离抗原的亲和常数大于与网络连接抗原的。游离抗原的存在会破坏连接在高分子网络上的抗原与抗体间的作用，引起水凝胶溶胀
	凝血酶响应性	有研究合成了酶降解交联剂，用其构筑了心血管支架信号响应药物释放涂层。凝血酶随血管壁受损会刺激平滑肌细胞增殖，据此合成可以被凝血酶降解的肽交联剂，并形成凝胶，观察药物的释放特性
	超声波响应性	超声波可使高分子材料溶蚀加快，药物释放速率增加。生物溶蚀性或非溶蚀性高分子材料均可作为药物载体
	原位药物输送系统	基于在给药部位形成固体或半固体装置的机制，可将其分为热塑性糊剂、原位交联高分子系统、原位高分子沉淀和热诱导凝胶系统
	光响应性	有研究通过N－琥珀酰壳聚糖和4－羧基偶氮苯接枝形成光敏感性的高分子材料，将曲酸二棕榈酸酯包埋在此复合物中制备凝胶小球，该体系在紫外线的作用下发生反式结构向顺式结构的转变，加快药物释放而达到治疗效果
	盐响应性	有研究以壳聚糖和无机正磷酸盐为原料制备了中性盐敏感水凝胶（Chi/DHO），发现可通过调节壳聚糖和磷酸盐的浓度控制凝胶化温度和时间。另外，Chi/DHO能作为生物材料尤其是蛋白质和活细胞的良好载体
	葡萄糖响应性	葡萄糖响应水凝胶系统可以根据血液中葡萄糖的浓度进行胰岛素的自我调控释放，将血液中的胰岛素调控到正常水平，如聚阳离子聚合物单体N,N－二甲基氨基乙基丙烯酸盐，将葡萄糖氧化酶分散在体系中，当环境中的葡萄糖浓度升高时，在葡萄糖氧化酶的作用下，葡萄糖转化成葡萄糖酸，体系pH降低，高聚物膨胀，释放出药物；当环境中的葡萄糖浓度降低时，体系pH升高，药物的释放速率减慢

8.3.6.1　温度响应性

在某一温度下，聚合物及其溶液会发生不连续的相转变，该温度即为临界溶解温度（critical solution temperature，CST）。如果聚合物溶液在较低温度下为均一相，而在达到或高于某一温度时出现相分离，则通常称该温度为较低临界溶解温度（low critical solution temperature，LCST）。

许多具有 LCST 的高聚物都具有温度响应相变性质，其中对聚（N－异丙基丙烯酰胺）（PNIPAAm）的研究最多。基于两亲性平衡的聚合物也具有温度响应性胶束化能力，在高于临界凝胶温度（critical gelation temperature，CGT）时形成水凝胶。一些生物高分子化合物如明胶、琼脂、结冷胶、苄酯等，在温度降低时可以从无规线团变成螺旋结构，在构象变化中发生分子间的物理交联而凝胶化，属于温度响应性高分子材料。采用具有 LCST 的热敏高分子材料与脂质体连接而制备的热敏脂质体也具有热响应性功能，在 LCST 附近时，热敏高分子材料会发生亲水—疏水性的变化，从而使脂质体的稳定性可由温度来控制，脂质体内容物的释放也呈现出温度敏感性，并且其表面性质也随温度的变化而变化。

8.3.6.2　pH 响应性

pH 响应性高分子材料有可电离基团，随着环境 pH 的变化而失去或获得质子，高分子材料上所带净电荷的快速变化导致高分子链流体力学体积发生改变。pH 响应性高分子材料大致可分为聚酸、聚碱和 pH 响应可降解聚合物等。

在聚酸中，pK_a 为 5~6 的含有羧基的聚酸最有代表性，如聚丙烯酸（PAAC）和聚甲基丙烯酸甲酯（PMMA），在中性和碱性环境下失去质子带负电荷，高分子链间产生静电斥力。在低 pH 环境下获得质子使静电斥力消失，疏水作用起主导作用，使得在水性环境中聚合物链发生聚集。

聚碱在中性或酸性条件下离子化带正电荷，而在碱性条件下释放质子。典型的聚碱有聚（4－乙烯吡啶）、聚（2－乙烯吡啶）（PVP）和聚甲基丙烯酸 N，N－二甲基氨基乙酯（PDMAEMA）等。

pH 响应可降解聚合物的典型代表是聚原酸酯，它在温和的酸性环境中快速降解，而在生理 pH 下相对稳定。将乙交酯引入高分子链，乙交酯水解产生羧基，从而催化原酸酯键的断裂而导致自催化降解。

8.3.6.3　场响应体系

（1）力场。

骨、肌肉和血管等组织存在于动态的力学环境中，它们的细胞外基质可视为各种生长因子的储存器，在受到力学刺激时可将生长因子释放至细胞外环境中，可调控很多生理过程，如释放血管内皮生长因子（vascular endothelial growth factor，VEGF）可特异性促进组织脉管的形成。

（2）磁场。

生物相容性超顺磁纳米粒已广泛应用于药物的靶向释放微载体，在外加磁场的作用下，将载体定作用向于靶区，使其所含药物定位释放，提高靶部位的药物浓度，降低对人体正常组织的副作用。如胰岛素的磁响应海藻酸盐微球，在外加磁场的作用下可使胰岛素较快释放。随磁场作用增大，胰岛素从磁响应海藻酸盐微球中的释放速率加快。磁场的反复作用会导致这种增大效应的降低。高分子交联密度增大、海藻酸盐微球刚性增大可使胰岛素的释放速率降低。

（3）电场。

电场敏感药物释放体系是通过电化学法来控制药物释放的体系，在该体系中，药物包埋于高分子聚合物载体中，在电信号刺激下，高分子聚合物载体的结构发生变化，从而控制药物的释放。例如，采用离子渗透原理的经皮给药系统，将电场作用于膜或溶质，可以调节溶质膜的通透性。电场对带电荷溶质及其反离子的作用，可引起溶质在水化膜内的电泳迁移。

8.3.6.4　其他

（1）抗原响应性。

将抗原和相应的抗体固定在半互穿聚合物网络上，可得到抗原响应性高分子网络。高分子网络上的抗体与游离抗原具有一定的亲和常数。游离抗原的存在会破坏连接在高分子网络上的抗原与抗体间的作用，引起水凝胶溶胀。这种抗原响应性材料可以用于药物的输送体系。

（2）凝血酶响应性。

经皮穿刺冠状动脉成形术（percutaneous transluminal coronary angioplasty，PTCA）的患者大多动脉会发生再狭窄，而一小部分植入支架的患者也会发生动脉再狭窄。经 PTCA 手术后，将抗增生剂局部释放至动脉是解决再狭窄的有效办法。有研究合成了凝血酶降解交联剂，用其构筑了心血管支架信号的响应药物释放涂层。凝血酶随血管壁受损会刺激平滑肌细胞增殖，据此合成可以被凝血酶降解的多肽交联剂。凝血酶响应性的纤溶纳米胶囊引入到表面深层中该技术在人体血液接触材料方面有应用前景。

（3）超声波响应性。

利用超声波可以调控药物的释放行为。超声波可使高分子材料溶蚀加快，药物释放速率增加。生物溶蚀性或非溶蚀性高分子材料均可作为药物载体。高分子体系对于超声波的响应很快（2分钟内）且具有可逆性。药物释放速率增加的程度与超声波的强度、频率和作用周期有关。这种影响可能是由气穴现象或声波波动引起的，在脱气的缓冲溶液（使气穴效应最小化）中，药物的释放速率会小很多。

（4）原位药物输送系统。

原位药物输送系统是药物以液体形式经皮下注射到体内或进入腔道后，在给药部位转变成固体或半固体的一种给药系统。与普通植入剂相比，这种给药方式可以减少病人的痛苦，不需要进行局部麻醉和外科手术，可延长药物的释放时间。基于在给药部位形成固体或半固体装置的机制，可将其分为热塑性糊剂、原位交联高分子系统、原位高分子沉淀和热诱导凝胶系统。

（5）光响应性。

光响应性聚合物分子内通常含有对光敏感的基团，当受到光刺激时，凝胶网络中的光敏感基团可发生光异构化或光解离，引起基团构象和偶极矩的变化，使凝胶溶胀而控制药物释放。

（6）盐响应性。

盐敏感性水凝胶指在外加盐的作用下，凝胶的溶胀率或吸水性发生突跃性变化，这类水凝胶的正负带电基团位于分子链的同一侧基上，两者可发生分子内和分子间的缔合作用。盐敏感性水凝胶一般由甜菜碱两性单体共聚交联而成，其在盐溶液中的溶胀呈现反聚电解质行为，即溶胀比随外加盐浓度的增加而增加。

（7）葡萄糖响应性。

糖尿病患者需要通过周期性使用胰岛素来调控血糖。葡萄糖响应水凝胶系统可以根据血液中的葡萄糖浓度进行胰岛素的自我调控释放，将血液中的胰岛素调控到正常水平。实现这一目标需要用到 pH 响应性高分子材料，如聚甲基丙烯酸 N,N-二甲基氨基乙酯（PDMAEMA）、葡萄糖氧化酶和过氧化氢酶。当过量的葡萄糖扩散到水凝胶中时，葡萄糖氧化酶就会催化葡萄糖形成葡萄酸，葡萄酸降低了水凝胶网中的 pH，增大了静电斥力而诱导水凝胶溶胀，溶胀的水凝胶体积变大，使得水凝胶网络空隙变大，促进胰岛素的释放。除此而外，体系中的过氧化氢酶将过氧化氢转变为氧气，进而氧化葡萄糖，并减少过氧化氢对葡萄糖氧化酶的抑制作用。

参考文献

[1] 郑俊民. 药用高分子材料学［M］. 北京：中国医药科技出版社，2000.

[2] 王健松，肖颖，席龙，等. Box-Behnken 效应面法优化盐酸美金刚缓释微丸处方工艺［J］中国药师，2017，20（5）：837-841.

[3] 李宝红，陈建海，赵志玲. 口服胰岛素制剂的研究进展［J］. 解放军药学学报，17（3）：154-156.

[4] 肖盼盼，刘雁鸣. 我国药用辅料现状及国内外监管对比［J］. 中国药事，2014，28（2）：128-133.

[5] Onishi H，Oosegi T，Machida Y. Efficacy and toxicity of Eudragit-coated chitosan-succinyl prednisolone conjugate microspheres using rats with 2，4，6-trinitrobenzenesulfonic acid induced colitis［J］. Int. J. Pharm.，2008，358（1-2）：296.

[6] Torre L A，Bray F，Siegel R L，et al. Global cancer statistics 2012［J］. Ca A Cancer Journal for Clinicians，2015，65（2）：87-108.

[7] 田超. HER 家族在乳腺癌靶向治疗中的研究进展［J］. 药品评价，2016，13

(18)：26—31.

[8] 中华人民共和国卫生和计划生育委员会医政医管局. 原发性肝癌诊疗规范（2017年版）[J]. 中华消化外科杂志，2017，16（7）：705—720.

[9] Califano R，Tariq N，Compton S，et al. Expert consensus on the management of adverse events from EGFR tyrosine kinase inhibitors in the UK [J]. Drugs，2015，75（12）：1335—1348.

[10] Martant OW，Davis S，Holiday N，et al. Transdermal delivery of insulin using microneedles in vivo [J]. Pharm. Res.，2004，21（6）：947—952.

[11] 朱雪燕，陈明清，刘晓亚，等. 温敏性凝胶的合成与药物缓释模拟 [J]. 江南大学学报（自然科学版），2002，1（2）：160—163.

[12] 高媛媛，张维农. 脂质体制备与检测方法研究进展 [J]. 2010，29（3）：44—52.

[13] 孙慧萍，张国喜，程光，等. 脂质体药物的制备方法及临床应用 [J]. 中国医药工业杂志，2019，50（10）：1160—1170.

思考题

1. 选择药用高分子材料作为制剂辅料的原则是什么？

2. 简述药物与药用高分子材料之间相互作用的机理。

3. 简述在片剂生产中常用的高分子薄膜包衣材料的类型。

4. 简述微囊合成高分子载体材料的类型及其理化性质，并举例说明其应用。

5. 什么是聚电解质复合物？简述聚电解质复合物的分类。

6. 举例说明聚电解质复合物在基因给药系统中的应用。

7. 什么是脂质体载体？试举例说明脂质体用于抗肿瘤药物与多肽类药物等新剂型的研发。

8. 智能药物释放体系中，功能聚合物可以识别外界的哪些信号？

9. 温度、pH 响应性智能药物释放体系宜选择的高分子材料有哪些？试举例说明。

10. 在磁响应海藻酸盐微球的药物靶向释放系统中，试讨论其药物的释放动力学行为。

11. 举例说明亲水性、疏水性聚合物作为药物载体材料的应用领域。